国家出版基金项目
NATIONAL PUBLICATION FOUNDATION

"十三五"
国家重点出版物出版规划项目

国之重器出版工程
网络强国建设

5G 丛书

5G 无线接入网
架构及关键技术

5G Radio Access Network
Architecture and Key Technologies

杨峰义　谢伟良　张建敏　等  编著

U0247046

人民邮电出版社
北　京

图书在版编目（CIP）数据

5G无线接入网架构及关键技术 / 杨峰义等编著. --
北京：人民邮电出版社，2018.8（2023.1重印）
（5G丛书）
国之重器出版工程
ISBN 978-7-115-48790-2

Ⅰ. ①5… Ⅱ. ①杨… Ⅲ. ①无线接入技术－接入网
Ⅳ. ①TN915.6

中国版本图书馆CIP数据核字(2018)第137165号

内 容 提 要

本书全面讨论了 5G 移动通信无线接入网络架构和相关关键技术，内容涵盖 5G 网络需求与架构特征、5G 网络总体架构、5G 无线接入网络架构、5G 无线接入网络控制承载分离技术、5G 无线接入网络多网协同与融合技术、5G 无线接入网网络资源管理、5G 无线接入网网络资源管理、5G 无线接入网络虚拟化、5G 频谱共享技术等不同层面。

本书可供具有一定移动通信技术基础的专业技术人员或管理人员阅读，也可作为通信院校相关专业师生的参考读物。

◆ 编　著　杨峰义　谢伟良　张建敏　等
　　责任编辑　吴娜达
　　责任印制　杨林杰

◆ 人民邮电出版社出版发行　　北京市丰台区成寿寺路 11 号
　　邮编　100164　　电子邮件　315@ptpress.com.cn
　　网址　http://www.ptpress.com.cn
　　固安县铭成印刷有限公司印刷

◆ 开本：710×1000　1/16
　　印张：25　　　　　　　　　　　　2018 年 8 月第 1 版
　　字数：462 千字　　　　　　　2023 年 1 月河北第 8 次印刷

定价：159.00 元

读者服务热线：(010)81055493　印装质量热线：(010)81055316
反盗版热线：(010)81055315

专家委员会委员（按姓氏笔画排列）：

于　全　中国工程院院士

王　越　中国科学院院士、中国工程院院士

王小谟　中国工程院院士

王少萍　"长江学者奖励计划"特聘教授

王建民　清华大学软件学院院长

王哲荣　中国工程院院士

尤肖虎　"长江学者奖励计划"特聘教授

邓玉林　国际宇航科学院院士

邓宗全　中国工程院院士

甘晓华　中国工程院院士

叶培建　人民科学家、中国科学院院士

朱英富　中国工程院院士

朵英贤　中国工程院院士

邬贺铨　中国工程院院士

刘大响　中国工程院院士

刘辛军　"长江学者奖励计划"特聘教授

刘怡昕　中国工程院院士

刘韵洁　中国工程院院士

孙逢春　中国工程院院士

苏东林　中国工程院院士

苏彦庆　"长江学者奖励计划"特聘教授

苏哲子　中国工程院院士

李寿平　国际宇航科学院院士

李伯虎　中国工程院院士

李应红　中国科学院院士

李春明　中国兵器工业集团首席专家

李莹辉　国际宇航科学院院士

李得天　国际宇航科学院院士

李新亚　国家制造强国建设战略咨询委员会委员、
　　　　中国机械工业联合会副会长

杨绍卿　中国工程院院士

杨德森　中国工程院院士

吴伟仁　中国工程院院士

宋爱国　国家杰出青年科学基金获得者

张　彦　电气电子工程师学会会士、英国工程技术
　　　　学会会士

张宏科　北京交通大学下一代互联网互联设备国家
　　　　工程实验室主任

陆　军　中国工程院院士

陆建勋　中国工程院院士

陆燕荪　国家制造强国建设战略咨询委员会委员、
　　　　原机械工业部副部长

陈　谋　国家杰出青年科学基金获得者

陈一坚　中国工程院院士

陈懋章　中国工程院院士

金东寒　中国工程院院士

周立伟　中国工程院院士

郑纬民	中国工程院院士
郑建华	中国科学院院士
屈贤明	国家制造强国建设战略咨询委员会委员、工业和信息化部智能制造专家咨询委员会副主任
项昌乐	中国工程院院士
赵沁平	中国工程院院士
郝 跃	中国科学院院士
柳百成	中国工程院院士
段海滨	"长江学者奖励计划"特聘教授
侯增广	国家杰出青年科学基金获得者
闻雪友	中国工程院院士
姜会林	中国工程院院士
徐德民	中国工程院院士
唐长红	中国工程院院士
黄 维	中国科学院院士
黄卫东	"长江学者奖励计划"特聘教授
黄先祥	中国工程院院士
康 锐	"长江学者奖励计划"特聘教授
董景辰	工业和信息化部智能制造专家咨询委员会委员
焦宗夏	"长江学者奖励计划"特聘教授
谭春林	航天系统开发总师

前　言

　　2012 年 9 月，欧盟在第七框架计划（FP7）下启动了面向第五代移动通信技术（以下简称 5G）研究的 5GNOW（5th Generation Non-Orthogonal Waveforms for Asynchronous Signalling，异步信令的第五代非正交波形）研究课题，拉开了全球 5G 研究的序幕。同年 11 月，同样在 FP7 下，欧盟正式启动了名为 METIS(Mobile and Wireless Communications Enablers for the Twenty-Twenty Information Society，2020 信息社会的移动和无线通信推动者）的 5G 研究项目，并在 2014 年 1 月推出了 5G PPP（5G Public-Private Partnership，5G 公私伙伴关系）计划，旨在推动 5G 技术研究，促进 5G 在 2020 年前后投入商用。

　　2013 年 2 月，由国家科学技术部、工业和信息化部、国家发展和改革委员会三部委联合组织成立了中国 IMT-2020（5G）推进组，旨在打造聚合中国产学研用力量、推动中国 5G 技术研究和开展国际交流与合作的主要平台。与此同时，国家高技术研究发展计划（"863"计划）也于 2013 年 6 月启动了"5G 关键技术研究"重大项目，前瞻性地部署 5G 需求、技术、标准、频谱、知识产权等研究，建立 5G 国际合作推进平台。

　　2013 年 6 月，韩国政府成立了 5G 技术论坛（5G Forum），提出了韩国 5G 国家战略和中长期发展计划，推动 5G 关键技术研究，计划在 2018 年平昌冬奥会上示范 5G 应用，2020 年正式商用。

　　2013 年 10 月，日本无线工业及商贸联合会（Association of Radio Industries and Businesses，ARIB）正式成立 5G 研究组"2020 and Beyond Ad Hoc"，旨在对 5G 服务、系统构成以及无线接入技术等进行研究，计划 2020 年东京奥运会前实现商用。

　　5G 经过近几年全球业界的共同努力，目前已形成一致的 5G 目标。

在 2015 年 6 月召开的 ITU-R WP5D 第 22 次会议上，ITU 完成了 5G 发展史上的一个重要里程碑，ITU 正式命名 5G 为 IMT-2020，并确定了 5G 的愿景和时间表等关键内容。

ITU 确定 5G 的主要应用场景为增强移动宽带、高可靠低时延通信、大规模机器类通信。

增强移动宽带：移动宽带强调的是以人为中心接入多媒体内容、业务和数据的应用场景。增强移动宽带应用场景将在现有移动宽带的基础上带来新的应用领域，同时也会进一步改进性能，提高无隙的用户体验。该应用场景主要包括广域覆盖和热点。对热点地区，需要有高用户密度、高业务容量，用户的移动速度较低，但是用户的数据速率高于广域覆盖。对广域覆盖，期望无隙覆盖和从中到高的移动性，同时与现有数据速率相比，期望明显提高用户数据速率，但是对数据速率的需求与热点地区相比可以适度放松。

高可靠低时延通信：该场景对吞吐率、时延、可用性等能力有严格的要求。典型例子包括通过无线系统控制工业制造或生产过程、远程医疗、智能电网的自动配电、传输安全等。

大规模机器类通信：该应用场景的特征是大量连接终端，每个终端发送小量的时延不敏感数据。终端需要低成本、超长的电池寿命。

同时，我们期待着今天没有预见到的其他应用场景的出现。因此，对未来的 IMT 系统，需要足够的灵活性以适配指标宽泛的新应用。

取决于应用环境和不同国家的不同需要，未来的 IMT 系统将具有很多不同的特征。未来 IMT 系统应该设计为高度模块化的形态，并非所有特征都需要同时体现在所有网络中。

5G 的主要能力指标见下表。

名称	定义	ITU 指标
峰值速率	网络中用户能够达到的最大数据速率	20 Gbit/s
用户体验速率	覆盖范围内泛在可达的最低数据速率	100 Mbit/s
连接密度	单位面积上处于连接状态的或者可接入的设备数目	10^6 设备/km²
流量密度	单位地理面积上的总业务吞吐量	10 Mbit/(s·m²)
能效	网络单位能耗所能传输的信息量及手持终端设备和无线传感器所能延长的电池使用时间	100 倍
频谱效率	单位频谱资源上的数据吞吐量	3 倍
时延	数据进入网络中某点之后到用户可以获取之间的时间	1 ms
移动性	不同移动速度条件下达到某种 QoS 的能力	500 km/h

　　5G 标准化的主要时间点是 2017 年底，主要是为征集候选技术做准备，制订技术评估方法；到 2020 年，完成征集候选技术、技术评估、关键技术选择等工作，最终形成 5G 标准。

　　2015 年 9 月 17—18 日，5G 的主要标准化组织 3GPP RAN 在美国凤凰城召开 5G Workshop。

　　来自全球 80 余个通信组织及电信运营、设备、终端、芯片企业的代表就 5G 场景、需求、潜在技术方案、标准化工作计划进行了讨论。与会代表均认同 5G 应引入不考虑后向兼容的新空口，同时，作为 5G 的重要组成部分，LTE-Advanced 应继续保持演进。

　　在标准研究与标准定义的优先级方面，中国和部分欧洲公司倾向于 5G 应首先聚焦 6 GHz 以下的低频段新空口；日韩和部分美国公司倾向于首先完成高于 6 GHz 的高频段新空口，目标主要是增强移动宽带（eMBB）；部分欧洲运营商希望认真评估 6 GHz 以下新空口相比 LTE-Advanced 增强的实际增益。

　　会议最后以主席总结的形式给出 5G 标准化路标。

- 场景和业务：基本确定了 5G 的三大类场景，即增强移动宽带（eMBB）、大规模物联网（massive MTC）、低时延高可靠通信（ultra-reliable and low latency communication）。5G 技术需满足 3 类场景下的多种业务类型。
- 新空口和演进：5G 新空口和 LTE-Advanced 演进将在 3GPP R14 及后续版本中同时开展标准定义工作。2016 年 3 月将在各工作组开展具体技术方案的评估。
- 标准工作计划：5G 标准化工作分为 3 个版本完成，分别是 2016 年在 R14 阶段启动 5G 需求和技术方案的研究工作；2017 年 R15 版本作为 5G 的第一个阶段，满足市场上比较急迫的商用需求；2018 年启动 R16 作为 5G 标准的第二个阶段，在 2019 年底完成，满足 ITU IMT-2020 提出的要求，并在 2020 年作为 5G 标准提交 ITU-R。
- 5G 第一阶段的工作范围：在设计 5G 第一阶段标准协议（R15）时，应保证对第二阶段标准（R16）的前向兼容性。

　　5G 囊括了所有能够想象的应用场景和案例，这些应用场景和案例在很多时候提出的系统实现指标也是相互矛盾的。因此，在有新的空中接口技术和新的工作频段的同时，5G 也必须要有新的网络能力，能够将这些新的技术和相互矛盾的需求在一张网络上体现出来。这是以前的移动通信系统所不具备的。也就是说，5G 除了无线接入技术的创新以外，网络架构也必须创新。

本书主要关注 5G 无线接入网络架构及其相关的关键技术。

全书共分 9 章，基本涵盖了未来无线网络架构部分的主要内容。第 1 章 5G 网络需求与架构特征，主要描述国际上 5G 研究的现状和 5G 的业务需求、网络架构特征。第 2 章 5G 网络总体架构，描述了 4G 网络架构的弱势，给出了国际上 5G 网络架构的研究情况，重点讨论"三朵云"的 IMT-2020 网络架构以及网络架构如何"随需而变"的理念。第 3 章 5G 无线接入网络架构，描述了 5G 无线接入网络的功能与性能要求，重点讨论了称为智能无线接入网络的 5G 无线接入网络架构、设计理念、主要关键技术、特殊场景下的架构与演变等。第 4 章 5G 无线接入网控制承载分离技术，介绍了无线网控制与承载分离技术的概念，讨论了无线网控制与承载分离技术在 5G 宏微异构组网场景与微微组网场景下的应用。第 5 章 5G 无线接入网多网协同与融合技术，讨论了未来 5G 网络中多制式融合的理念、多制式协作与融合技术、移动网络与 WLAN 协作与融合技术等。第 6 章 5G 无线接入网网络资源管理，从"垂直功能"和"水平概念"两个维度梳理了 5G 接入网资源管理的主要范畴和内容，并重点讨论了 UDN、D2D、MMC、MN、Ad Hoc 等方面的资源管理技术与算法。第 7 章 5G 移动边缘计算技术，描述了 MEC 技术的概念、MEC 平台、技术基础以及挑战等；针对 5G 应用场景，讨论了 MEC 技术的潜在优势并给出了基于 LTE 系统的概念验证结果。第 8 章 5G 无线接入网虚拟化，介绍了虚拟化的概念和基本情况，讨论了实现无线网络虚拟化的主要技术和挑战。第 9 章 5G 频谱共享技术，描述了未来 5G 网络频谱共享技术的应用场景和需求，并提出相应的技术方案。

本书由杨峰义、谢伟良、张建敏等组织编写并统稿。第 1、7 章由张建敏执笔，第 2 章由杨峰义、王海宁执笔，第 3 章由王敏执笔，第 4 章由陆晓东、谢伟良执笔，第 5 章由武洲云、赵勇执笔，第 6 章由乔晓瑜、谢伟良执笔，第 8 章由许悠、杨涛执笔，第 9 章由王楠执笔。

本书的主要内容是中国电信股份有限公司技术创新中心在参加国家"863"计划信息领域重大项目、"新一代宽带无线移动通信网"国家科技重大专项、中国电信"5G 关键技术研究"等科研项目中的部分研究成果。由于国际上 5G 目前尚处在标准化前期，技术观点尚处于发散阶段，限于作者认知水平，相关的观点和技术方向不一定准确，错误和遗漏在所难免，欢迎读者不吝赐教。

作 者

2018 年 4 月于北京未来科技城

目 录

第 1 章

5G 网络需求与架构特征

移动互联网和物联网的迅猛发展带来的移动数据流量的高速增长、海量的设备连接以及差异化新型业务的不断涌现加快了全球 5G 的研发进程。本章基于国际 5G 研究近况，从 5G 网络的业务需求以及建设运维需求等角度分析了 5G 网络性能及架构的总体要求，并讨论分析了 5G 网络的架构特征与关键技术，为后续章节内容提供参考。

|1.1　5G 全球研究进展|

1.1.1　移动通信发展情况

　　始于 20 世纪 70 年代的移动通信技术，经过 40 多年的蓬勃发展，已经渗透到现代社会的各个行业，深刻影响着人类的工作、生活方式以及各行各业的发展趋势。在 40 余年的发展历程中，移动通信系统经历了从第一代（1G）到第四代（4G）的飞跃。基于模拟技术的第一代无线通信系统仅支持模拟语音业务，第二代（2G）GSM 数字通信系统开始支持数字语音和短消息等低速率数据业务，第三代（3G）宽带通信系统则将业务范围扩展到图像传输、视频流传输以及互联网浏览等移动互联网业务。纵然 3G 时代的用户体验速率相对较低，但移动互联网经过 3G 时代的培育已经进入了爆发期。人们对信息的巨大需求为 4G 移动通信系统的发展提供了充足的动力。

　　以 OFDM、MIMO 等为核心技术的 LTE 网络，于 2004 年在 3GPP 开始研究，2008 年底形成了第一个版本的技术规范 R8，2009 年 12 月全世界第一张 LTE 网络商用由 TeliaSonera 在挪威奥斯陆和瑞典斯德哥尔摩建成，真正为终端用户带来了每秒百兆比特的数据业务传输速率，可以极大限度地满足宽带移动通信业务应用需求。

目前，全球范围内 LTE 网络的商用部署正在紧锣密鼓地进行，截止到 2014 年 10 月底，全球共有 119 个国家和地区开通 354 个 LTE 商用网络[1]，已超过 3G 网络的一半，成为史上发展速度最快的移动通信技术。据 GSA 统计，截止到 2014 年 10 月底，全球范围内 LTE 服务用户总数已达到 3.73 亿户，LTE 终端种类已多达 2 218 款，如图 1-1 和图 1-2 所示。

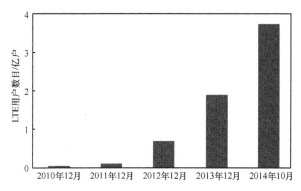

图 1-1　全球 LTE 服务用户数目增长趋势

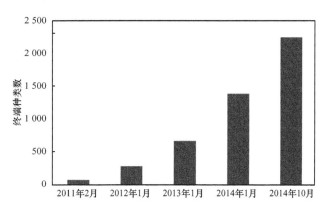

图 1-2　LTE 终端种类数目增长趋势

　　LTE 网络全球范围的大规模部署以及 LTE 终端的日趋成熟，极大地促进了移动互联网和物联网的快速发展，以及多种多样的新型业务和琳琅满目的终端涌现，持续刺激并培养人们数据消费的习惯。据统计，仅 2013 年全球移动数据增长率为 70%[1]。更进一步，预计到 2020 年，移动互联网和物联网各类新型业务和应用持续涌现将带来 1 000 倍的数据流量增长以及超过百亿量级的终端设备连接[2-3]，如图 1-3 和图 1-4 所示。

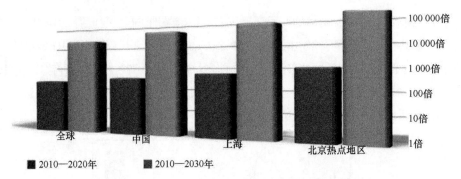

图 1-3　2010—2030 年全球和中国移动数据流量增长趋势

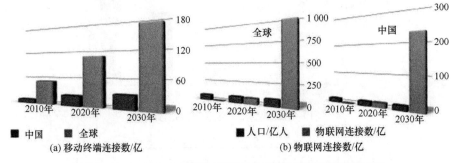

图 1-4　2010—2030 年全球和中国移动终端及物联网连接数增长趋势

　　为了能更好地应对未来移动互联网和物联网的高速发展带来的移动数据流量的高速增长、海量的设备连接以及各种各样差异化新型业务应用不断涌现的局面，需要更加高速、更加高效、更加智能的新一代无线移动通信网络来支撑这些庞大的业务量和连接数。

　　因此，在全世界范围内 4G 移动通信网络的部署方兴未艾之时，未来 5G 移动通信技术的研发已拉开帷幕，成为学术界和信息产业界热门的课题之一，掀起了全球移动通信领域新一轮的技术竞争。

1.1.2　5G 全球研究进展

1. 欧盟

　　2012 年 9 月，欧盟在第七框架计划（FP7）下启动了面向 5G 研究的 5GNOW（5th Generation Non-Orthogonal Waveforms for Asynchronous Signalling）研究课

题，该课题主要由来自德国、法国、波兰和匈牙利等国的 6 家研究机构共同承担。5GNOW 课题主要面向 5G 物理层技术进行研究，该计划已于 2015 年 2 月完成。

同年 11 月，同样在 FP7 下，欧盟正式启动了名为 METIS（Mobile and Wireless Communications Enablers for the Twenty-Twenty Information Society）的 5G 研究项目，针对如何满足未来移动通信需求进行广泛研究。METIS 共有约 29 个参与单位共同承担，参与单位除了包括阿尔卡特朗讯、诺基亚、爱立信、中兴通讯和华为等顶级通信设备厂商外，还包括德国电信、日本 NTT、法国电信、意大利电信、西班牙电信等电信运营商，此外还包括汽车制造商和学术研究机构。

除此之外，欧盟在 2014 年 1 月正式推出了 5G PPP（5G Public-Private Partnership）项目，计划在 2020 年前开发 5G 技术，到 2022 年正式投入商业运营。该计划的成员主要包括通信设备制造商、网络运营商、电信运营商以及科研院所。

2. 中国

2013 年 2 月，由国家科学技术部、工业和信息化部、国家发展和改革委员会三部委联合组织成立了 IMT-2020（5G）推进组，其组织架构基于原 IMT-Advanced 推进组，成员包括中国主要的电信运营商、制造商、高校以及研究机构。IMT-2020（5G）推进组的成立旨在打造聚合中国产学研用力量、推动中国 5G 技术研究和开展国际交流与合作的主要平台。

除此之外，国家"863"计划也分别于 2013 年 6 月和 2014 年 3 月启动了 5G 重大项目一期和二期研发课题，前瞻性地部署 5G 需求、技术、标准、频谱、知识产权等研究，建立 5G 国际合作推进平台。在 2020 年之前，上述"863"计划课题将系统地研究 5G 领域的关键技术，主要包括体系架构、无线传输与组网、新型天线与射频、新频谱开发与利用等。

3. 日韩

在移动通信领域一直走在全球前沿的韩国，在 5G 研发机构设立、长远规划、促进战略以及研发投入等方面表现都非常积极，相关政策的制定也更加明确。2013 年 6 月，韩国政府组织国内主要的电信设备制造商、电信运营商、研究机构和高校等成立了 5G 技术论坛（5G Forum）。该论坛提出了韩国 5G 国家战略和中长期发展计划，推动 5G 关键技术研究。根据韩国 2013 年下半年制定的"5G 移动通信促进战略"，韩国在 2015 年之前实现 Pre-5G 技术，并在 2018 年平昌冬奥会上示范 5G 应用，最终达到 2020 年正式实现 5G 商用的目标。

同样在通信技术领域走在前沿的日本，在 2013 年 10 月由日本无线工业及商贸联合会（Association of Radio Industries and Businesses，ARIB）正式成立 5G 研究组 "2020 and Beyond Ad Hoc"，旨在对 5G 服务、系统构成以及无线接入技术等进行研究。该研究组主要包括服务与系统概念工作组和系统结构与无线接入技术组，分别研究 2020 年及以后移动通信系统中的服务与系统概念以及 2020 年及之后的技术，比如无线接入技术、网络技术等。日本计划在 2020 年东京奥运会前实现 5G 网络的商用。

除此之外，目前全球范围内还有很多组织论坛等正针对 5G 发展愿景、应用需求、候选频段、关键技术指标以及使能技术等进行更加广泛、深刻的研究[4-6]。

| 1.2　5G 应用场景与性能指标 |

1.2.1　5G 网络愿景

移动互联网和物联网是未来移动通信发展的两大主要驱动力，将为 5G 提供广阔的应用前景。目前国内外学术和产业界研究机构已经从各种不同角度阐述了对未来 5G 网络的展望，并根据未来业务需求讨论了 5G 网络的性能指标要求。总体来讲，未来 5G 网络将构建以用户为中心的全方位信息生态系统，最终实现任何人和物在任何时间、任何地点可以与任何人和物实现信息共享的目标。

图 1-5 给出了中国 IMT-2020（5G）推进组于 2014 年 5 月发布的《5G 愿景与需求》白皮书中描述的未来 5G 总体愿景。可以看出，未来移动互联网主要面向以人为主体的通信，注重提供更好的用户体验，进一步改变人类社会信息交互方式，为用户提供增强现实、虚拟现实、超高清视频、云端办公、休闲娱乐等更加身临其境的极致业务体验。为了保证未来人们在各种应用场景，如体育场、露天集会、演唱会等超密集场景以及高铁、快速路、地铁等高速移动环境下获得一致的业务体验，5G 在对上下行传输速率和时延有更高要求的同时，还面临着超高用户密度和超高移动速度带来的挑战。

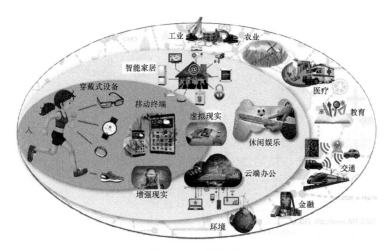

图 1-5　5G 总体愿景

　　不同于主要面向以人为主的移动互联网通信，物联网进一步扩大了移动通信的服务范围，从人与人之间的通信延伸到物与物、人与物之间的智能互联，促使移动通信渗透到工业、农业、医疗、教育、交通、金融、能源、智能家居、环境监测等领域。未来，物联网在各类不同行业领域进一步推广应用将会促使各种具备差异化特征的物联网业务应用爆发式增长，将有数百亿的物联网设备接入网络[3]，真正实现"万物互联"。为了更好地支持物联网业务推广，5G 需要解决海量终端连接以及各类业务的差异化需求（低时延、低能耗、低成本、高可靠等）。

　　可以预想到，未来 5G 网络将为用户提供光纤般的接入速率，"零"时延的使用体验，百亿设备的连接能力，超高流量密度、超高连接数密度和超高移动性等多个场景的一致服务，业务及用户感知的智能优化，同时将为网络带来超百倍的能效提升和超百倍的比特成本降低，最终实现"信息随心至，万物触手及"的总体愿景。

　　综上所述，5G 将是以人为中心的通信和机器类通信共存的时代，各种各样具备差异化特征的业务应用将同时存在，这些都对未来 5G 网络带来极大挑战。这些挑战主要包括如下 5 个方面[5-7]，如图 1-6 所示。

- 超高的速率体验；
- 超高的用户密度；
- 海量终端连接；
- 超低时延；
- 超高移动速度。

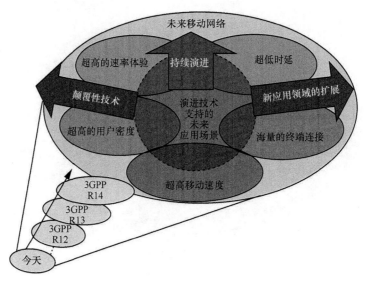

图 1-6　5G 网络面临的挑战[6]

1.2.2　5G 应用场景与性能目标

为了能够更好地剖析 5G 所需关键技术，将上述 5G 网络所面临的主要挑战分别对应为 5 个应用场景的业务需求。这些应用场景主要包括：超高速体验场景、超高用户密度场景、超高速移动场景、低时延高可靠连接场景、海量终端连接等，如图 1-7 所示。

1. 超高速体验场景

超高速体验场景主要关注为未来移动宽带用户提供更高的接入速率，保证终端用户瞬时连接以及时延无感知的业务体验，使用户获得"一触即发"的感觉。超高的速率以及时延无感知的用户体验将成为未来各类新型业务，包括视频会话、超高清视频播放、增强现实、虚拟现实、实时视频分享、云端办公、云端存储等业务得以发展推广的关键因素。

以虚拟现实办公为例，远程用户之间的高清 3D 实时互动需要网络能够实时提供数吉字节的数据量交换，从而使用户达到身临其境的感受。为满足上述用户体验，办公区 95%以上区域内用户体验速率须大于 1 Gbit/s，20%以上的区域内用户体验速率须大于 5 Gbit/s[6-7]。

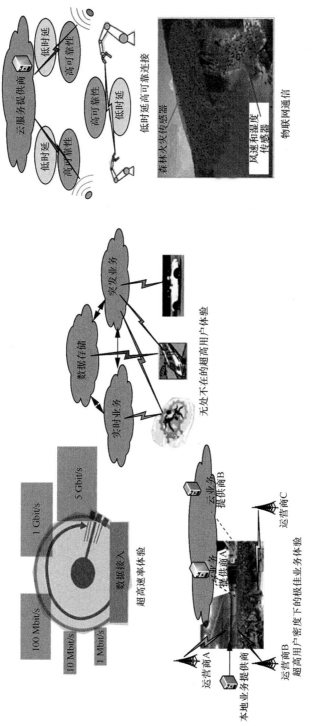

图 1-7　5G 应用场景[13]

2. 超高用户密度场景

超高用户密度场景重点关注诸如密集住宅、办公室、体育场馆、音乐厅、露天集会、大型购物广场等用户高密度分布场景下的用户业务体验。

对于用户密度超高的场景，现有的移动宽带网络会出于网络负载等方面的考虑，拒绝更多的用户接入，降低用户的业务体验。未来，用户希望即使在用户密度非常高的情况下，依然能够接入网络并获得一定的业务体验，这对 5G 网络的设计提出了更高的要求。

以体育场举办大型赛事为例，预计在忙时段每用户的数据量超过 9 GB/h，即使在体育场观众爆满的情况下，同样需要保证用户体验速率在 0.3~20 Mbit/s[6-7]。

3. 超高速移动场景

超高速移动场景主要考虑用户在快速路、高铁等快速移动情况下的业务体验。

对于高速移动的场景，未来 5G 网络希望为用户提供与在家庭、办公室以及低速移动场景下一致的业务体验，给用户一种高速业务体验无处不在的感觉。对于移动速度大于 500 km/h 的用户，依然能够满足视频类和文件下载类等典型业务速率需求，即上下行速率至少分别大于 100 Mbit/s 和 20 Mbit/s 以及端到端低于 100 ms 的时延要求。

4. 低时延高可靠连接场景

低时延高可靠场景重点考虑未来新业务在时延和可靠性方面提出的苛刻要求。当前移动通信系统主要是以人为中心进行设计考虑的，其时延要求主要来自人类相互对话时听力系统的时延要求。当人类接收声音信号的时延在 70~100 ms 范围时，会感觉到实时效果很好，这也是 ITU 将 100 ms 设定为语音通信最低时延要求的主要原因[8]。然而，未来基于机器到机器的新业务应用将广泛应用到工业控制、智能交通、环境监测等领域，对数据的端到端传输时延和可靠性提出了更为严格的要求。以交通安全为例，为了避免交通事故的发生，智能交通系统需要与车辆间进行即时可靠的信息交互，端到端时延必须小于 5 ms。与智能交通相类似，智能电网应用同样对信息交互时延和可靠性提出了严格要求，即毫秒级的时延和 99.999%的可靠性。

除此之外，更具挑战的时延要求来自于虚拟现实的应用，例如当用操作杆在虚拟现实的环境中移动 3D 对象时，响应时延超过 1 ms，会导致用户产生眩晕的感觉[8]。因此，为了满足上述应用的需求，未来 5G 网络须支持端到端 1 ms 的时延要求和更高的可靠性。

5. 海量终端连接场景

海量终端连接场景则主要是诸如 MTC（machine type communication，机器类通信）设备以及传感器等设备大量连接且业务特征差异化的场景。MTC 设备范围很广，从低复杂度的传感器设备到高度复杂先进的医疗设备。MTC 终端繁多的种类以及应用场景也将导致各种各样差异化的业务特征与需求，如发送频率、复杂度、成本、能耗、发送功率、时延等，这些都是现有移动网络无法同时满足的。

以大量传感器的部署为例，到 2020 年，预计移动网络每个小区需要提供 30 万的设备连接能力[6]，同时需要降低终端的成本并使得终端待机时长延长至 10 年量级，从而保证未来网络数百亿的设备连接能力。海量的设备连接将导致网络负载的急剧增加，需要在 5G 网络设计之初就进行重点考虑。

为了能够评估未来移动网络流量密度要求，还需要将上述几个场景进行综合考虑。以 METIS 提供的虚拟现实办公的典型场景为例[7]，其中要求 95%以上的区域和时间内用户的上下行体验速率为 1 Gbit/s，对应的数据流量密度为每用户 36 TB/月，相当于上下行的流量密度为 95 TB/km^2，约为现有网络数据流量密度的 1 000 倍。

综上所述，相比于 LTE 网络，未来 5G 网络目标性能预期提升如图 1-8 所示[6-7]。

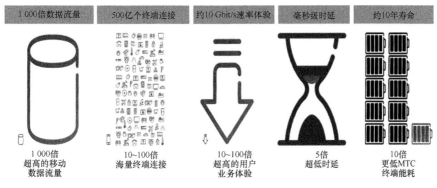

图 1-8　5G 业务性能指标[6-7]

- 数据流量密度：1 000 倍。
- 设备连接数目：10~100 倍。
- 用户体验速率：10~100 倍。

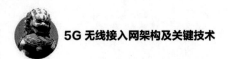

- MTC 终端待机时长：10 倍。
- 端到端时延：5 倍。

| 1.3　5G 网络建设部署及运营维护需求 |

为了更加全面地满足未来移动互联网以及物联网爆炸式增长带来的挑战，5G 网络的发展面临着网络建设部署以及运营维护的巨大压力。

1.3.1　5G 网络建设部署需求

未来网络千倍流量增长、海量终端连接以及极致用户体验等发展需求，需要 5G 网络提供更高的网络容量和更好的覆盖。为了缓解运营商增量不增收的发展压力，5G 网络需要重点考虑网络设备、网络建设维护、新业务引入带来的复杂度和成本增加以及网络能耗增大导致的成本增加，从而降低网络建设部署成本，提升网络能效。除此之外，针对越来越稀缺的频谱资源，5G 需要灵活高效地利用各类频谱，包括对称和非对称频段、重用频谱和新频谱、低频段和高频段、授权和非授权频段等，提升稀缺频谱资源的利用率。

1.3.2　5G 网络运营维护需求

随着用户需求的不断提高和多元化，移动互联网和物联网业务种类也更加丰富多彩。5G 网络除了需要提供更高的网络性能外，还需要提供更加灵活、开放的网络适配和编程能力，以适应不同虚拟运营商/用户/业务的定制化需求，从而实现多种业务的快速部署与差异化运营，提升运营服务水平和竞争力。可以看出，通过构建网络能力开放，合理开放网络基础资源、增值业务、数据信息以及运营支撑等能力成为运营商构建未来竞争力的关键所在。虚拟运营商、M2M 服务提供商、互联网提供商、企业以及个人等第三方则通过网络能力开放接口实现业务的个性化定制，并能够实现对用户行为和业务内容进行智能感知和优化。

除此之外，为了保护网络和用户的信息安全，5G 需要能提供多样化的网络安全解决方案，以满足各类移动互联网和物联网设备及业务的需求。

可以看出，从运营维护角度分析，为了更好地适应未来业务发展，5G 网络需要具备：

- 网络开放能力；
- 用户行为和业务感知能力；
- 可编程性；
- 灵活性；
- 可扩展性。

|1.4　ITU 定义的 5G|

经过近几年全球业界的共同努力，在 2015 年 6 月召开的 ITU-R WP5D 第 22 次会议上，ITU 完成了 5G 移动通信发展史上的一个重要里程碑，ITU 正式命名 5G 为 IMT-2020，并确定了 5G 的愿景和时间表等关键内容。

ITU 确定的 5G 主要应用场景为增强移动宽带、高可靠低时延通信、大规模机器类通信，如图 1-9 所示。

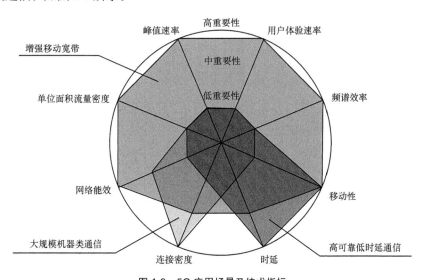

图 1-9　5G 应用场景及技术指标

（1）增强移动宽带场景

移动宽带强调的是以人为中心接入多媒体内容、业务和数据的应用场景。增强移动宽带应用场景将在现有移动宽带的基础上带来新的应用领域，同时也会进一步改进性能，提高无隙的用户体验。该应用场景主要包括热点和广域覆盖。对于热点地区，需要有高用户密度、高业务容量，用户的移动速度较低，但是用户的数据速率高于广域覆盖。对于广域覆盖，期望无隙覆盖和从中到高的移动性，同时与现有数据速率相比，期望明显提高用户数据速率，但是对数据速率的需要与热点地区相比可以适度放松。

（2）高可靠低时延通信场景

该场景对吞吐率、时延、可用性等能力有严格的要求。典型例子包括：通过无线系统控制工业制造或生产过程、远程医疗、智能电网的自动配电、传输安全等。

（3）大规模机器类通信场景

该应用场景的特征是大量的连接终端，每个终端发送少量的时延不敏感数据。终端需要低成本、超长的电池寿命。

同时，期待着其他今天所没有预见到的应用场景的出现。因此，未来的 IMT 系统需要足够的灵活性以适配指标宽泛的新应用。

取决于应用环境和不同国家的不同需要，未来的 IMT 系统将具有很多不同的特征。未来 IMT 系统应该设计为高度模块化的形态，并非所有特征都需要同时体现在所有网络中。

5G 的主要能力指标见表 1-1。

表 1-1 5G 的主要能力指标

名称	定义	ITU 指标
峰值速率	网络中用户能够达到的最大数据速率	20 Gbit/s
用户体验速率	覆盖范围内泛在可达的最低数据速率	100 Mbit/s
连接密度	单位面积上处于连接状态或者可接入的设备数目	10^6 设备/km^2
流量密度	单位地理面积上的总业务吞吐量	10 Mbit/(s·m^2)
能效	网络单位能耗所能传输的信息量及手持终端设备和无线传感器所能延长的电池使用时间	100 倍
频谱效率	单位频谱资源上的数据吞吐量	3 倍
时延	数据进入网络中某点之后到用户可以获取之前的时间	1 ms
移动性	不同移动速度条件下达到某种 QoS 的能力	500 km/h

5G 标准化的主要时间点如图 1-10 所示。可以看出，到 2017 年底，为征集候选技术做准备，并制定技术评估方法；到 2020 年，完成候选技术征集、技术评估、关键技术选择等工作，最终制定 5G 标准。

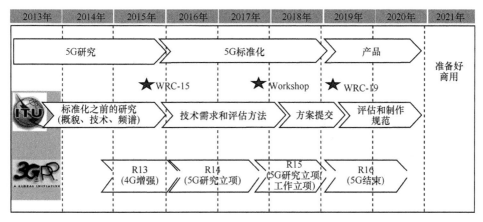

图 1-10　5G 时间表

可以看出，ITU 定义的 5G 囊括了所有能够想象的应用场景和案例，这些应用场景和案例在很多时候与提出的系统实现指标是相互矛盾的。因此，5G 必须有新的空中接口技术和新的工作频段，也必须有新的网络能力，能够将这些新的技术和相互矛盾的需求在一张网络上体现出来。这是以前的移动通信系统所不具备的。也就是说，5G 除了无线接入技术的创新以外，网络架构也必须创新。因此后续将根据未来 5G 网络需求重点分析 5G 网络架构需要具备的特征。

|1.5　3GPP 定义的 5G|

除了 ITU 定义的增强移动宽带、高可靠低时延通信以及大规模机器类通信 3 类应用场景外，3GPP SA1 增加了网络运营方面的要求，主要包括网络切片、灵活路由以及互操作和节能等方面，如图 1-11 所示。

可以看出，5G 系统的配置优化需要支持多样化的需求，而这些需求可能是互相冲突的。例如某些配置需要高可靠性和低时延，而其他配置需要支持低可靠性和高时延。与以往 3GPP 系统试图提供一个满足所有需求的统一系统不同，5G 系统需要通过多种方式同时对多种配置提供优化支持。因此需要 5G 网络具备网络开放的能力、可编程性、灵活性和可扩展性，以适应未来网络业务发展的需求。下面将从 5G 网络的主要需求，分析并总结 5G 网络架构的主要特征。

|1.6 5G 网络架构特征|

移动互联网和物联网业务的迅猛发展以及网络部署运营需求为未来 5G 网络带来了极大的挑战，需要从无线频谱、接入技术以及网络架构等多个层面综合考虑。为了能够更加清楚地刻画未来 5G 网络架构的特征，下面将从 5G 网络主要性能目标出发，分析讨论 5G 网络的关键技术，并重点分析未来 5G 网络架构应该具备的技术特征和目标。

图 1-11 3GPP 定义的 5G 网络应用场景[9]

1.6.1 更高数据流量和用户体验

为适应未来移动网络数据流量增加 1 000 倍以上以及用户体验速率提升 10~100 倍的

需求[2,10]，5G 网络不仅需要大幅度提升无线接入网络的吞吐量，同时也需提升核心网、骨干传输链路以及回传链路的容量。

对于无线接入网面临的挑战，5G 网络则需要从如何利用先进的无线传输技术、更多的无线频谱以及更密集的小区部署等方向进行规划设计[11-12]。

1.　先进的无线传输技术

为了最大限度地提升无线系统容量，5G 网络需要借助一系列先进的无线传输技术进一步提升无线频谱资源的利用率，主要包括大规模天线技术、高阶编码调制技术、新型多载波技术、新型多址接入技术、全双工技术等。

其中大规模天线技术在现有多天线技术的基础上通过大幅度增加发射端和接收端天线数目提升无线信道的空间分辨率，使得网络中的多个用户可以在同一时频资源上利用大规模天线技术提供的空间自由度与基站进行通信，从而在不需要增加基站密度和带宽的情况下大幅度提高频谱效率[11-15]。同时，大规模天线技术还具有其他优势：第一，可以将波束集中在很窄的范围内，从而大幅度降低干扰；第二，可大幅度降低发射功率，提高功率效率；第三，当天线数目足够大时，最简单的线性预编码和线性检测器趋于最优，且噪声和不相关干扰可忽略不计。除此之外，大规模天线技术与高阶调制编码技术（如 256QAM）结合使用，则可以更进一步提升频谱利用率和整个无线网络的系统容量。

另外，新型多载波技术、新型多址接入技术、新型干扰消除技术、全双工技术等无线传输技术都可以有效提升频谱利用率[16-20]。

2.　无线频谱

不同的无线频段具备不同的无线信道特征，频段的选择直接影响了移动通信系统空口以及网络架构的设计。由于 3 GHz 以下频段具备较好的传播特性，目前大部分移动通信系统主要工作在该频段范围，导致该频段已经消耗殆尽。为了适应未来移动通信对频谱带宽的要求，5G 网络需要对高频段甚至超高频段（例如毫米波频段）进行深度开发利用。除此之外，非授权频段的使用、离散频段的聚合以及低频段的重耕等都为满足未来频谱资源的需求提供了可能的解决方案。由于高频段具有较高的路径传播损耗，使得其更适用于视距范围内的短距离通信传输。但是高频段却更易于实现大规模天线的小型化，此时通过大规模天线技术的波束成形增益可以有效解决高频段覆盖可能存在的不足[21]。

3. 小区加密

目前在提升无线接入系统容量的三大主要方案中，除了增加频谱带宽和提高频谱利用率外，最为有效的办法依然是通过加密小区部署从而提升空间复用。据统计，1957—2000 年，通过采用更宽的无线频谱资源，无线系统容量提升了约 25 倍，而大带宽无线频谱细分成多载波同样带来了无线系统容量约 5 倍的性能增益，并且先进的调制编码技术也将无线系统性能提升了 5 倍。然而，通过小区半径减小增加频谱资源空分复用的方式则带来了系统吞吐量约 1 600 倍的性能提升[22-24]。传统的无线通信系统通常采用小区分裂的方式减小小区半径，然而随着小区覆盖范围的进一步缩小，小区分裂将很难进行，需要通过在室内外热点区域密集部署低功率小基站（包括小小区基站、微小区基站、微微小区基站以及毫微微小区基站等），提升整个系统容量，形成超密集网络（ultra dense network，UDN）。在超密集网络的环境下，整个系统吞吐量随着小区密度的增加近乎线性增长[21,25]。同时，由于超密集组网缩短了基站与终端用户的距离，可以在一定程度上克服高频段传输损耗较高的问题。

可以看出，超密集网络是解决未来 5G 网络数据流量 1 000 倍以及用户体验速率 10~100 倍提升的有效解决方案。据预测，在未来无线网络中，在宏基站覆盖的区域中，各种无线接入技术（RAT）的小功率基站的部署密度将达到现有站点密度的 10 倍以上[11]，形成超密集的异构网络，如图 1-12 所示。

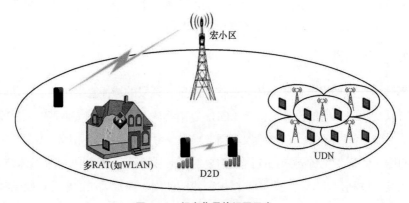

图 1-12 超密集异构组网示意

然而超密集网络通过降低基站与终端用户间路径损耗、增大有效接收信号，提升了干扰信号。换句话说，超密集网络降低了热噪声对无线网络系统容量的影响，使其成为一个干扰受限系统。如何有效进行干扰消除、干扰协调，成为超密集组网场景下提升链路容量需要重点考虑的问题。更进一步，小区密度的急剧增加也使得干扰变得异常复杂。此时，5G 网络除了需要在接收端采用更先进的干扰消除技术外，还需要具备更加有效的小区间干扰协调机制。考虑到现有 LTE 网络采用的分布式干扰协调技术（ICIC），其小区间交互控制信令负荷会随着小区密度的增加以二次方趋势增长，极大地增加网络控制信令负荷。因此，在未来 5G 网络超密集部署的场景下，通过局部区域内的簇化集中控制，解决小区间干扰协调问题，成为未来 5G 网络架构的一个重要技术特征。

基于簇化的集中控制，不仅能够解决未来 5G 网络超密集部署的干扰问题，而且能够更加容易地实现相同 RAT 下不同小区间的资源联合优化配置、负载均衡等以及不同 RAT 系统间的数据分流、负载均衡等，从而提升系统整体容量和资源整体利用率。

超密集组网场景下单小区的覆盖范围较小，会导致具有较高移动速度的终端用户遭受频繁切换，从而导致用户体验速率显著下降。为了能够同时考虑"覆盖"和"容量"这两个无线网络重点关注的问题，未来 5G 接入网络可以通过控制面与数据面的分离，即分别采用不同的小区进行控制和数据面操作，从而实现未来网络对于覆盖和容量的单独优化设计[26]。此时，未来 5G 接入网可以灵活地根据数据流量的需求在热点区域扩容数据面传输资源，例如小区加密、频带扩容、增加不同 RAT 系统分流等，而不需要同时进行控制面和数据面增强。因此，无线接入网控制面与数据面的分离将是未来 5G 网络的另一个主要技术特征。以超密集异构网络为例，通过控制面与数据面分离，室外宏基站主要负责提供覆盖（控制面和数据面），小区低功率基站则专门负责提升局部地区系统容量（数据面）。不难想象，通过控制面与数据面分离实现覆盖和容量的单独优化设计，终端用户需要具备双连接甚至多连接的能力[27]。

终端直通（D2D）技术作为除小区密集部署之外缩短发送端和接收端距离的另一种有效方法，既实现了接入网的数据流量分流，同时也提升了用户体验速率和网络整体的频谱利用率[28]。因此，D2D 技术也是未来 5G 网络提升用户速率体验的关键技术之一。然而，在 D2D 场景下，不同收发终端用户对间以及不同收发用户对与小区收发用户间的干扰，依然需要无线接入网具备局部范围内的簇化集中控制，实现无线资源的协调管理，从而降低相互间干扰，提升网络整体性能。

未来 5G 网络数据流量密度和用户体验速率的急剧增长，除了对无线接入网带来极大挑战，对核心网同样也带来更大数据流量的冲击。因此，在前述 5G 无线接入网增强的基础上，还需要对未来核心网的架构进行重新思考。

图 1-13 给出了传统的 LTE 网络架构，可以看出核心网负责基站与互联网之间的数据传输。其中服务网关（SGW）和 PDN（分组数据网络）网关（PGW）主要负责处理用户面数据转发。同时，PGW 还负责内容过滤、数据监控与计费、接入控制以及合法监听等网络功能。数据从终端用户到达 PGW 并不是通过直接的三层路由方式，而是通过 GTP（GPRS tunneling protocol，GPRS 隧道协议）的方式逐段从基站送到 PGW。LTE 网络移动性管理功能由网元 MME 负责，但是 SGW 和 PGW 上依然保留了 GTP 隧道的建立、删除、更新等 GTP 控制功能。

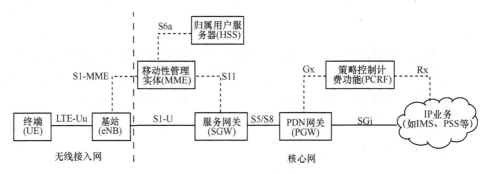

图 1-13　传统 LTE 网络架构

因此，传统 LTE 核心网控制面与数据面分割不彻底，且数据面功能过于集中，使得网络存在如下局限性[29-31]。

（1）数据面功能过度集中在 LTE 网络与互联网边界的 PGW 上，要求所有数据流必须经过 PGW，即使是同一小区用户间的数据流也必须经过 PGW，给网络内部新内容应用服务的部署带来困难。同时数据面功能的过度集中也对 PGW 的性能提出更高要求，且易导致 PGW 成为网络吞吐量的瓶颈。

（2）网关设备控制面与数据面耦合度高，导致控制面与数据面需要同步扩容。由于数据面的扩容需求频度通常高于控制面，二者同步扩容在一定程度上增加了设备的更新周期，同时也增加了设备总体成本。

（3）用户数据从 PGW 到 eNB 的传输仅能根据上层传递的 QoS 参数转发，难以识别用户的业务特征，导致很难对数据流进行更加灵活、精细的路由控制。

（4）控制面功能集中在 SGW、PGW，尤其是 PGW 上，包括监控、接入控制、QoS 控制等，导致 PGW 设备变得异常复杂，可扩展性变差。

（5）网络设备基本是各设备商基于专用设备开发定制而成，运营商很难将由不同设备商生产的网络设备进行功能合并，导致灵活性变差。

针对传统 LTE 核心网面临的问题，未来 5G 网络为了能够更好地适应网络数据流量的激增，核心网架构需要支持本地分流、控制面与数据面分离、控制面集中化以及基于通用硬件平台实现软件与硬件解耦等，从而具备灵活性和可扩展性。

通过数据面下沉本地分流的方式可以有效避免未来 5G 核心网数据传输瓶颈的出现，同时提升了数据转发效率。其次，通过核心网网关控制面与数据面的分离，网络发展能够根据需求实现对控制面与数据面的单独扩容、升级优化，从而加快了网络升级更新和新业务上线速度，并在一定程度上降低了网络升级和新业务部署成本。更进一步，通过控制面集中化，5G 网络能够根据网络状态和业务特征等信息，实现灵活、细致的数据流路由控制。除此之外，基于通用硬件平台实现软件与硬件解耦可有效提升 5G 核心网的灵活性和可扩展性，从而避免基于专用设备带来的问题，且更易于实现控制面与数据面分离以及控制面集中化。

除上述通过提升未来 5G 核心网数据处理能力应对数据流量爆炸式增长的技术外，缓存和移动边缘计算可以根据用户需求和业务特征等信息，有效降低网络传输所需数据流量[32-34]。数据统计证明，缓存技术在 3G 网络和 LTE 网络的应用可以降低 1/3~2/3 的移动数据量[35-36]。为了能够更好地发挥缓存以及移动边缘计算技术可能带来的性能提升，未来 5G 网络需要基于网络大数据实现智能化的分析处理。

1.6.2　更低时延

为了能够应对未来基于机器到机器的物联网新型业务在工业控制、智能交通、环境监测等领域应用带来的毫秒级时延要求，5G 网络需要从空口、硬件、协议栈、骨干传输、回传链路以及网络架构等多个角度联合考虑。

据估算，以未来 5G 无线网络能够满足的 1 ms 的时延要求为目标，留给物理层的时间最多只有 100 μs[8,37]，LTE 网络中 1 ms 传输时间间隔（TTI）以及 67 μs 的

OFDM 符号长度已经无法满足要求,如图 1-14 所示。然而,广义频分复用(generalized frequency division multiplexing, GFDM)技术作为一种潜在的物理层技术,成为有效解决 5G 网络毫秒级时延要求的潜力技术[37]。

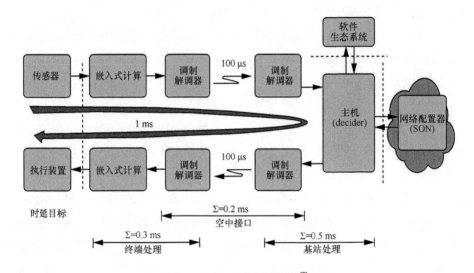

图 1-14　1 ms 时延分解示例[8]

除此之外,通过内容缓存以及 D2D 技术同样可以有效降低数据业务端到端时延[33-34]。以内容缓存为例,通过将受欢迎内容(热门视频等)缓存在核心网,可以有效避免重复内容的传输,更重要的是降低了用户访问内容的时延,在很大程度上提升了用户体验。图 1-15 给出了目前 3 种缓存机制与无缓存的示意。可以看出,通过合理、有效的受欢迎内容排序算法和缓存机制,将相关内容缓存在基站或者通过 D2D 方式直接获取所需内容,可以更进一步地提高缓存命中率,提升缓存性能。

考虑到基站的存储空间限制以及在 UDN 场景下每小区服务用户数目较少,使得缓存命中率降低,从而无法有效降低传输时延。因此,未来 5G 网络除了要支持核心网缓存外,还需要能够支持基站间合作缓存机制,并通过簇化集中控制的方式判断内容的受欢迎度以及内容存储策略。同理,不同 RAT 系统间的内容缓存策略,同样需要 5G 网络能够进行统一的协调管理。

除此之外,更高的网络传输速率、本地分流、路由选择优化以及协议栈优化等都对降低网络端到端时延有很大帮助。

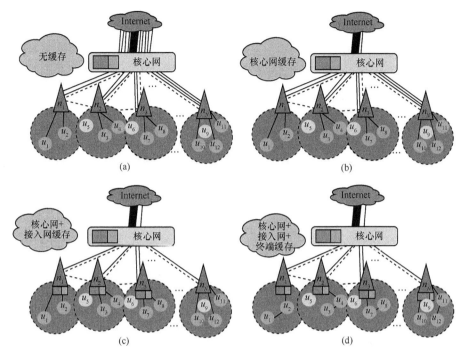

图 1-15　缓存机制比较[33]

1.6.3　海量终端连接

为了能够应对到 2020 年终端连接数目 10~100 倍的迅猛增长，一方面可以通过无线接入技术、合理利用频谱、小区加密等方式提升 5G 网络整体容量满足海量终端连接，譬如超密集组网使得每个小区的服务终端数目降低，缓解了基站负荷。另一方面，用户分簇化管理以及中继等技术可以将多个终端设备的控制信令以及数据进行汇聚传输，降低网络的信令和流量负荷。同时，对于具有小数据突发传输的 MTC 终端，可以通过接入层和非接入层协议的优化合并以及基于竞争的非连接接入方式等，降低网络的信令负荷。

值得注意的是，海量终端连接除了带来网络信令和数据量的负荷外，最棘手的是海量终端连接意味着网络中将同时存在各种各样需求迥异、业务特征差异巨大的业务应用，即未来 5G 网络需要能够同时支持各种各样差异化业务。以满足某类具有低时延、低功耗的 MTC 终端需求为例，协议栈简化处理是一种潜在的技术方案。然而，同一小区内如何同时支持简化版本与非简化版本的协议栈则成为 5G 网络需要面临的棘手问题。因此，未来 5G 网络首先需要具备可编程性，即可以根据业务、网络等要求实现协议栈的差异化定制。其次，5G 网络须能够支持网络虚拟化，使得网络在提供差异化服务的同时保证不同业务相互间的隔离度要求。

1.6.4　更低成本

未来 5G 网络超密集的小区部署以及多种多样移动互联网业务和物联网业务的推广运营，极大限度地增加了网络建设部署和运营维护成本。根据 Yankee Group 统计，网络成本占据整个服务提供商成本的 30%，如图 1-16 所示。

首先，为了能够降低超密集组网带来的网络建设、运营和维护复杂度以及成本的增加，一种可能的办法是通过减少基站的功能，从而降低基站设备的成本。例如基站可以仅完成层一和层二的处理功能，其余高层功能则利用云计算技术实现多个小区的集中处理。对于这种轻量级基站，除了功能减少带来的成本降低外，第三方或个人用户部署的方式则会更进一步降低运营商的部署成本。除此之外，轻量化基站的远程控制、自优化管理等同样可以降低网络的运营维护成本。

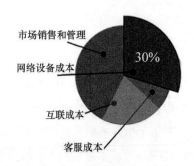

图 1-16　服务提供商成本组成

其次，传统的网络设备是各设备商基于专用设备开发定制而成，新的网络功能以及业务引入通常意味着新的网络设备实体的研发部署。新的专用网络设备将带来更多的能耗、设备投资以及针对新的设备而需要的技术储备、设备整合以及运营管理成本的增加。更进一步，网络技术以及业务的持续创新使得基于专用硬件的网络设备生命周期急剧缩短，降低了新业务推广带来的利润增长。因此，对于服务提供商，为了能够降低网络部署和业务推广运营成本，未来 5G 网络有必要基于通用硬件平台实现软件与硬件解耦，从而通过软件更新升级方式延长设备的生命周期，降低设备总体成本。另外，通过软硬件解耦加速新业务部署进度，为新业务快速推广赢得市场提供有力保证，从而带来服务提供商利润的增加。

考虑到传统的电信运营商为保持核心的市场竞争力、低成本以及高效率的运营状态，未来可能将重点集中于其最为擅长的核心网络的建设与维护，对于大量的增值业务和功能化业务则将转售给更加专业的企业，合作开展业务运营。同时用户对于业务的质量和服务的要求也越来越高，促使了国家首批移动通信转售业务运营试点资格（虚拟运营商牌照）的颁发。从商业的运作上看，虚拟运营商并不具有网络，而是通过网络的租赁使用为用户提供服务，将更多的精力投入新业务的开发、运营、推广、销售等领域，从而为用户提供更为专业的服务。为了能够降低虚拟运营商的投资成本，适应虚拟运营商差异化要求，传统的电信运营商需要在同一个网络基础设施上为多个虚拟运营商提供差异化服务，同时保证各虚拟运营商间相互隔离，互不影响。

因此，未来 5G 网络首先需要具备可编程性，即可以根据虚拟运营商业务要求实现网络的差异化定制。其次，5G 网络需能够支持网络虚拟化，使得网络在提供差异化服务的同时保证不同业务相互间的隔离度要求。

1.6.5　更高能效

不同于传统的无线网络仅仅以系统覆盖以及容量为主要目标进行设计，未来 5G 网络除满足覆盖和容量这两个基本需求外，还须进一步提高 5G 网络的能效。5G 网络能效的提升一方面意味着网络能耗的降低，缩减了服务提供商的能耗成本；另一方面代表终端待机时长的延长，尤其是 MTC 类终端的待机时长。

首先，无线链路能效的提升可以有效降低网络和终端的能耗。例如，超密集组网通过缩短基站与终端用户距离，极大地提升无线链路质量，有效提升链路的能效。大规模天线通过无线信号处理的方法可以针对不同用户实现窄波束辐射，增强无线链路质量的同时减少能耗以及对应的干扰，从而可以有效提升无线链路能效。除此之外，针对网络设备以及终端，高能效的硬件设备以及数据处理算法等同样对提升网络能效有一定帮助。

其次，在通过控制面与数据面分离实现覆盖与容量分离的场景下，其中用于提升系统容量的小区，其较小的覆盖范围以及终端的快速移动，使得此类小区负载以及无线资源使用情况骤变。此时，用于提升容量的小区可以在统一协调的机制下根据网络负荷情况动态地实现打开或者关闭，从而在不影响用户体验的情况下降低网络能耗。同时，终端选择合适的小区接入对于其能耗的影响也需要加以考虑。因此，未来 5G 网络需要通过簇化集中控制的方式并基于网络大数据的智能化分析处理，实现小区动态关闭/打开以及终端合理的小区选择，提升网络和终端能效。

对于无线终端，除通过上述办法提升能效延长电池使用寿命外，采用低功耗、高能效配件（如处理器、屏幕、音视频设备等）也可以有效延长终端电池寿命。更进一步，通过将高能耗应用程序或其他处理任务从终端迁移至基站或者数据处理中心等，利用基站或数据处理中心强大的数据处理能力以及高速的无线网络，实现终端应用程序的处理以及反馈，可有效缩减终端的处理任务，延长终端电池寿命。

1.6.6 5G 网络架构特征总结

综上所述，为了满足未来 5G 网络目标性能要求，即数据流量密度提升 1 000 倍，设备连接数目提升 10~100 倍，用户体验速率提升 10~100 倍，MTC 终端待机时长延长 10 倍以及端到端时延降低 5 倍，以及未来网络更低成本、更高能效等可持续发展的要求，需要从无线频谱、接入技术以及网络架构等多个角度综合考虑。图 1-17 概括总结了 5G 网络需求、关键技术以及 5G 网络架构主要特征的对应关系。

可以看出，未来 5G 网络架构的主要技术特征包括：接入网侧通过控制面与数据面分离实现覆盖与容量的分离或者部分控制功能的抽取，通过簇化集中控制实现无线资源的集中式协调管理。核心网侧则主要通过控制面与数据面分离以及控制面集中化的方式实现本地分流、灵活路由等功能。除此之外，通过软件与硬件解耦和前述四大技术特征的有机结合，未来 5G 网络将具备网络开放能力、可编程性、灵活性和可扩展性。

IT 新技术的发展给满足 5G 网络架构技术特征带来了希望。其中以控制面与数据面分离和控制面集中化为主要特征的软件定义网络（SDN）技术以及以软件与硬件解耦为特点的网络功能虚拟化技术的结合，有效地满足未来 5G 网络架构的主要技术特征，使 5G 网络具备开放能力、可编程性、灵活性和可扩展性。更进一步，基于云计算技术以及网络与用户感知体验的大数据分析，实现业务和网络的深度融合，使 5G 网络具备用户行为和业务感知能力，更加智能化。

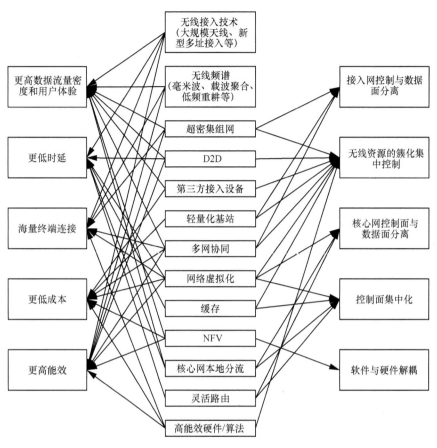

图 1-17　5G 网络关键技术与架构特征

▎参考文献 ▎

[1]　工业和信息化部电信研究院 TD-LTE 工作组. 4G 技术和产业发展白皮书[R]. [S.l.:s.n.], 2014.

[2]　Nokia Siemens Networks. 2020: beyond 4G radio evolution for the Gigabit experience[R]. [S.l.:s.n.], 2011.

[3]　Ericsson. More than 50 billion connected devices[R]. [S.l.:s.n.], 2011.

[4]　高芳, 赵志耘, 张旭, 等. 全球 5G 发展现状概览[J]. 全球科技经济瞭望, 2014, 29(7): 59-67.
　　GAO F, ZHAO Z Y, ZHANG X, et al. The global development overview of 5G[J]. Global

Economic Outlook of Science and Technology, 2014, 29(7): 59-67.

[5] CHIHLTN I, ROWELL C, HAN S, et al. Towards green & soft: a 5G perspective[J]. IEEE Communication Magazine, 2014, 52(2): 66-73.

[6] STROM E G, SVENSSON T. EVFPT INFSO-ICT-317669 METIS, D1.1 Scenarios, requirements and KPIs for 5G mobile and wireless system[J]. Scenario, 2013.

[7] OSSEIRAN A, BOCCARDI F, BRAUN V, et al. Scenario for 5G mobile and wireless communication: The vision of the METIS project[J]. IEEE Communication Magazine, 2014, 52(5): 26-35.

[8] FETTWEIS G, ALAMOUTI S. 5G: Personal mobile internet beyond what cellular did to telephony[J]. IEEE Communication Magazine, 2014, 52(2): 140-145.

[9] 3GPP. S Feasibility study on new services and markets technology enablers: TR22.891[S]. 2015.

[10] Qualcomm. The 1000x mobile data challenge[R]. [S.l.:s.n.], 2013.

[11] 尤肖虎, 潘志文, 高西奇, 等. 5G 移动通信发展趋势与若干关键技术[J]. 中国科学: 信息科学, 2014, 44(5): 551-563.
YOU X H, PAN Z W, GAO X Q, et al. Development trend and some key technology of 5G mobile communication[J]. Scientia Sinica Informationis, 2014, 44(5): 551-563.

[12] AGYAPONG P, IWAMURA M, STAEHLE D, et al. Design considerations for a 5G network architecture[J]. IEEE Communication Magazine, 2014, 52(11): 65-75.

[13] MARZETTA T L. Noncooperative cellular wireless with unlimited numbers of base station antennas[J]. IEEE Transactions on Wireless Communication, 2010(9): 3590-3600.

[14] RUSEK F, PERSSON D, LAU BK, et al. Scaling up MIMO: opportunities and challenges with very large arrays[J]. IEEE Signal Processing Magazine, 2013, 30(1): 40-60.

[15] NGO H Q, LARSSON E G, MARZETTA T L. Energy and spectral efficiency of very large multiuser MIMO systems[J]. IEEE Transactions on Communications, 2013, 61(4): 1436-1449.

[16] WUNDER G, JUNG P, KASPARICK M, et al. 5GNOW: non-orthogonal, asynchronous waveforms for future mobile applications[J]. IEEE Communication Magazine, 2014, 52(2): 97-105.

[17] DATTA R, MICHAILOW N, LENTMAIER M, et al. GFDM interference cancellation for flexible cognitive radio PHY design[C]//IEEE Vehicular Technology Conference (VTC Fall), September 3-6, 2012, Quebec City, QC. Piscataway: IEEE Press, 2012: 1-5.

[18] BENJEBBOUR A, et al. System-level performance of downlink NOMA for future LTE enhancements[C]//IEEE GLOBECOM, December 9-13, 2013, Atlanta, USA. Piscataway: IEEE Press, 2013: 66-70.

[19] CHENG W C, ZHANG X, ZHANG H L. Optimal dynamic power control for full-duplex bidirectional-channel based wireless networks[C]//IEEE International Conference on Computer Communications (INFOCOM), April 14-19, 2013, Turin, Italy. Piscataway: IEEE Press, 2013: 3120-3128.

[20] AHMED E, ELTAWIL A M, SABHARWAL A. Rate gain region and design tradeoffs for full-duplex wireless communications[J]. IEEE Transactions on Wireless Communications, 2013, 12(7): 3556-3565.

[21] LI Q C, NIU H, PAPATHANASSIOU A T, et al. 5G Network capacity: key elements and technologies[J]. IEEE Vehicular Technology Magazine, 2014, 9(11): 71-78.

[22] ROST P, BERNARDOS C J, DOMENIC A D, et al. Cloud technologies for flexible 5G radio access networks[J]. IEEE Communication Magazine, 2014, 52(5): 68-76.

[23] DOHLER M, HEATH R W, LOZANO A, et al. Is the PHY layer dead[J]. IEEE Communication Magazine, 2011, 49(4): 159-165.

[24] CHANDRASEKHAR V, ANDREWS J, GATHERER A. Femtocell networks: a survey[J]. IEEE Communication Magazine, 2008, 46(9): 59-67.

[25] CHEN S, ZHAO J. The requirements, challenges, and technologies for 5G of terrestrial mobile telecommunication[J]. IEEE Communication Magazine, 2014, 52(5): 36-43.

[26] ISHII H, KISHIYAMA Y, TAKAHASHI H. A novel architecture for LTE-B: C-plane/U-Plane split and phantom cell concept[C]//IEEE GLOBECOM Workshop, December 3-7, 2012, Anaheim, USA. Piscataway: IEEE Press, 2012: 624-630.

[27] 3GPP. Study on small cell enhancements for E-UTRA and E-UTRAN: TR36.842[S]. 2013.

[28] TEHRANI M N, UYSAL M, YANIKOMEROGLU H. Device-to-device communication in 5G cellular networks: challenges, solutions, and future directions[J]. IEEE Communication Magazine, 2014, 52(5): 86-92.

[29] JIN X, LI L, VANBEVERY L, et al. SoftCell: taking control of cellular core networks[J]. Computer Science, 2013.

[30] BASTA A, KELLERER W, HOFFMAN M, et al. A virtual SDN-enabled LTE EPC architecture: a case study for S-P-gateways functions[C]//2013 IEEE SDN for Future Networks and Services, November 11-13, 2013, Trento, Italy. Piscataway: IEEE Press, 2013: 1-7.

[31] BERNARDOS C J, DE L O A, SERRANO P, et al. An architecture for software defined wireless networking[J]. IEEE Wireless Communications Magazine, 2014, 21(3): 52-61.

[32] ETSI ISG MEC. Mobile edge computing-introductory technical white paper[R]. [S.l.:s.n.], 2014.

[33] WANG X, CHEN M, TALEB T, et al. Cache in the air exploiting content caching and delivery techniques for 5G systems[J]. IEEE Communication Magazine, 2014, 52(2): 131-139.

[34] AHLEHAGE H, DEY S. Video caching in radio access network: impact on delay and capacity[C]//IEEE WCNC, April 1-4, 2012, Shanghai, China. Piscataway: IEEE Press, 2012: 2276-2281.

[35] ERMAN J, GERBER A, HAJIAGHAYI M. To cache or not to cache — the 3G case[J]. IEEE Internet Computing, 2011, 15(2): 27-34.

[36] RAMANAN B A, DRABECK L M, HANER M, et al. Cacheability analysis of HTTP traffic

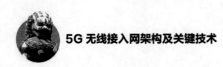

in an operational LTE network[C]//Wireless Telecommunication Symposium, April 17-19, 2013, Phoenix, USA. Piscataway: IEEE Press, 2013: 1-8.

[37] WUNDER G, JUNG P, KASPARICK M, et al. 5GNOW: non-orthogonal,asynchronous waveforms for future mobile applications[J]. IEEE Communication Magazine, 2014, 52(2): 97-105.

第 2 章

5G 网络总体架构

4G 网络架构的控制面与数据面并未完全分离以及控制功能较为集中等局限性在一定程度上导致其无法满足未来业务应用的各种差异化需求。本章首先梳理了欧洲、日本、韩国、北美等 5G 网络架构的研究成果。其次，详细介绍并讨论了由中国电信首次提出的"三朵云"的 5G 网络架构以及该原型架构在系统实现和部署方面的考虑。

每一代移动通信系统都需要根据未来业务或应用的发展而确定其适宜的网络架构，而网络又决定了未来业务、应用发展的潜力。如第 1 章所述，5G 时代业务种类更加丰富，业务对网络能力的要求比以往任何一代系统都更加多样化，且这些要求之间很多时候是相互冲突的。因此 5G 必须要有全新的网络架构来适应各种业务的多种需求。

网络要满足未来多种业务的需求，需要网络能够与业务解耦，且具备足够的灵活性和可扩展性以适应业务的发展。SDN/NFV 等技术的发展，为未来网络的灵活性和可扩展性带来了技术的可能。

本章将介绍欧洲、日本、韩国、北美以及移动运营商组织 NGMN 关于 5G 网络架构的研究成果，再深入介绍中国的基于 SDN/NFV 的"三朵云"5G 网络架构的概念框架和系统参考架构以及该架构在不同应用场景部署时的变化。

| 2.1 4G 网络总体架构 |

每一代移动通信系统，其标志性的技术特征除了全新的空中接口技术外，网络总体架构也在不断地演进变化。移动通信系统从 1G 演进到 2G，空中接口从模拟技术演进到数字技术，网络从简单的端局交换机的模式演进到基站—基站控制器—移动交换机的层次结构，业务领域也从电路域语音演进到电路域语音和分组域数据共存。在3G 移动通信系统中，空中接口演进为以 CDMA 为主流的多址接入技术，网络架构在

2G 系统的基础上起步。在 R4 阶段，电路域演进到控制承载分离、控制集中化、承载分布化的形态，分组域则基本沿用 2G 的模式。4G 移动通信系统在空中接口上采用 OFDM/MIMO 新型多址技术，在网络架构上，如图 2-1 所示[1]，摒弃传统电路域只考虑分组域的演进，也被称作演进分组系统（EPS）。

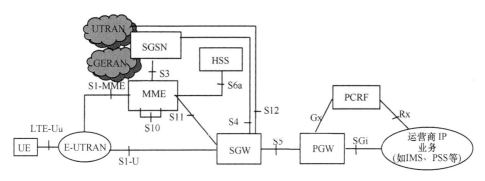

图 2-1　EPS 整体网络架构

从图 2-1 中可以看到，EPS 网络由演进的通用无线接入网络（如图 2-1 中 E-UTRAN 所示）和演进的分组核心（EPC）网络组成。EPC 网络主要网元包括 MME、SGW、PGW 和 HSS。MME 位于控制平面，负责控制会话的建立；SGW 是连接 E-UTRAN 的分组数据接口的终点，当终端在 E-UTRAN 中不同的 eNB 间移动时，SGW 作为本地的移动锚点；PGW 是连接分组数据网络的分组数据接口的终点，作为连接外部分组数据网络的锚点，PGW 还支持策略增强功能（如图 2-1 中的 PCRF（策略与计费规则功能）单元）以及分组过滤和增强的计费功能；HSS 用于用户数据管理。4G EPC 网中已不再有电路域部分，所有的业务，包括语音均承载在 IP 分组数据域上。MME 通过与 HSS 的交互完成用户的接入控制，并负责 SGW 与基站之间的路由协调。SGW 专注于数据面处理，GTP 的封装、解封装、上下行 GTP 数据报文的转发等（图 2-1 中的 SGSN 是 2G/3G 移动网络中的服务 GPRS 支持节点）。

从图 2-1 可以看出，LTE 核心网控制面与数据面并未完全分离，控制功能较为集中，存在以下局限性[2]。

- 数据面功能集中在 LTE 网络与互联网边界的 PGW 上，要求所有数据流必须经过 PGW，即使是同一小区用户间的数据流也必须经过 PGW，给网络内部新内容应用服务的部署带来困难；同时也对 PGW 的性能提出了更高的要求，且易导致 PGW 成为网络吞吐量的瓶颈。

- 网关设备控制面与数据面耦合度高，导致控制面与数据面需要同步扩容，由于数据面的扩容需求频度通常高于控制面，二者同步扩容在一定程度上缩短了设备的更新周期，同时带来设备总体成本的增加。
- 用户数据从 PGW 到 eNB 的传输仅能根据上层传递的 QoS 参数转发，难以识别用户的业务特征，导致很难对数据流进行更加灵活、精细的路由控制。
- 控制面功能过度集中在 SGW、PGW，尤其是 PGW 上，包括监控、接入控制、QoS 控制等，导致 PGW 设备变得异常复杂，可扩展性差。
- 网络设备基本是各设备商基于专用设备开发定制而成的，运营商很难将由不同设备商定制的网络设备进行功能合并，导致灵活性变差。

如第 1 章所述，5G 时代业务种类更加丰富，且业务对网络能力的要求更加多样化，很多要求之间是相互冲突的。因此 5G 网络除了要有新的无线接入技术外，必须要有全新的网络架构来适应各种业务的多种需求。业务种类的多样化和用户需求的快速变化，要求未来的网络能够与业务解耦，且具备足够的灵活性和可扩展性以适应业务的发展。

|2.2 欧洲 METIS 5G 架构|

欧洲第七框架计划下的构建 2020 年信息社会的无线通信关键技术（Mobile and Wireless Communications Enablers for the Twenty-Twenty Information Society，METIS）项目发布的 D6.4 文档是关于 5G 架构的报告[3]。该报告从功能架构、逻辑编排和控制架构、拓扑和功能部署架构 3 个角度阐述了对未来 5G 网络架构的理解。其中功能架构基于下述两个因素设计：METIS 项目的横向主题（horizontal topic，HT）[4]概念指出的新功能（自顶向下分析）以及 METIS 项目工作包（work package）[4]提供的最相关技术组件的功能拆分（自底向上分析）。功能架构的目的是为研究新的 5G 网络功能打下基础。功能架构针对最有前景的 METIS 组件分析和描述了功能模块以及它们在功能架构中扮演的角色。逻辑编排和控制架构显示了在设置和实现网络功能时如何实现灵活性、可拓展性及以业务为导向。因此，逻辑编排和控制架构是连接功能架构与拓扑和功能部署架构的中间桥梁。最后，拓扑和功能部署架构给出了具体的网络功能部署的可能选项，即网络功能设置和实施后的最终系统形态。

上述 3 种架构之间的关系可以用如图 2-2 所示的抽象示意图来表示。功能架构为基础，经过编排和控制，根据场景选择恰当的部署架构选项。

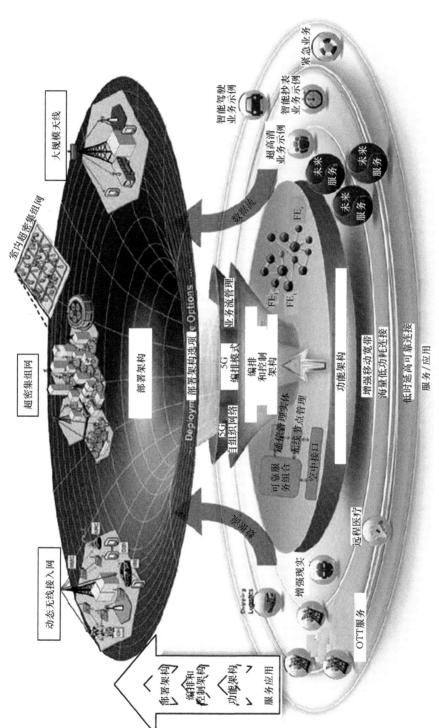

图 2-2　METIS 5G 多面架构描述抽象示意

下面首先从这 3 种架构来介绍 METIS 项目提出的 5G 网络架构，再进一步介绍 5G 系统功能部署方式以及 4G 和 5G 架构的差异。

2.2.1　网络功能架构

METIS 的 5G 系统由 4 个高层构件组成，如图 2-3 所示，这些高层构件从宏观的角度构建了系统功能。

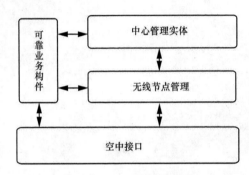

图 2-3　METIS 系统高层构件

（1）中心管理实体（central management entity，CME）包括了网络的主要功能，并且不限于特定 HT。CME 主要位于中心站点，但是根据用例或业务，也可能分布式部署。

（2）无线节点管理（radio node management，RNM）包括提供无线功能的构件，这些无线功能影响多个无线节点并且不限于特定 HT。这些功能放置在中间网络层（即 Cloud-RAN，有特定任务的专用无线节点）。功能分布受接口需求影响。

（3）空中接口（air interface，AI）功能的位置（无线节点与终端）主要在较低的网络层，如直接在终端、天线站点或 Cloud-RAN 站点。

（4）可靠业务构件代表一个无线接入网中心实体，与其他高层构件都有接口，用来做可用性检查和提供超可靠链接。

CME、RNM、AI 高层功能构件又分别包含多个子功能构件，如图 2-4 所示。

CME 的子功能构件的说明见表 2-1，RNM 的子功能构件的说明见表 2-2，AI 的子功能构件的说明见表 2-3。

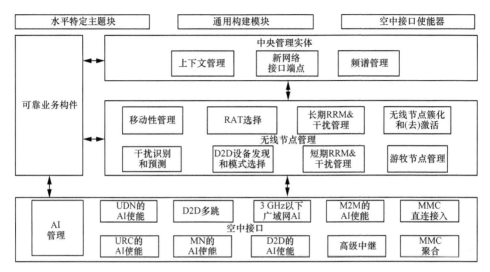

图 2-4　METIS 系统完整功能构件

表 2-1　CME 的子功能构件

子功能构件	功能
上下文管理	收集全网信息
新网络接口端点	与管理实体（例如频谱资源数据库）交互信息，网络运营商之间交互信息，基于上下文信息的集成无线回传管理
频谱管理	处理所有的频谱授权

表 2-2　RNM 的子功能构件

子功能构件	功能
移动性管理	考虑 HT 偏好的小区间切换
干扰识别和预测	开发利用测量数据和上下文信息进行干扰预测
短期 RRM&IM	短期无线资源优化分配（<1 ms）
长期 RRM&IM	长期无线资源优化分配（<1 ms）
RAT 选择	根据具体的规则选择 RAT
无线节点簇化和(去)激活	考虑 HT 偏好的无线节点的智能簇化和功率管理
游牧节点管理	（去）激活游牧节点，包括特定的 RRM 和 IM 偏好
D2D 设备发现和模式选择	<ul><li>邻近设备/业务发现</li><li>多运营商设备发现</li><li>本地链路机会识别和 D2D 模式之间的切换</li></ul>

表 2-3　AI 的子功能构件

子功能构件	功能
AI 管理	• 配置可选的 AI 选项 • 触发策略和收集上下文信息
3 GHz 以下广域网 AI	• 集成 D2D 和 MMC 传输模式 • 通过高级的节点间协调、高级 UE 能力和干扰协调提高频谱效率 • "UDN 场景下通过宏基站无线回传",包括由 CoMP 结合 M-MIMO 的新的干扰管理框架,提供高频谱效率和覆盖
D2D 的 AI 使能	• 多运营商网络协助 D2D 模式下的设备同步及 Ad Hoc 操作 • D2D 操作的最佳传输模式 • 网络控制的 D2D 使能
M2M 的 AI 使能	M2M 的基本需求:高能效、低价、低信令开销、长电池寿命
MN 的 AI 使能	• 车联网通信场景下利用快衰落和非理想信道下顽健性的物理层 • Ad Hoc 移动 D2D 使能
UDN 的 AI 使能	• 低时延的使能 • 跨链路干扰抑制,灵活 UL/DL,协调 OFDM 的使能 • 无线回传,MMC 带宽缩小,D2D 的时间不敏感数据传输,高链路容量业务聚合,多跳低时延的使能 • 接收方干扰抑制,回传链路增强的强健波形 • 可选波形和灵活频率使用的使能
URC 的 AI 使能	• 超高可靠时间敏感业务的使能(信令、截止时间驱动的 HARQ 等) • 业务感知扩展性的使能(时延、可靠性、数据速率等) • 为保障给定时间内最小速率的 QoS/QoE 应用
D2D 多跳	• 通过终端设备或 D2D 中继为基础设施提供回传
高级中继	• 通过使用网络编码提高无线回传的可靠性
MMC 直连接入	• MMC 随机接入过程 • 适当信令结构下的通信 • 大量终端的能源管理、可用性、覆盖和接入
MMC 聚合	• 通过动态选择终端设备(即作为簇头的网关)实现 MMC 业务聚合和转发

图 2-5 所示的逻辑编排和控制架构应用了如 SDN、NFV 及其扩展的未来架构技术趋势。逻辑组合控制架构根据 HT 的业务和网络功能需求提供必要的灵活性来实现功能模块的高效集成与协作,同时提供现有蜂窝无线网络演进所需的功能。为了方便说明逻辑编排和控制架构与功能架构之间的联系,使用了 METIS 系统的高层构件(如图 2-3 所示)。功能架构形成了功能池的基础,流程与算法的细节均在功能池中进行定义。更进一步,功能池也可以包含其他未被 METIS 研究的功能模块,这些未在 METIS 功能架构中描述。

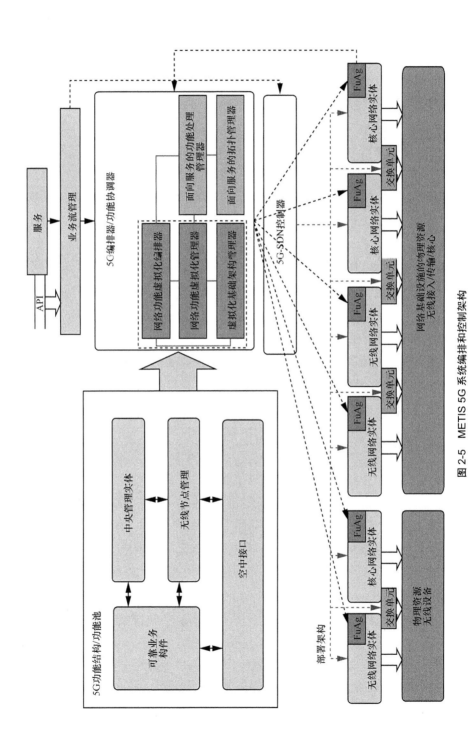

图 2-5 METIS 5G 系统编排和控制架构

图 2-5 中描述的业务流管理（service flow management）的任务是通过网络基础结构分析服务并概况目标业务数据流的要求。这些分析与需求结果会与 5G 编排器（5G orchestrator）和 5G-SDN 控制器进行通信，5G 编排器与 5G-SDN 控制器负责在最终功能部署中实现所需功能。业务流管理将应用/业务的需求（如来自第三方服务提供者的需求）纳入考虑范围，例如可以通过专用的应用程序编程接口（API）来实现。这些需求可以是最大时延和/或数据流路径上的最小带宽需求。这种架构使得根据需求定制虚拟网络（VN）成为可能，该虚拟网络使用共享的资源池并且允许控制面与用户面的有效业务自适应解耦（effective service-adaptive decoupling），以优化整个业务传送链上的路由和移动性管理。

网络功能可以由 5G 编排器灵活部署和构建（或实例化），5G 编排器的任务是绘制数据面与控制面到部署架构里物理资源间的逻辑拓扑（见第 2.1.3 节），给每个服务绘制相应的逻辑拓扑。正如在 ETSI 规范[5]里定义的，编排器负责 NFV 实例资源组合与网络服务的生命循环管理；虚拟网络功能管理器（VFNM）负责 VNF 实例的生命循环管理。此外，VNF 拓扑逻辑在 ETSI 的规范中被称为转发图。虚拟基础设施管理器（VIM）负责控制和管理网络资源（计算和存储资源），并且收集性能测量结果与事件。

METIS 编排和控制架构同时控制 VNF 与非 VNF（即运行在依靠硬件加速器的非虚拟化平台上的网络功能），它覆盖了所有 5G 网络功能，包括无线、核心和业务层。5G 编排器的功能以 ETSI 规定的 NFV 原则为基础，增加了 5G 特定的扩展功能。

在逻辑编排和控制架构中，无线网络实体（RNE）与核心网络实体（CNE）是逻辑节点，它们有可能在不同的软件与硬件平台（非虚拟化的及虚拟化的）上实现。在图 2-5 的 RNE 和 CNE 模块中给出了不同平台示例。不同 RNE 之间的通信（包括无线终端），会存在由多种构件和功能单元组成的灵活的协议和空中接口（或空中接口选项）。这里，灵活的协议意味着一些协议的功能可以根据目标业务在相关用例场景下的需求进行配置或替换。例如，在为目标业务定制的虚拟网络切片内，协议功能可以进行优化和链接。此外，协议应该允许灵活的设计，以支持空中接口（或空中接口选项）针对不同的 5G 用例场景的可配置性，例如，利用一些无线终端设备的 RRC 信令的帮助。可以预期，为 RNE 设计的硬件平台将会在一定程度上支持虚拟化，但是如 UDN 的小蜂窝节点这样的低成本设备，或许会由于成本原因，没有或仅有很有限的功能虚拟化能力。与之相反的，为 NE 设计的计算平台会支持基于虚拟化概念的网络功能灵活部署。事实上，这种变化已经发生在 4G 系统的核心网部分，MME、SGW 和 PGW 正在作为 VNF 实现。

值得注意的是，按照惯例，集中无线接入网络基础设施包含基带单元（BBU）。这相当于逻辑编排与控制架构的 RNE。然而，由于 5G 预期的灵活性，一些核心网功能也可以被移至实现 RNE 的物理节点（例如靠近接入节点部署 AAA 和移动性管理功能，以减少时延）。

上述以服务为导向的虚拟网络的实现与控制，是由两个 5G 组之外的逻辑实体所控制的，也就是如下两方面内容。

- 以业务为导向的拓扑管理器（STM）运用环境信息（即服务请求和网络状态信息）来决定通过 FA/功能池（function pool）要求部署数据面还是用户层。因此，考虑到底层的物理网络资源与物理网络拓扑，STM 决定这些功能在拓扑逻辑中的位置以及它们之间的逻辑接口。

- 以服务为导向的处理器（SPM）将 STM 中定义的数据面与控制面的功能实体化。这些功能是通过功能代理在 CNE 与 RNE 实现的（FuAg）。

在 5G 逻辑组合控制架构中的另一个元素是 5G-SDN 控制器，它会根据配置组合来建立物理层上的服务链。控制器（可能当作 VNF 来部署）然后设计数据面处理数据流的处理过程，即它在物理层搭建起连接 CNE 与 RNE 的服务链。因此，它通过分解类似移动管理的特定无线功能来安装交换元件（SE）（即根据 OpenFlow）。

灵活性不仅受物理网络元件的限制，还受特定节点预编码加速器限制，即物理层硬件编码步骤。这些信息和功能由在 RNE 与 CNE 的 FuAg 来汇报并且由 5G 编排器纳入考虑范围。

5G 编排器不运行控制面功能，如无线资源管理，而是去组合优化逻辑拓扑与相关物理网络资源。数据面与控制面的功能是由功能性架构提供的。正如下一节将要讨论的，控制面功能可以根据分类灵活地组合在 RNE 和 CNE 之中，即同步或异步的控制面和数据面功能。

2.2.2　拓扑和功能部署架构

为了评估影响网络部署的不同方面，图 2-6 介绍了一个端到端（E2E）参考网络，用于讨论功能部署结构的灵活性。该网络参考显示了不同类型的站点是怎样根据接入、聚合和电信运营商的核心网络来被定位的。该模型包括很多设备（例如终端设备、D2D 群组）、天线站（例如宏远程广播单位（RRU）、小蜂窝、中继节点、群节点）、无线基站（RBS）（例如宏基站基带单元（BBU））、接入站（中心局）和网络中上级的连续节点（例如聚合、本地交换机和国家级的、能部署不同网络功能的站点）。

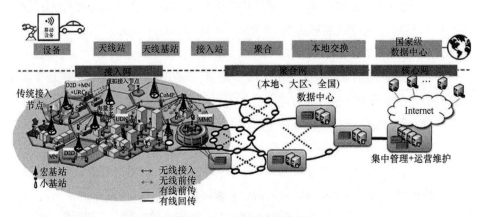

图 2-6　METIS 端到端参考网络

　　不同的网络功能都能被部署在这些代表着物理位置的站点上。在图 2-6 中，端对端网络的拓扑和部署被呈现出来。首先，这个由 METIS HT 组成的接入网络是很突出的，表明了 METIS 项目的焦点所在。随后，关于聚合与核心网络的说明用各自的网络元素来展示，例如，在树和环中的数据中心和网络链路连接。在这个参考功能部署结构中，关于一个固定的和移动聚合的网络的观点早已被考虑，因为这是对 METIS 中预期的综合系统的基本保证。

　　关于影响功能部署的方面，在哪里部署和怎样部署某些网络功能的问题会在很大程度上依赖于功能和应用的需求以及网络拓扑。

　　重要的功能需求包括：

- 接口和处理时延；
- 时间同步（如在空中接口的层面上）；
- 接口的带宽要求；
- 处理的扩展（如关于用户层的吞吐量）。

　　重要的网络拓扑有：

- 可用的传输网（如光纤、无线回传网络）；

- 不同站点的位置；

- 这些站点的设备；

- 在这种方案中的集中化与分散化的需求与收益（例如中继增益、先进的协调设计、成本节省）。

5G 网络将满足很多不同的功能需求、不同的网络拓扑和特殊应用需求。这样，当策划新的网络服务时，功能结构应能立即支持灵活的功能部署，例如，对于扩大或减少网络资源，NFV 和 SDN 的使用将会扮演一个关键的角色用来保证这种灵活性。

为了给端到端的灵活部署提供基础，进一步将无线接口相关的网络功能分为同步的和异步的网络功能。

聚焦于无线功能和它们接口的需求，这种分级倾向于突出对于某些功能部署的限制和简化不同的部署分析，例如，在一个部署站点的特定无线功能的集中处理。

同步：无线网络功能的处理是与无线接口时间同步的。在接口，典型地需要高的数据速率，而速率随着通信量、全部的信号带宽和天线的数量增长（主要是关于用户层数据）。处理过程在每一个数据分组层发生。集中化的潜在的可能性被限制（如 10~20 km），因为它可能仅仅工作在低时延、高带宽的情况下。由于定时、实时处理的需求，虚拟化的可能性被限制，但可以从硬件加速中获益。同步无线网络能被分成：

- 同步无线控制层功能，例如调度、链路自适应、功率控制、干扰协调等；

- 同步无线用户层功能，例如重传/混合自动重传、编码/调制、分段/串接无线帧等。

异步：无线网络功能的处理是与无线接口时间异步的。它们在接口典型地需要低的数据速率，并且处理需求随用户的数量增长，而不是所有的通信量。这些功能能够典型地处理几十毫秒的时延。对于在集中化、虚拟化平台上的部署来说，这是很好的选择。异步无线网络能被分成以下两部分：

- 异步无线控制层功能，例如蜂窝间切换、无线接入技术选择等；

- 异步无线用户层功能，例如加密、用户层聚合（就像双重/多重连接）等。

作为对功能需求分析的补充，非同步的核心功能也会被考虑。核心网络功能可以被分为以下两部分：

- 核心网络控制层功能，例如认证、环境管理和 IP 地址分配等；

- 核心网络用户层功能，例如数据分组过滤、IP 地址锚定等。

基于这些考虑，图 2-7 说明了同步和异步功能的可能的灵活部署。精确的部署

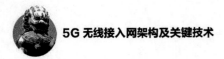

5G 无线接入网架构及关键技术

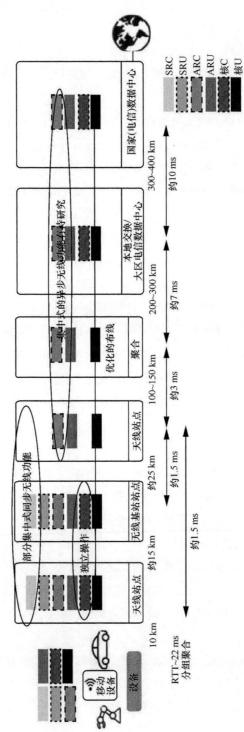

图 2-7　同步和异步网络功能的可能部署示意

044　5G Radio Access Network Architecture and Key Technologies

取决于服务需求和方案。注意：不同站点之间的典型的距离范围和各自的时延值只是一个基于当前网络实例的示例值。

下面是 METIS 关于相关部署组合的列表，在不同的使用情况下，这些部署组合可以被考虑。可以说由 METIS 功能结构保证的灵活性允许部署所有的这些组合，每一种部署都有缺点和优点。

（1）典型的 LTE（无线网络功能在 eNB，核心在中心站点）

这种部署的优势在于它支持轻松的回程传输需求。在 eNB 之间的协调功能由 X2 接口使用，典型地处理在几十毫秒的基础上意味着它不可能支持多蜂窝共同处理。

（2）云无线接入网络（C-RAN）（无线网络功能在媒介网络层，核心在中心站点）

这种部署的优势在于它有紧密的协调功能，例如共同处理/时序安排。由于 NFV 的使用，C-RAN 增加了更多的灵活性，在功能部署、BBU 与 RRU 之间的功能分离而不是简单的集中化 BBU 方面。C-RAN 的缺点在于它需要高带宽和对于前传链路（接入天线站点）的时延，另外，需要考虑 C-RAN 的规模如何适应无线带宽和天线数量增长。为了减少在 MIMO 情况下的射频链路的数量，可以使用混合模拟波束成形和数字预编码的方法。

（3）分布式用户层核心网络功能（接入、媒介网络层）

这种部署的优势在于它支持极低的时延并且可以处理和路由本地流量。某些核心网络功能被移到接入节点，例如，完成服务要求。

（4）集中化异步无线控制和用户层

这种部署的优势在于它只需简单的无线节点，因为它们会被一个在很高结构层（例如核心网络站点）上的中心实体控制，这个实体对异步无线控制和可能面向其他节点的终端接口负责。和整个基带处理都是集中化的 C-RAN 相比，它的优势在于更低的传输速率和时延需求。

（5）分配所有的无线电（例如 D-RAN）和核心网络功能

这种部署的优势在于它支持一个完整网络的独立部署而不需要中央核心节点，某种程度上这种方式还能够增强网络弹性。另一方面，在这种部署情况下，协作相关的特性依赖于节点间的接口来实现。

由于 METIS 功能结构的灵活性，人们期望这 5 种功能部署方案都会被 5G 系统支持。

2.2.3　4G 和 5G 架构比较

　　4G 与 5G 系统的体系架构存在着非常明显的不同。由 3GPP 定义的整个 4G 体系架构，主要是为了支持移动宽带应用。4G 网络架构被认为是网络概念和技术演进的最后一步，该概念和技术最初开发是为支持 ISDN，为了支持 GSM 移动和漫游而引入移动上下文，并进一步演进支持 UMTS 多业务。在某些方面的演化是巨大的，从以语音为主的电路交换网络过渡到数据交换的全 IP 网络，网络也发展到扁平架构。但用于定义架构的设计原则并没有什么改变，主要是由于系统之间需要保持向后兼容性，同时也是因为技术的局限性。无线接入网络（RAN）功能与核心网络（CN）功能（接入层与非接入层）的分离，分组管理、会话管理以及移动性管理是不同代网络架构的共同特征。这样产生的层次结构基本保持不变，但都有一套新定义的接口和协议。用例的多样性必然需要一个 5G 架构，这比目前的 4G 架构更为灵活，同样，也会更有效。新的模型，比如 NFV 和 SDN，加上先进的计算和存储，提供一个对 5G 架构设计彻底反思的机会。尽管这些新的模型也可以应用于 4G 网络架构，使之更为灵活，部署的费用更少，但开发这些技术的潜能，实现更大的灵活性，这就要求远离基于 4G 架构的设计原则。因此，METIS 并没有局限于从现有的网络架构出发，而是寻找能够满足新的要求的网络架构。

　　5G 架构利用了 SDN 和 NFV 原则，很清楚地从数据中分离出控制，同样，也从软件中分离出硬件。这意味着 5G 架构会非常的灵活，不仅能够支持用例多样性，而且能够高效而廉价地支持。

　　5G 架构的关键因素有以下几个方面。

- 关注网络功能，而不是网络实体/节点——自定义功能，在所需要的地方实现和运用。
- 控制和数据的分离。
- 向用例适配——对于不同的用例，并不是所有的网络功能都是需要的。网络功能可以为不同的用例有所变化。
- 功能之间的接口，而不是网络实体之间的接口，旨在实现灵活性的同时避免进一步的复杂化。在这种情况下，功能之间的接口不再像软件接口那样需要协议，减少了标准化工作量。

类似 METIS 应用于 5G 架构研究的方法也同样被其他组织(如 NGMN 和 ARIB)
采用。

| 2.3　日本 5G 架构 |

日本的 ARIB 2020 and Beyond Ad Hoc Group 于 2014 年 10 月 8 日发布了名为
《Mobile Communications Systems for 2020 and Beyond》的白皮书[6]。该白皮书给出
了如图 2-8 所示的 5G 概念架构。

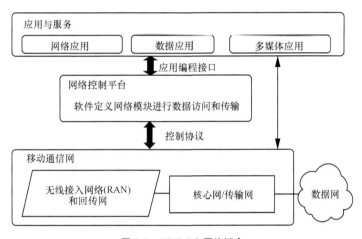

图 2-8　ARIB 5G 网络概念

最上层包含了应用及服务。包括系统管理支持等各种类型的服务均可被传输至
单个公众用户、企业客户及移动通信基础网络运营商。移动通信应用与网络相关的
操作可以通过网络控制面的编程而进行。

图 2-8 给出了一种基于 SDN 的 3 层 5G 网络概念架构。

中间的一层是网络控制平台，该层为上层的各类移动通信应用服务，执行面向
应用系统的网络控制功能。此外，该控制器层也为底层的移动通信基础网络提供相
关的服务。网络控制编程由于在软件定义的基础之上是可以配置的，因此具有自动
化、动态化、灵活化、智能化以及可扩展化的网络操作优势。其中，通过层间接口
来传输数据传送网络协议控制信息。

最下面一层代表移动通信基础网络，主要是为移动通信核心网络以及无线接入

网络提供端到端的数据传输支持。在移动通信核心网络中，一些数据处理功能、组建及操作参数可以通过一个共用的软件平台进行配置，这就是所谓的网络功能虚拟化（NFV）。NFV 技术可以提供智能化的解决方案：对于 SDN 架构灵活及最优的网络控制的实现，NFV 操作系统可以进行相应的智能化管理。

　　未来以软件为导向的组网方式，加上基于云的各类服务，将为用户带来最好的 QoS 以及 QoE，同时，还可以降低移动通信基础网络运营商的网络建设成本以及网络维护成本，并可起到节约能耗的效果。

　　最后，该白皮书还在附录中给出了一种具体的 5G 网络架构设计示例，如图 2-9 所示。

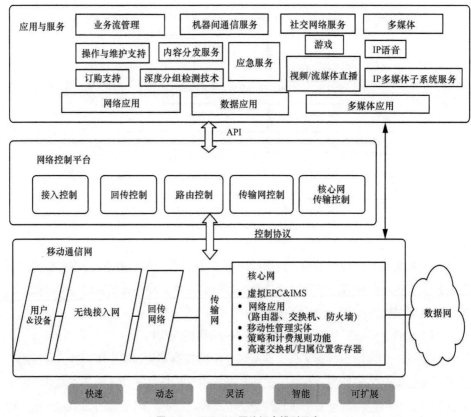

图 2-9　ARIB 5G 网络概念模型示意

　　如前面的 5G 概念架构中所述，上层代表了运行在高层和传输层的应用和业务域。具体包括了网络运维支持（例如流量管理支持、网络管理支持、签约支持）、可靠数据提供（例如物联网业务、内容分发业务、DPI 业务、应急通信业务）和多媒体业务的多种应用。编排管理系统可以对运维管理和对各种业务的系统控制进行合并、调度和组织。

中间层代表了一个集中的控制平台，该平台由一些网络控制软件模块组成。具体的控制模块包括接入控制、回传控制、路由控制、传输网络控制及核心网传输控制。这个网络控制平台向底层基础设施的用户面模块发送控制信令，同时通过应用编程接口（API）向上层应用和业务域发送网络相关的管理指令。SDN 控制器可以管理端到端的用户数据分组传输路径：依据每用户/终端/应用等方面的业务策略进行从多个基站通过合适的网络节点再到应用服务器之间的路由控制。

底层代表了移动通信网络的基础设施，通过下至物理层、上至传输层的数据处理实现端到端的数据传输。用户面的数据处理由无线接入网（RAN）和核心网（CN）的控制面的一系列相关协议来控制。图 2-9 中的移动通信网络包括用户终端、接入网、回传网络、传输网络和核心网。其中用户终端、接入网以及回传网络是与接入技术相关的。核心网虚拟网元可以是虚拟化的 EPC 和 IMS 网元等，例如 SGW、PGW/SGSN、GGSN、P-CSCF、I-CSCF、S-CSCF、网络应用（路由器、交换机、防火墙）MME、PCRF、HSS/HLR 等。

| 2.4　韩国 5G 架构 |

韩国的 5G Forum 于 2015 年 3 月底公布了一系列 5G 白皮书，在《5G Vision, Requirements, and Enabling Technologies V.1.0》[7]中，给出了如图 2-10 所示的 5G 核心网架构。

该核心网架构关键点包括：

- 5G 核心网同时支持有线接入和无线接入；
- 控制面与数据面分离，并且在虚拟环境下实现；
- 只有一级的扁平化全分散网络架构；
- 5G 网关间接口支持无缝移动；
- 同一个业务流可以通过多个 RAT 传输；
- 位于基站的内容缓存和位于网关的内容/业务缓存可以支持低时延业务。

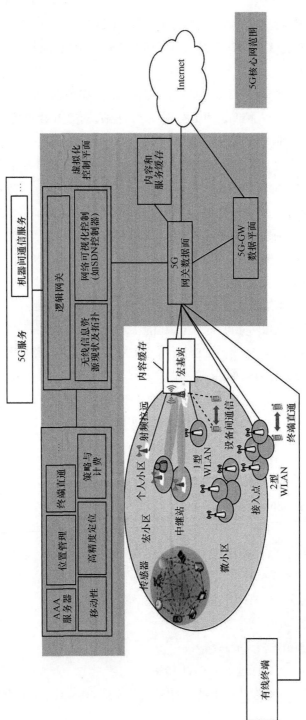

图 2-10　5G 核心网架构

2.4.1　架构综述

在 5G 网络中，有线业务和无线业务的性能差异不再显著。5G 核心网同时支持有线接入和无线接入，业务可以在有线接入和无线接入之间自由移动。有线终端可以是 HDTV、PC 和家庭 Wi-Fi AP。这些终端连接到 5G 网关，从而支持有线和无线终端之间的无缝切换。

无线接入可以直接连接宏基站或者 5G 网关。宏基站、小基站和 2 型 WLAN 都连接到 5G 网关。中继站和 1 型 WLAN 则连接到宏基站。小基站和宏基站的直连虽然未在图中体现，但也是有可能的。对连接宏基站的无线接入可以进行更紧密的控制，并且可以提供和宏基站之间的快速切换。值得注意的是，1 型 WLAN 和 2 型 WLAN 分别连接到宏基站和 5G 网关。

在虚拟环境下实现控制面与数据面分离。通过控制面与数据面的功能分离，可以在不改动物理网络基础设施的情况下，实施更多、更丰富的应用和业务。

2.4.2　数据面

在数据面，可以由宏基站或者 5G 网关控制无缝移动。同一宏基站下的中继站和 1 型 WLAN 之间的移动由该宏基站控制。宏基站、小基站、2 型 WLAN、有线接入之间的移动由 5G 网关或者宏基站控制。宏基站和小基站负责层一/层二转发，5G 网关负责层三转发。同一个业务流可以通过多个 RAT 传输，支持端到端级、网关级和基站级的多流。这类似端到端级多流技术 MAPCON 和网关级多流技术 IFOM。为了支持负载均衡和网关间无缝切换，需要 5G 网关到 5G 网关之间的接口。该网关间接口的目的是提供 5G 网关间的无缝移动，并使 UE 能够通过多个 5G 网关接收和发送一个或多个会话。

2.4.3　控制面

5G 核心网控制面在虚拟环境下实现。虚拟的逻辑网关包含网关的控制功能。逻辑网关控制多个网关数据面交换机。5G 控制面包含两大功能模块。一个是无线资源信息功能模块，用来在所有可能的无线接入中选择最佳可用的无线接入。该功能模块具体包括监视多 RAT 的无线资源情况、基于信道条件的宏基站—中继站拓扑等。另一个功能模块是地理位置信息模块，用来跟踪 UE 位置并识别该位置上的最佳可用无线接入。

| 2.5 北美 5G 生态系统架构 |

美洲移动通信行业组织 4G Americas 发布名为《4G Americas' Recommendations on 5G Requirements and Solutions》[8]的 5G 白皮书，该白皮书逐一分析了 5G 应用场景和需求，并指出了 4G 网络可能需要增强的方面，最后提出一些 5G 可能会采用的关键技术，但是并未给出明确的 5G 网络架构，而是给出了如图 2-11 所示的端到端 5G 生态系统架构。

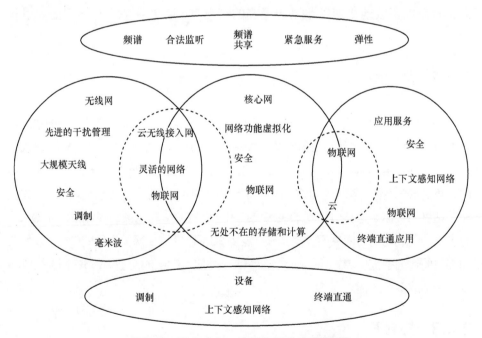

图 2-11 4G Americas 端到端 5G 生态系统架构

该 5G 生态系统架构实际给出了设计 5G 系统需要考虑的关键因素：
- 设备方面，需要考虑新兴调制解调技术、上下文感知组网技术、终端设备直接通信技术；

- 无线接入网方面，需要考虑高级干扰管理技术、大规模 MIMO 技术、安全技术、新兴调制解调技术、毫米波技术；
- 核心网方面，需要考虑网络功能虚拟化（NFV）技术、安全技术、物联网技术、泛在存储和计算技术；
- 应用方面，需要考虑安全技术、上下文感知组网技术、物联网技术、终端设备直接通信技术；
- 在无线接入网和核心网的边界，需要考虑云无线接入网技术、灵活组网技术、物联网技术；
- 在核心网和应用的边界，需要考虑物联网技术、全球移动互联网技术、云计算技术；
- 在法律法规层面，需要考虑频谱划分、频谱共享、合法侦听、应急服务、可恢复性。

除此之外，该白皮书还指出了如下 5G 系统讨论工作的一些原则。

- 根据对未来 5G 移动通信网络的定义以及相关需求的讨论，5G 的发展必须包括例如空口、终端设备、传输以及分组核心网在内的整个生态系统。
- 未来 5G 移动通信的发展需要在一个统一的框架下进行全球范围内的协调，并应在真正的技术进步、可行性研究、标准化以及产品研发方面给予充分的发展时间。
- 投入未来 5G 移动通信系统的研发对美洲各国来说是至关重要的。
- 至少在发展初期，尽量避免去争论什么才是 5G 移动通信系统。目前各大标准组织尚未发布任何描述和定义 5G 的文档或规范。
- 对于 5G 移动通信系统的规划，应当考虑所有主要的技术驱动力。
- 在 5G 移动通信系统真正可商用部署之前，如果有可能的话，应该把那些为了满足 5G 需求而研发的技术功能特性作为 LTE-Advanced 的扩展功能进行实施和部署。这将为收回 4G 投资赢得时间。
- 关于 LTE-Advanced 的功能增强将持续至 2018 年。业界预期 5G 移动通信将于 2020 年前后进行初步部署。因此，无线传输接口方面的重大突破和改变同时可能伴随严重的后向兼容问题。

| 2.6 NGMN 5G 架构 |

NGMN（Next Generation Mobile Network，下一代移动通信网络）是以运营商为主导推动新一代移动通信系统产业发展和应用的国际组织。NGMN 于 2015 年 2 月对外发布了《NGMN 5G White Paper》[9]，该白皮书提出了 NGMN 的 5G 设计原则和 5G 架构。

2.6.1 5G 设计原则

NGMN 从无线、核心网、端到端、运维管理 4 个方面阐述了其 5G 设计原则，并给出了如图 2-12 所示的 5G 设计原则关系。

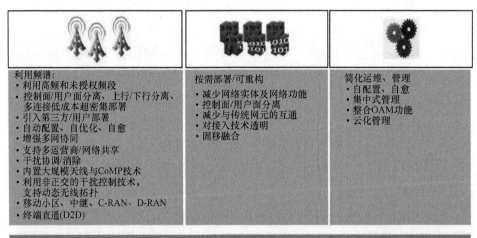

图 2-12 NGMN 5G 设计原则

2.6.1.1 无线设计原则

（1）利用频谱（leverage spectrum）

应当开发更高频段（例如厘米波和毫米波）和非许可频段，作为可使用的空白许可低频段的补充。由于不同的频段有不同的特性，可以利用例如控制面用户面分离和上下行分离的概念来优化不同频段的使用。

为了优化基于业务需求的频谱使用，应当设计使用灵活的双工模式，例如通过统一的帧结构。此外，在适当的场景下可以应用全双工来解决 FDD（例如防护频带）和 TDD（例如防护时间、同步）相关问题。即使实现技术限制了 2020 年之前可以获得的性能，在可以预见到实现技术未来发展的情况下，协议在设计之初也应当支持灵活全双工。

除此之外，为了充分利用不同频段同时维持大带宽操作时高效的功率利用而不降低灵敏度，设备的射频能力必须增强。

（2）低价高密度部署

在极端密集场景下，由于部署是 3D 的并且站点协商变得更加困难，小区规划和协调部署将变得非常困难，并带来了次优站点。为了使密集部署经济可行，需要新的部署模型，例如整合第三方/用户部署、多运营商/共享部署。系统应当能够处理非规划的混乱部署和非预期干扰，以能够发挥最大性能。因此，设计的网络需要可适配各种不同（回传和前传）并且支持自动配置、优化和恢复能力，包括自我干扰管理和负载均衡。

为了保证上述密集部署场景下用户移动时的无缝体验，需要增强的多层和多 RAT 协同以及频率间、小区间、波束间、RAT 间的动态/快速切换。为了支持这些控制能力，需要有效的终端速度检测和移动方向检测机制。

此外，为在多厂商设备部署环境下支持上述特性，需要控制面功能和用户面功能之间的开放接口，使不同平台上的用户面功能都能够被通用的控制面功能控制。

（3）干扰协调和消除

大规模 MIMO 和 CoMP 将成为改善系统信噪比从而改善 QoS 和整体频谱效率的关键。大规模 MIMO 和 CoMP 传输的最大可能优化性能依赖信道状态信息的获得。因此，在设计之初必须考虑获得必要信息的有效机制。考虑到 LTE 中已经有多种 CoMP 方式，从协调调度到联合传送，5G 应当支持上述最有效的技术。因此 5G 网络架构应当支持根据传输网络能力灵活选择协作功能的位置，支持在中心位置区大范围优化收益和资源分配的回传时延潜在不良影响之间进行平衡。

5G 网络必须能够开拓任何可行的干扰消除机制，例如非正交多址接入 NOMA 联合高级接收机，可以带来有用的性能增益。

（4）支持动态无线拓扑

终端应当能够通过最小化电池消耗和信令数量的拓扑进行连接，同时不能影响网络对终端的可视性以及信令的可达性。可穿戴式设备可以通过智能手机进行连接，也可以在智能手机电池耗尽后直接连接到网络。车辆上的有色玻璃、大规模传感器部署等扩展应用与集线设备高度相关。在一些场景下可以利用 D2D 通信卸载网络流量。因此，无线拓扑应当基于上下文动态变化。为支持这个特性，需要统一的帧设计、联合无线拓扑不感知的标识设计、鉴权和移动过程。

2.6.1.2　核心网设计原则

为了以一种经济的方式支持多样化的用例和需求，系统设计应当不再采用 4G 中集成统一的设计思想，而应当针对移动宽带做优化。这意味着需要重新考虑和设计例如承载、APN、大量隧道聚合和网关的模型。必选功能应当剥离为一个最小集，控制面与用户面功能应当尽量通过开放接口实现清晰的分离，以便按照需要部署。

为了提供进一步的简化，与传统网元的互通也应当尽量减少，例如与 2G/3G 网络电路域的互通。设计目标应当是一种对接入透明的汇聚核心网（即标识、移动性、安全性等方面与接入技术去耦合的），在 IP 基础上整合了固定和移动核心网。

2.6.1.3　端到端设计原则

（1）灵活的功能和能力

网络/终端的功能和 RAT 配置应当根据用例进行剪裁，利用 NFV 和 SDN 概念。所以，网络应当支持网络功能的灵活组合、灵活分配和位置部署。网络功能可以支持在需要的时间，需要的地点实现规模部署。当特定的功能或节点不可用时，例如由于灾难事件，系统应当支持故障弱化而不是全部业务中断。为了提高上述顽健性，状态信息应当从功能和节点中剥离出来，这样即使发生失败事件上下文也可以很容易地更改位置而重新存储。

5G 目标将尽可能地虚拟化网络功能，包括无线基带处理。尽管一些功能还将运行在非虚拟化平台上，例如为了满足代表技术发展水平的性能目标，这些功能也应当可以根据 SDN 原则使用控制面功能进行编程和配置。

（2）支持创造新价值

5G 应该可以充分开发网络来实现快速、有效的新增值业务创新，探索不同的商业模式和机会。例如，大数据和上下文感知可以用于在市场、公众传输优化、城市规划等方面，为第三方创造新价值。因此，网络设计必须能够简单、有效地进行数据收集、存储和处理。

为了进一步从可编程网络平台获益，应该开发和标准化在网络各种部位的合适的 API。这使得第三方接入并培养实现不同的 XaaS 商业模型成为可能。例如，这些 API 可以允许第三方接入业务快速创建、网络测量、网络跟踪、为了使实时无缝配置更改成为可能而需要的全面网络功能配置控制。

（3）安全和保密

除极端密集、动态无线拓扑和灵活功能分配这样的典范转移之外，安全是 5G 系统的一个基本价值主张并且必须是系统设计的一个基本组成部分。特别的，用户位置和标识必须防止被非法暴露。一些 5G 用例要求极度低时延，包括初始化通话带来的时延。对于这些用例，应当避免多跳安全中的中间节点解密和重新加密数据。

值得注意的是，端到端安全机制（例如 SSL、VPN 和 HTTP2.0）越来越流行，这些安全机制在 5G 运营商域以外提供了附加安全保护。但是这可能会增加网络内部和通信对端安全功能的不必要的重复。尽管如此，未来并不是所有的通信都能受到充分的端到端保护。因此灵活的架构有助于裁剪网络安全功能以适应具体应用的需要。

2.6.1.4　运维和管理设计原则

扩展的网络能力和灵活的功能分配不应当增加运维和管理的复杂度。流程应当尽可能地自动化，并且通过精心定义的开放接口来减少多厂商互通和互操作（漫游）问题。避免使用专用监视工具，网络功能（软件）应当嵌入监视能力。大数据分析应当驱动网络管理从响应模式改变为预测和主动操作模式。需要运营商级网络云编排器以保证网络的可获得性和可靠性。

2.6.2　5G 架构

基于第 2.6.1 节提出的 5G 设计原则，NGMN 给出了如图 2-13 所示的 5G 架构。该架构利用了硬件和软件的结构分离以及 SDN 和 NFV 提供的可编程能力。这样，5G 架构是一个天然的 SDN/NFV 架构，包括终端设备、（移动/固定）基础设施、网络功能、增值能力和所有编排 5G 系统所需的管理功能。相关参考点提供 API 来支持多种用例、增值业务和商业模型。

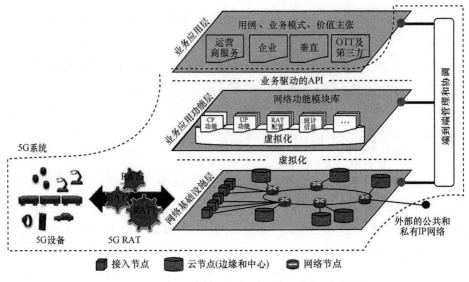

图 2-13　NGMN 5G 架构

　　该架构包含 3 个层次和一个端到端管理编排实体。

　　（1）基础设施资源层

　　基础设施资源层由固移融合网络物理资源、5G 终端设备、网络节点和相关链路组成。其中，固移融合网络包括接入节点和云节点（可以是处理资源或者存储资源）。5G 终端设备包括（智能）手机、可穿戴设备、CPE、物联网模块等。5G 终端设备可以有多种可配置的能力，并且可以根据上下文成为中继/集线节点或者计算/存储资源。因此，5G 终端设备也被作为可配置的基础设施资源来考虑。这些资源通过相关 API 展现给更高层次和端到端管理编排实体。这些 API 同时包含了性能和状态监视及配置功能。

　　（2）业务使能层

　　业务使能层是一个汇聚网络中要求的所有功能的集合。这些功能以模块化的架构组成模块形式存在，包括由软件模块实现的、可以从数据库中下载到需求地点的功能模块和一组网络特定部位的配置参数，例如无线接入。这些功能和能力由编排实体通过相关 API 按照需求调用。对于特定功能，可以存在多种选项，例如同一功能的不同实例具有不同的性能或特性。与现在的网络相比，5G 网络可以通过提供不同等级的性能和能力来更加细化区分网络功能（例如移动性功能可以根据需要分为游牧移动性、车辆移动性或者航空移动性）。

（3）业务应用层

业务应用层包含利用 5G 网络通信的具体的应用程序和服务，这些应用程序和服务可以来自运营商、企业、纵向市场或第三方。业务应用层与端到端管理和编排实体之间的接口允许为特定应用建立专有网络切片，或者将一个应用映射到已有网络切片。

（4）端到端管理和编排实体

端到端管理和编排实体是将用例和商业模型转换为实际网络功能和切片的连接点。端到端管理和编排实体为给定应用场景定义网络切片，连接相关网络功能模块，配置相关性能参数，并最终将这些映射到基础设施资源上。端到端管理和编排实体也管理上述功能的容量规模和地理分布。在特定商业模型下，端到端管理和编排实体具有让第三方（例如虚拟运营商和纵向市场）通过 API 和 XaaS 规则创建和管理自己的网络切片的能力。管理和编排实体的多样功能不是一个集成在片内的功能。管理和编排实体为一组模块化功能的组合，整合了例如 NFV、SDN 或者 SON 这样不同领域的优势。此外，管理和编排实体还将使用数据辅助的智能来优化业务组成和发布的方方面面。

2.6.3 网络切片

网络切片，也称为 5G 切片，支持以一种特定方式处理控制面和用户面来实现特定连接类型的通信业务。5G 切片包括一组为特定用例和商业模型设定的 5G 网络功能和特定 RAT 设置的组合。因此，一个 5G 切片可以跨越网络所有领域：云节点上运行的软件模块，支持灵活功能放置的特定传输网络配置、一个专用无线配置甚至一个特定 RAT 和 5G 终端设备的配置。并不是所有的切片包含的功能都一样，甚至现在网络中认为不可或缺的基本功能在某些切片中也不再存在了。5G 切片的目的是仅提供用例必需的业务流处理功能，避免其他所有不必要的功能。切片概念背后的灵活性是扩展现有业务和开展新业务的关键。为了提供剪裁的业务，可以给第三方通过合适的 API 来控制切片部分方面的能力。

图 2-14 给出了一个多 5G 切片在相同基础设施上共存的例子。例如，一个为典型智能手机设置的 5G 切片可以由网络上全面分布的完全功能实现。安全、可靠性和时延是支持自动驾驶用例的 5G 切片的关键。对于这样的切片，所有必要（可能

是专有的）功能可以实例化在云边缘节点上，包括时延约束导致的必要垂直应用。为了在云节点上搭载上述垂直应用，需要定义充分开放的接口。对于支持大规模物联网终端（例如传感器）的 5G 切片，一些（例如移动性相关的）基本的控制面功能可以不用，接入资源也可以采用竞争方式。除此之外也可以由其他专用切片平行运行以及一个通用切片为未知用例和业务流提供基础的尽力而为的连接。如果不考虑网络需要支持的各种切片，5G 网络应当包含保证在任何情况下网络都受控和安全运行的端到端功能。

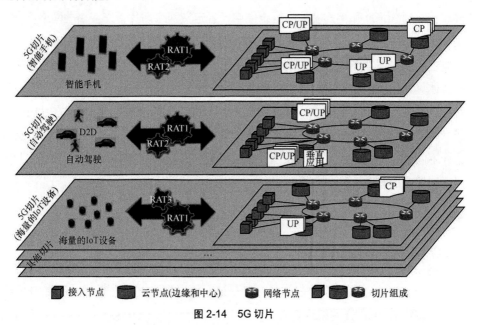

图 2-14　5G 切片

　　特定切片专用基础设施资源和多个切片共享基础设施资源及功能两种方式都是需要的。一个共享功能的例子是无线调度器。一个 RAT 的调度器通常由多个切片共享，并且在 5G 切片分配资源和配置性能过程中扮演了决定性角色。调度器在现在网络中的实现通常是私有化的。尽管如此，还是需要定义一定程度的开放来实现对这个关键功能的充分控制。

　　为了实现这样的 5G 系统架构，控制面和用户面功能应当彻底分离，利用 SDN 规则在二者之间定义开放接口。接入特定功能和接入无关功能之间也应当定义开放接口，这样其他固定和无线的接入技术在未来都可以轻易地整合到 5G 网络中。RRU 和基带单元之间的前传接口也应当是开放和灵活的，提供多厂商互操作及良好的前向和后向兼容，同时减少传输带宽。此外，功能之间的接口也应当定义为开放接口，从而实现网络功能可以由不同的厂商提供。

这种系统架构下的一个重要考虑是功能要定义到什么粒度。越精细的粒度的功能提供的灵活性越高，但同时可以带来显著的复杂度。对不同功能组合和切片实现的测试将会非常困难，也会出现更多的不同网络之间的互操作问题。因此，需要采用一个恰当的、能够平衡网络灵活性和网络复杂度的粒度。这也将影响生态系统如何交付解决方案。

2.6.4　5G 系统组件

5G 无线接入技术族（5G RAT family，5GRF）：作为 5G 系统的一部分，5GRF 是一起支持 NGMN 需求的一个或多个标准化的 5G 无线接入技术。

5G 无线接入技术（5G RAT，5GR）：5GR 是 5G 无线接入技术族的一个无线接口组件。

5G 网络功能（5G network function，5GF）：5GF 提供通过 5G 网络通信的特定能力。5GF 通常是虚拟化的，但是一些功能也可以由 5G 基础设施使用特殊硬件来实现。5GF 包括 RAT 特定功能和接入无关功能，包括用于支持固定接入的功能。5GF 可以分为必选和可选两类。必选功能是那些所有用例必需的通用功能，例如鉴权和标识管理；可选功能是那些并非适用于所有用例的功能，例如，移动性功能（如切换）仅使用于移动宽带类用例而不使用于低端物联网类用例。

5G 基础设施（5G infrastructure，5GI）：5GI 是 5G 网络的硬件和软件基础，包括用来支持网络功能模块提供 5G 网络能力的传输网络、计算资源、存储资源、射频单元和光缆。5GR 和 5GF 使用 5GI 来实现。

5G 端到端管理和编排实体（5G end-to-end management and orchestration entity，5GMOE）：5GMOE 创建和管理 5G 切片。它将用例和商业模型翻译到有形的业务和 5G 切片中，决定相关的 5GF、5GR 和性能配置，并将这些映射到 5GI 上。它同时还管理每个 5GF 的容量规模及地理分布，以及 OSS 和 SON。

5G 网络（5G network，5GN）：5GN 包括支持与 5G 终端设备之间通信的 5GF、5GR、相关的 5GI（包括任何中继设备）及 5GMOE。换句话说，当一个 5GR 使用 5GI 上实现的 5GF 的任意一个集合提供到 5G 终端设备的通信时，就实现了一个 5GN。相反地，如果 5GF 通过一个非 5GR 提供到 5G 终端设备的通信时，创建的网络则不能作为 5GN 考虑。

5G 终端设备（5G device，5GD）：5GD 是用于连接 5GN 获取通信业务的设备。5GD 可以支持物联网机器和人类用户。

5G 系统（5G system，5GSYS）：5GSYS 是由 5GN 和 5GD 组成的通信系统。

5G 切片（5G slice，5GSL）：5GSL 是 5GSYS 内部为了支持特定类型用户或业务而裁剪建立的一组 5GF 和相关终端功能。

| 2.7　中国 IMT-2020 5G 网络架构 |

IMT-2020（5G）推进组于 2013 年 2 月由中国工业和信息化部、国家发展和改革委员会、科学技术部联合推动成立，组织架构基于原 IMT-Advanced 推进组，成员包括中国主要的运营商、制造商、高校和研究机构。推进组是聚合中国产学研用力量、推动中国 5G 移动通信技术研究和开展国际交流与合作的主要平台[10]。中国电信是 IMT-2020（5G）推进组的核心成员单位之一。本节主要介绍 IMT-2020（5G）推进组提出的"三朵云"5G 网络架构以及中国电信提出的"三朵云"架构原型在系统实现和部署方面的考虑。

2.7.1　"三朵云"概念架构

中国 IMT-2020（5G）推进组于 2015 年 2 月发布了"5G 概念白皮书"[11]，该白皮书给出了如图 2-15 所示 5G 网络概念架构。

未来的 5G 网络将是基于 SDN、NFV 和云计算技术的，更加灵活、智能、高效和开放的网络系统。5G 网络架构包括接入云、控制云和转发云 3 个域。接入云支持多种无线制式的接入，融合集中式和分布式两种无线接入网架构，适应各种类型的回传链路，实现更灵活的组网部署和更高效的无线资源管理。5G 的网络控制功能和数据转发功能将解耦，并形成集中统一的控制云和灵活高效的转发云。控制云实现局部和全局的会话控制、移动性管理和服务质量保证，并构建面向业务的网络能力开放接口，从而满足业务的差异化需求并提升业务的部署效率。转发云基于通用的硬件平台，在控制云高效的网络控制和资源调度下，实现海量业务数据流的高可靠、低时延、均负载的高效传输[11]。

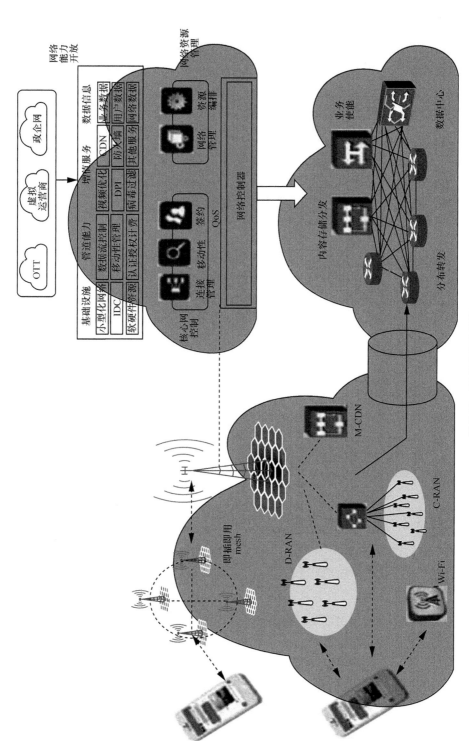

图 2-15　5G 网络概念架构

基于"三朵云"的新型 5G 网络架构是移动网络未来的发展方向,但实际网络发展在满足未来新业务和新场景需求的同时,也要充分考虑现有移动网络的演进途径。5G 网络架构的发展会存在局部变化到全网变革的中间阶段,通信技术与 IT 技术的融合会从核心网向无线接入网逐步延伸,最终形成网络架构的整体演变。

上述"三朵云"网络架构的原型来自于中国电信最早在中国 IMT-2020(5G)推进组网络技术工作组第三次会议上提出的如图 2-16 所示的"三朵云"5G 网络架构愿景[12]。

该架构提出,5G 网络将是一个可依业务场景灵活部署的融合网络。在接入方面,5G 网络可以支持蜂窝 SDN、C-RAN、D-RAN、传统 3G/4G 接入网、Wi-Fi/HEW 等各种形态的接入技术网络,针对各种业务场景选择部署,通过灵活的集中控制配合本地控制及多连接等无线接入技术,实现高速率接入和无缝切换,提供极致的用户体验。网络功能和业务功能软件化,控制与转发进一步分离和独立部署,便于新功能和新业务的快速部署实施。通过网络功能虚拟化技术,实现通用网络物理资源的充分共享,合理分配按需编排资源,提高物理资源的利用率。通过网络虚拟化和能力开放,实现网络服务对第三方的开放和共享,提高整个蜂窝 SDN 的利用率,提供更加丰富的业务。图 2-16 仅给出了一部分接入场景和网络控制功能模块的示意图,这部分内容有待结合具体用例场景的需要继续深入研究。

为了进一步深入阐述该架构的逻辑功能框架及部署考虑,后面章节结合中国电信的"三朵云"架构相关内容进行讲解。

2.7.1.1 控制云

控制云在逻辑上作为 5G 蜂窝网络的集中控制核心,由多个虚拟化网络控制功能模块组成。在实际部署时,控制云中的网络控制功能可能部署在集中的云计算数据中心,也可能分散部署在本地数据中心和集中部署的数据中心,一部分无线强相关控制功能也可能部署在接入网或接入节点上。网络控制功能模块从技术上应覆盖全部传统的控制功能以及针对 5G 网络和 5G 业务新增的控制功能,这些网络控制功能可以根据业务场景进行定制化裁剪和部署。具体地,网络控制功能可以包括无线资源管理模块、跨系统协同管理模块、移动性管理模块、策略管理模块、信息管理模块、路径管理/SDN 控制器模块、安全模块、传统网元适配模块、能力开放模块、网络资源编排模块/MANO 等。

- 无线资源管理模块:系统内无线资源集中管理、虚拟化无线资源配置。
- 跨系统协同管理:多 RAT 资源集中管理。

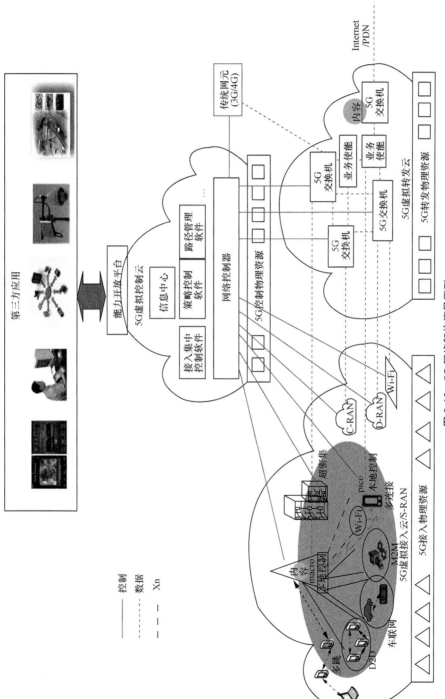

图 2-16　5G 网络架构愿景原型

- 移动性管理模块：跟踪用户位置、切换、寻呼等移动相关功能。
- 策略管理模块：接入网发现与选择策略、QoS 策略、计费策略等。
- 信息管理模块：用户签约信息、大数据分析信息、会话信息和上下文等。
- 路径管理/SDN 控制器模块：根据用户信息、网络信息、业务信息等选择业务流路径，并向转发云中的转发单元发送控制信令以实现业务流的路由。
- 安全模块：认证授权等安全相关功能。
- 传统网元适配模块：模拟传统网元，支持对现网 2G/3G/4G 网元的适配。
- 能力开放模块：提供 API 对外开放基础设施、管道控制、增值服务、数据信息四大类网络能力。
- 网络资源编排模块/MANO：按需编排配置各种网络资源。

其中，有两个值得进一步说明的模块，一个是能力开放模块，另一个是网络资源编排模块/MANO。

更确切地说，能力开放模块是在控制云向上对外开放的边界，作为 5G 移动通信网络与网络能力需求方的接口。

网络资源编排模块/MANO 是 5G 网络资源管理和控制的核心。该模块提供了可管、可控、可运营的服务提供环境，使得基础资源可以便捷地提供给应用，其本质是实现部署、调度、运维、管理。网络资源编排模块/MANO 包含了以下 3 个层次的子模块。

- Orchestrator（编排器）：编排管理 NFV 基础设施和软件资源，在 NFVI 上实现网络服务的业务流程和管理。
- VNFM：VNF 生命周期管理（如实例化、更新、查询、弹性）。
- VIM：控制和管理 VNF 与计算，存储和网络资源的交互及虚拟化的功能集。

关于网络资源编排模块/MANO 更深入的介绍可以参考本书第 3 章。

2.7.1.2 接入云（smart RAN）

5G 网络接入云包含多种部署场景，主要包括宏基站覆盖、微基站超密集覆盖、宏微联合覆盖等，如图 2-17 所示。

可以看出，在宏—微覆盖场景下，通过覆盖与容量的分离（微基站负责容量、宏基站负责覆盖及微基站间资源协同管理），实现接入网根据业务发展需求以及分布特性灵活部署微基站。同时，由宏基站充当的微基站间的接入集中控制模块，对微基站间干扰协调和资源协同管理起到了一定帮助。然而对于微基站超密集覆盖的

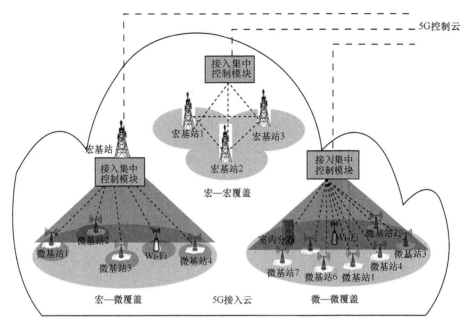

图 2-17　无线接入网覆盖场景

场景，微基站间的干扰协调、资源协同、缓存等需要进行分簇化集中控制。此时，接入集中控制模块可以由所分簇中一微基站负责或者单独部署在数据处理中心。类似的，对于传统的宏覆盖场景，宏基站间的集中控制模块可以采用与微基站超密集覆盖同样的方式进行部署。

未来 5G 接入网基于分簇化集中控制的功能主要体现在集中式的资源协调管理、无线网络虚拟化以及以用户为中心的虚拟小区 3 个方面，如图 2-18 所示。

（1）资源协同管理

基于接入集中控制模块，5G 网络可以构建一种快速、灵活、高效的基站间协同机制，实现小区间资源调度与协同管理，提升移动网络资源利用率，进而大大提升用户的业务体验。总体来讲，接入集中控制可以从如下几个方面提升接入网性能。

- 干扰管理：通过多个小区间的集中协调处理，可以实现小区间干扰的避免、消除甚至利用。例如，多点协同（coordinated multipoint，CoMP）技术可以使得超密集组网下的干扰受限系统转化为近似无干扰系统。

- 网络能效：通过分簇化集中控制的方式，并基于网络大数据的智能化的分析处理，实现小区动态关闭/打开以及终端合理的小区选择，在不影响用户体验的前提下，最大限度地提升网络能效。

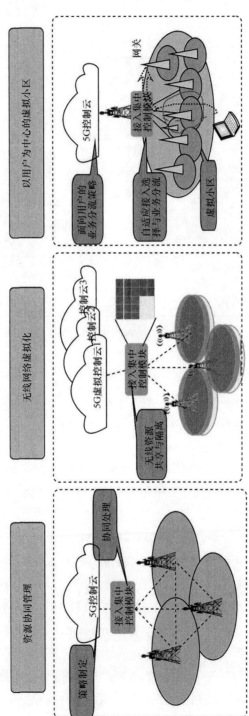

图 2-18 接入网分簇化集中控制的主要优势

- 多网协同：通过接入集中控制模块，易于实现对不同 RAT 系统的控制，提升用户在跨系统切换时的体验。除此之外，基于网络负载以及用户业务信息，接入集中控制模块可以实现同系统间以及不同系统间的负载均衡，提升网络资源利用率。
- 基站缓存：接入集中控制模块可基于网络信息以及用户访问行为等信息，实现同一系统下基站间以及不同系统下基站间的合作缓存机制的指定，提升缓存命中率，降低用户内容访问时延和网络数据流量。

（2）无线网络虚拟化

如前所述，5G 为了能够满足不同虚拟运营商/业务/用户的差异化需求，需要采用网络虚拟化以满足不同虚拟运营商/业务/用户的差异化定制。通过将网络底层时、频、码、空、功率等资源抽象成虚拟无线网络资源，进行虚拟无线网络资源切片管理，依据虚拟运营/业务/用户定制化需求，实现虚拟无线资源灵活分配与控制（隔离与共享），充分适应和满足未来移动通信后向经营模式对移动通信网络提出的网络能力开放性、可编程性。

（3）以用户为中心的虚拟小区

针对多制式、多频段、多层次的密集移动通信网络，将无线接入网络的控制信令传输与业务承载功能解耦，依照移动网络的整体覆盖与传输要求，分别构建虚拟无线控制信息传输服务和无线数据承载服务，进而降低不必要的频繁切换和信令开销，实现无线接入数据承载资源的汇聚整合；同时，依据业务、终端和用户类别，灵活选择接入节点和智能业务分流，构建以用户为中心的虚拟小区，提升用户一致性业务体验与感受。

2.7.1.3　转发云

5G 网络转发云实现了核心网控制面与数据面的彻底分离，更专注于聚焦数据流的高速转发与处理。逻辑上，转发云包括了单纯高速转发单元以及各种业务使能单元（防火墙、视频转码器等）。在传统网络中，业务使能网元在网关之后呈链状部署，如果想对业务链进行改善，则需要在网络中增加额外的业务链控制功能或者增强 PCRF 网元。在 5G 网络的转发云中，业务使能单元改善为与转发单元一同网状部署，一同接收控制云的路径管理控制。此时，转发云根据控制云的集中控制，实现 5G 网络能够根据用户业务需求，软件定义每个业务流转发路径，实现转发网元与业务使能网元的灵活选择。除此之外，转发云可以根据控制云下发的缓存策略实现受欢迎内容的缓存，从而减少业务时延，减少移动往外出口流量，改善用户体验。

为了提升转发云的数据处理和转发效率等，转发云需要周期或非周期地将网络状态信息通过 API 上报给控制云进行集中优化控制。考虑到控制云与转发云之间的传播时延，某些对时延要求严格的事件需要转发云本地进行处理。

2.7.1.4 网络功能虚拟化

"三朵云"网络架构支持按照场景用例在共用的网络基础设施之上实现虚拟的端到端网络，即整个网络功能的虚拟化，这样的虚拟端到端网络也可以称为一个网络切片。

网络虚拟化和虚拟网络的管理，即网络切片的生成和管理，由控制功能 MANO 来提供。5G 网络中的 MANO 系统基于标准 NFV 架构中的 MANO 框架实现，并在此基础上增加 5G 特定的管理功能和接口。在每个网络切片内，首先根据实际场景用例需要选择合适的网络功能（例如合适的 RAT、合适的接入控制模块、必需的通用网络控制功能、业务特定的网络控制功能、业务特定的业务使能模块等），然后通过 MANO 系统在合适的地理位置的网络基础设施上创建这些网络功能模块并分配合适的资源规模，同时建立模块之间的连接关系，并且根据实际业务量在时间维度和空间维度对上述网络资源的分配进行动态调整。

2.7.2 系统参考架构

图 2-19 给出了一种 5G 系统参考架构示例。

基于 NFV 框架和 SDN 思想的 5G 系统参考架构，能够支持 5G 概念架构的实现和部署。

图 2-19 的 A 区是接入网，可以支持物理基站和虚拟基站的混合组网。其中，虚拟基站基于虚拟化技术的虚拟接入网，在真实的空口资源、物理计算资源、物理存储资源和物理网络资源池上，通过虚拟化中间件，形成虚拟的空口资源、虚拟计算资源、虚拟存储资源和虚拟网络资源，并在这些虚拟资源之上，以软件模块的方式，加载干扰协调、小范围移动性管理、跨系统资源协同等无线接入相关的控制功能模块，也可以重点加载与无线链路快速变化相关的管理功能，而全局性的无线管理设置在 B 区的集中控制器实现。

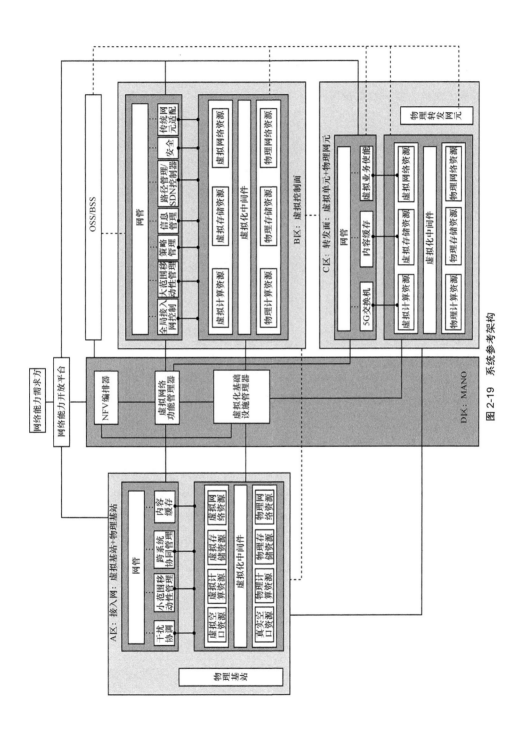

图 2-19　系统参考架构

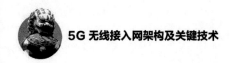

图 2-19 的 B 区基于虚拟化技术的虚拟网络控制面，在真实的物理计算资源、物理存储资源和物理网络资源池上，通过虚拟化中间件，形成虚拟计算资源、虚拟存储资源和虚拟网络资源，并在这些虚拟资源之上，以软件模块的方式，加载大范围移动性管理、策略管理、信息管理、路径管理/SDN 控制器、安全、传统网元适配等核心网控制功能模块以及全局性的无线接入网控制功能模块。其中，路径管理/SDN 控制器模块通过逻辑接口连接 A 区接入网、B 区转发面，实现对业务流转发路径的控制。

图 2-19 的 C 区是转发面，可以支持虚拟转发单元和物理转发网元的混合组网。其中虚拟转发单元在真实的物理计算资源、物理存储资源和物理网络资源池上，通过虚拟化中间件，形成虚拟空口资源、虚拟计算资源、虚拟存储资源和虚拟网络资源，并在这些虚拟资源之上，以软件模块的方式，加载 5G 交换机和各种业务使能模块。

图 2-19 的 D 区是虚拟资源网管 MANO 系统。在 ETSI 规定的标准的 MANO 系统功能之上，5G 的 MANO 系统还可以针对 5G 的网络功能和业务需求进行增强。MANO 系统可以对虚拟的接入网、虚拟的控制面和转发面的网络资源进行编排配置，例如根据业务需求对特定网络功能模块进行设置和删除，根据业务量对特定网络功能模块进行扩容、缩容等。

图 2-19 中在 MANO 系统的上方，有一个网络能力开放平台，该平台向上提供 API 供网络能力需求方调用。网络能力开放平台与 MANO 系统、接入网、控制面、转发面均有接口。一方面将可以开放的网络能力信息提供给网络能力需求方，另一方面将网络能力需求方对网络的具体需求输入网络中。经过一定的授权验证后，将对网络资源的需求（例如需要的计算处理能力及网络带宽等）通过 MANO 系统反映到网络资源的编排上；将对流量的控制（例如 QoS 控制策略）、对信息的需求（例如大数据分析结果）直接通过网络控制面实现。增值业务的提供则更多地体现在网络业务使能及业务内容交互（例如缓存内容）上等。

未来可能出现的、新的网络控制功能和业务单元均可以以软件模块的形式，灵活地加载到虚拟网络中。这里不再赘述。

2.7.3 部署架构示例

2.7.3.1 整体部署架构

图 2-20 给出了"三朵云"架构的整体部署示意。

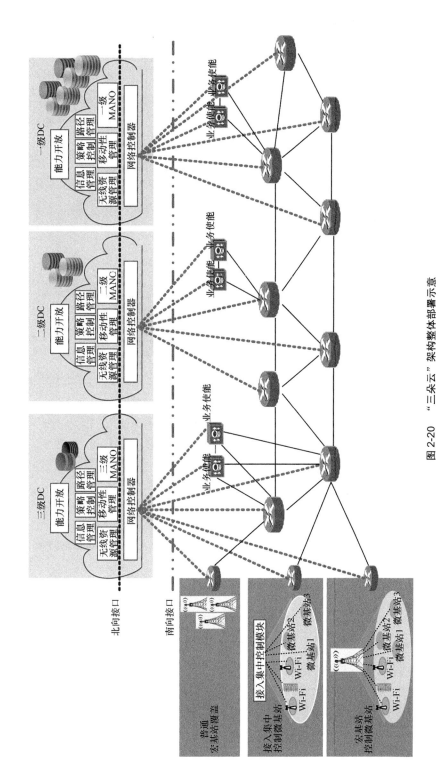

图 2-20　"三朵云"架构整体部署示意

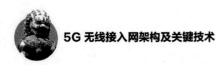

　　"三朵云"架构在部署时，其基础设施可以分布在全国各地各级数据中心和传输交换网络。根据部署场景用例的需要，选择恰当的接入网组网形态和需要的网络功能及部署地点。接入网组网形态例如普通宏基站覆盖，或者独立接入集中控制模块控制微基站组网，或者由宏基站控制微基站组网。下面具体介绍各种典型的部署场景示例。

2.7.3.2　移动广覆盖场景部署示意

　　移动广覆盖场景也就是普通移动宽带接入场景，主要面向普通移动终端用户提供大范围覆盖的通信业务，该场景对网络部署可能并没有特殊要求。移动广覆盖场景下的部署示意如图 2-21 所示。

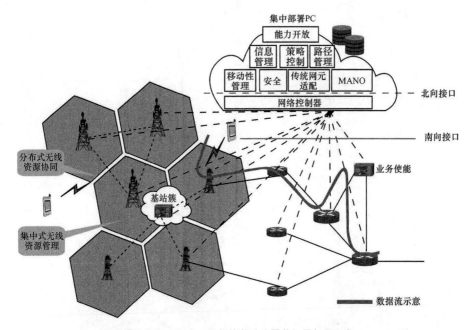

图 2-21　"三朵云"架构移动广覆盖场景部署示意

　　在该场景下，接入网以覆盖范围较大的宏蜂窝加基站簇覆盖为主，无线资源管理功能下沉分布在各个宏基站和基站簇内。在基站簇场景下，结合干扰协调需求，可以通过独立的集中式无线资源管理模块实现簇内增强的资源协同管理和优化。

　　网络控制云主要由一些通用的网络控制功能组成，例如通用的信息管理、策略控制、路径管理、移动性管理、安全模块、传统网元适配、MANO 及能力开放。控制云可以在集中部署的数据中心内实现。

网络用户面的部署在该场景下可能并没有特殊要求。

2.7.3.3　热点高容量场景部署示意

热点高容量场景指在特定区域内持续发生高流量业务的场景。在该场景下，对网络的主要挑战在于如何在网络资源有限的情况下提高网络吞吐量和传输效率，保证良好的用户体验速率。热点高容量场景下的部署示意如图 2-22 所示。

在接入网方面，可以使用微蜂窝进行热点容量补充，同时结合大规模天线、高频通信等无线技术，提高无线侧的吞吐量。对微蜂窝的控制可以采用两种方式，一种是由宏基站对覆盖范围内的微蜂窝实施集中控制，此时无线资源协调、小范围移动性管理、无线回传管理等功能下沉到宏基站上；另一种是由独立的集中式无线资源管理模块对一定区域内的微蜂窝实施集中控制，此时由该独立的集中式无线资源管理模块提供无线资源协调、小范围移动性管理、无线回传管理等功能。

其他通用的网络控制模块仍然采用集中方式实现在集中部署的数据中心内。但是为了尽快对大流量的数据进行处理和响应，需要将用户面网关、业务使能模块、内容缓存/边缘计算等转发相关功能尽量下沉到靠近用户的网络边缘，例如在接入网基站旁设置本地用户面网关，实现本地分流 Internet 流量；在基站上设置内容缓存/边缘计算能力，通过智能的算法将用户所需内容快速分发给用户，同时减少基站后向的流量和传输压力，例如视频编解码、头压缩等业务使能模块也尽量下沉部署到接入网侧，以便尽早对流量进行处理，减少传输压力。

2.7.3.4　低时延高可靠场景部署示意

低时延高可靠场景指对时延极其敏感并且对可靠性要求严格的场景，例如车联网场景。在这类场景下，对空口时延的要求甚至小于 1 ms。此时需要极大程度地降低信令交互时延、网络传输时延、网络节点处理时延。低时延高可靠场景下的部署示意如图 2-23 所示。

为了减少信令交互带来的时延，一些业务特定的控制功能和小范围移动性功能都下沉至无线侧。这样，小范围内移动时不需要进行过多的信令交互，可以实现小范围内快速切换和业务控制。通用的控制功能和大范围移动性功能在集中部署的数据中心进行实现，在对用户移动方向和移动速度的分析和预测基础上，当发生大范围移动时，由集中部署的大范围移动性功能提前做好资源预留和预切换信令交互等。

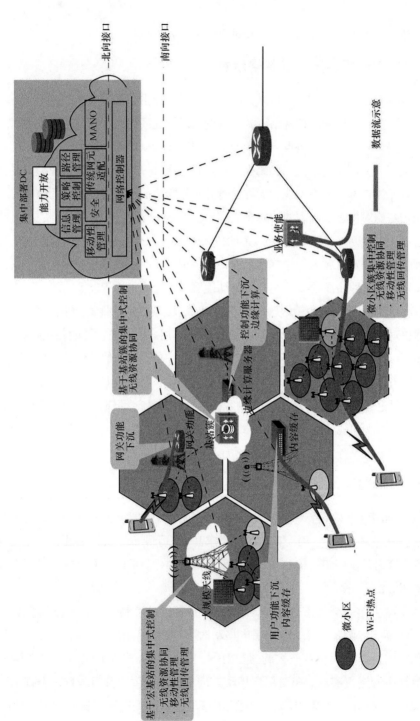

图 2-22 "三朵云"架构热点高容量场景部署示意

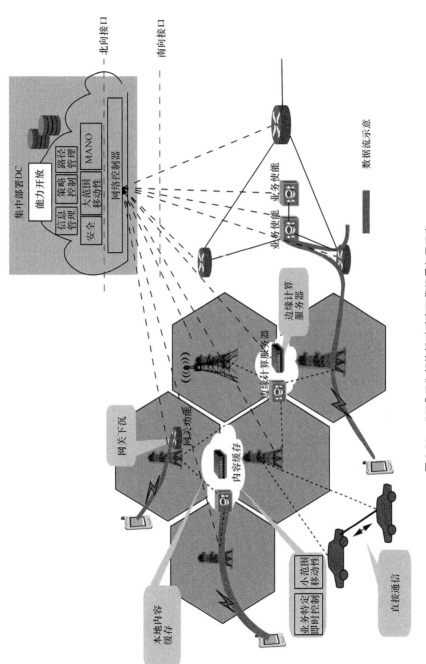

图 2-23　"三朵云"架构低时延高可靠场景部署示意

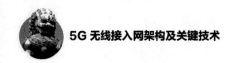

与此同时，用户面网关、内容缓存/边缘计算功能下沉至无线侧，实现本地边缘计算和内容快速分发以及流量的本地分流，并且支持网络控制的设备间直接通信以进一步减少时延。

2.7.3.5　大规模低功耗终端场景部署示意

大规模低功耗终端场景主要应用于物联网，例如各种传感器。这类场景的挑战主要是体现在网络同时支持的连接数量上。大规模低功耗终端场景下的部署示意如图 2-24 所示。

为了支持海量终端连接，可以通过部署汇聚网关形成毛细网络将连接数量进行汇聚合并，也可以通过多跳连接中继等方式通过终端设备本身减少和汇聚连接数量。

这类场景通常不需要支持移动性，但又需要针对物联网业务的特殊控制，因此在定制的控制云中，删除了通用的移动性模块，并且针对物联网业务自身需要，将其他功能模块也定制为特殊的，例如 MTC 信息管理、MTC 策略控制、MTC 安全模块等。也可以在接入网侧设置本地网关，尽早对业务流量进行本地分流。

2.7.3.6　即时热点场景部署示意

即时热点场景指在某个时间段某个区域因特殊事件引起的业务量突然大量增加的情况，例如体育馆、大型露天集会等。这种场景下，由于特殊事件只发生在少量特定的时间段内，常年配备大量网络资源从经济角度考虑比较浪费，因此应当采用在事件发生前临时增加网络资源，事件结束后释放临时网络资源的方式。

图 2-25 给出了一种即时热点网络生成的示意。在热点事件发生前，通过临时增加移动式基站和无线回传等方式，对热点地区的接入网进行临时扩容。同时在热点地区具备条件的房间建立临时本地数据中心，生成本地的控制云和业务使能模块，对热点期间的流量进行本地分流并提供特殊本地业务。

图 2-26 给出了即时热点网络撤销时的示意。在热点事件结束后，将临时增加的移动式基站、本地数据中心网络资源撤销，将业务切换回普通的移动广覆盖网络上，通过集中部署的数据中心内的控制云来控制，通过正常的转发和业务使能模块处理业务数据流。

2.7.3.7　业务分级部署示意

图 2-27 给出了一种业务分级部署的示意。在这种场景下，例如 IMS 业务可以

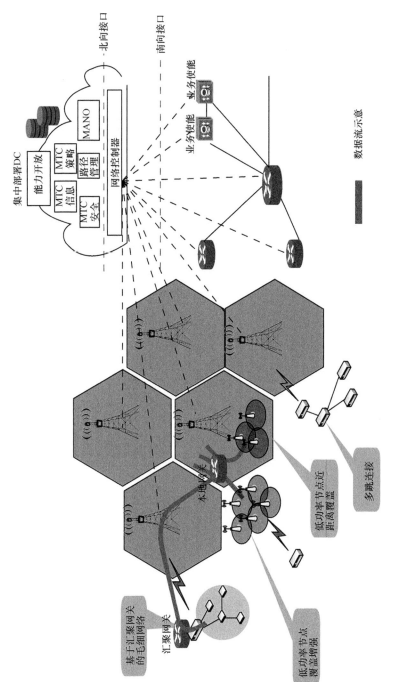

图 2-24　"三朵云"架构大规模低功耗终端场景部署示意

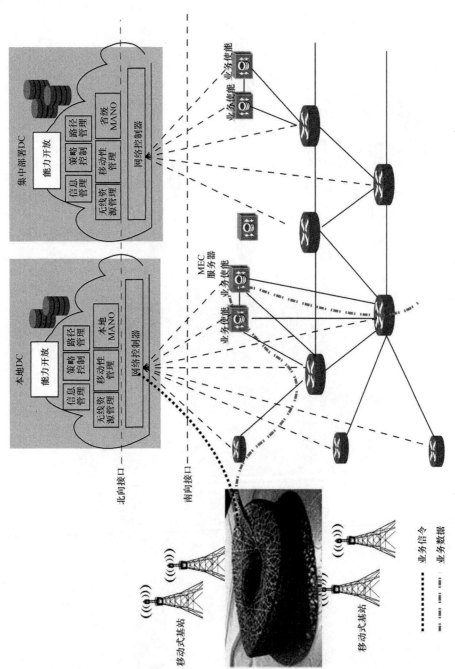

图 2-25　"三朵云"架构即时热点网络生成示意

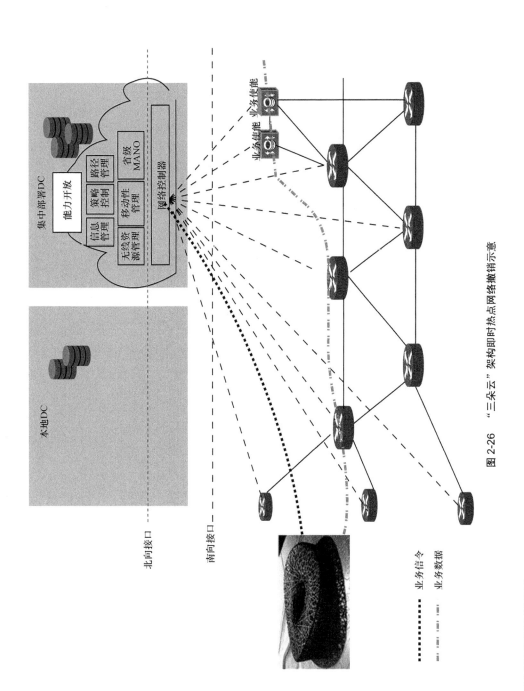

图 2-26　"三朵云"架构即时热点网络撤销示意

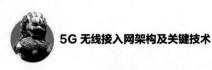

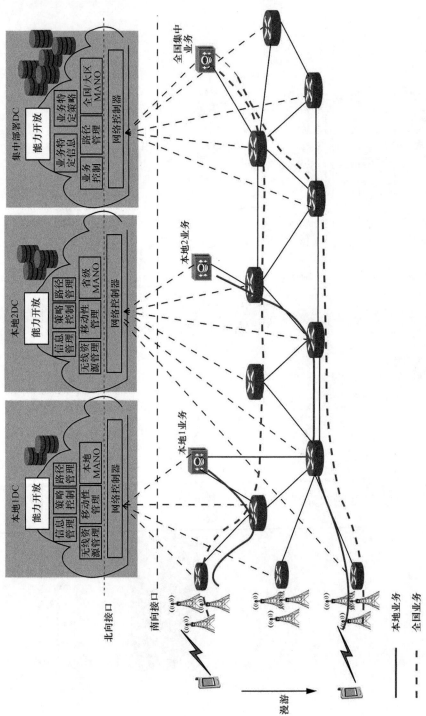

图 2-27 "三朵云"架构业务分级部署示意

采用在全国集中部署一套业务平台的方式，而各地区也可以在本地部署一些本地特有业务。根据用户需要使用的业务，可以决定采用本地控制或者全国集中控制。全国集中的业务控制云中，对业务相关的控制功能模块要进行定制修改，形成业务特定信息模块、业务特定策略模块、业务特定控制模块。同时在转发面也将根据业务类型在控制云的控制之下，路由到本地的业务使能模块，或者全国集中的业务使能模块。

参考文献

[1] 杨峰义、张建敏、王海宁，等. 5G 网络架构[M]. 北京: 电子工业出版社, 2016.

[2] 杨峰义，张建敏，谢伟良，等. 5G 蜂窝网络架构分析[J]. 电信科学, 2015, 31(5): 46-56.

[3] METIS. Final report on architecture: ICT-317669-METIS/D6.4[S]. 2015.

[4] METIS. Project structure[R]. 2012.

[5] ETSI ISG NFV. Network functions virtualization (NFV), management and orchestration, v1.1.1[S]. 2014.

[6] ARIB. ARIB 2020 and beyond Ad Hoc group white paper[R]. 2014.

[7] 5G Forum. 5G vision, requirements, and enabling technologies v.1.0[S]. 2015.

[8] 4G Americas. 4G Americas, recommendations on 5G requirements and solutions[S]. 2014.

[9] NGMN Alliance. NGMN 5G white paper[R]. 2015.

[10] IMT-2020 (5G)推进组. 组织架构[R]. 2016.

[11] IMT-2020 (5G)推进组. 5G 概念白皮书[R]. 2015.

[12] 中国电信集团公司. 5G 网络架构愿景[R]. 2014.

第 3 章
5G 无线接入网络架构

本章针对 5G 系统的关键性能指标进行了详细的拆解和梳理，结合未来典型网络部署场景，详细定义不同网络部署场景下的具体技术指标取值范围。基于 5G 系统功能与性能要求，综合 5G 新技术发展情况，明确了 5G 系统设计的四项基本原则，并进一步提出 5G 智能无线网络理念及相关网络框架结构。此外，结合 eMBB 和 URLLC 两大典型 5G 网络部署场景，进一步阐述了 5G 智能无线网络的相关部署要求、功能设计方法以及网络部署策略。

| 3.1 典型应用场景 |

为了满足未来移动互联网业务的爆发性增长和移动物联网的快速发展需求，5G 移动通信系统将构建以人和机器为中心的全方位生态信息系统。依据网络部署场景和业务关键特性，5G 网络部署场景大体可分解为连续广域覆盖、热点高容量、低功耗大连接、低时延高可靠 4 种典型部署场景，具体如图 3-1 所示。

（1）连续广域覆盖场景

该场景是移动通信系统最基本的覆盖方式，以提供广泛移动性和保持业务连续性为主要目标，为用户提供无缝的移动业务体验。该场景的主要挑战在于任何时间、任何地点为用户提供 100 Mbit/s 以上的用户体验速率。

（2）热点高容量场景

该场景主要面向局部热点区域，以提供极高的数据传输速率和流量密度为主要目标。该场景的主要挑战在于提供 1 Gbit/s 以上的用户体验速率、数十 Gbit/s 峰值速率和数十 Tbit/(s·km^2)的流量密度。

（3）低功耗大连接场景

该场景是 5G 新拓展的网络部署场景，主要面向智慧城市、环境监测、智能农业、森林防火等以传感和数据采集为目标的行业领域业务应用需求。在低功耗大连接场景下，设备终端分布范围广、数量众多，局部地区设备密度极大。因此，要求

图 3-1　5G 网络典型部署场景[1]

网络具备超千亿设备连接的支持能力，满足 100 万/平方千米连接数密度指标要求，同时满足小数据分组传送、终端低功耗和低成本等性能要求。

（4）低时延高可靠场景

该场景是 5G 新拓展的网络部署场景，主要面向车联网、工业控制等行业领域的特殊应用需求。在低时延高可靠场景下，业务应用对时延和可靠性具有极高的指标要求，要求网络可以提供 1 ms 空口时延、ms 级端到端时延和接近 100%的业务可靠性保证。

未来，5G 实际应用场景将涉及居住、工作、休闲和交通等多种区域，如图 3-2 所示，这些实际应用场景可能属于某种如上所述 5G 网络部署场景，或者多个如上所述 5G 网络部署场景的组合。同时，综合考虑用户行为喜好、环境要求、业务特性等多种因素，实际应用场景的关键指标集合和指标范围也将千差万别。

3.1.1　室内热点场景

室内热点部署场景的主要性能要求在于高容量、高用户密度和一致性用户体验，具体参数配置见表 3-1[2-5]。

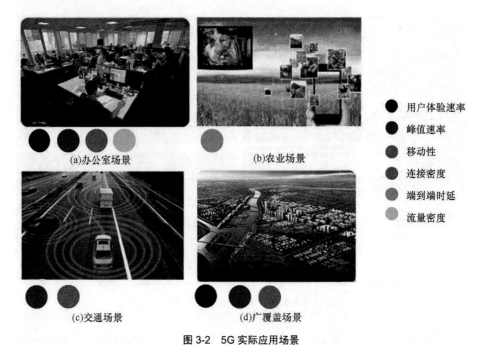

(a)办公室场景   (b)农业场景

● 用户体验速率
● 峰值速率
● 移动性
● 连接密度
● 端到端时延
● 流量密度

(c)交通场景   (d)广覆盖场景

图 3-2　5G 实际应用场景

表 3-1　室内热点场景下典型参数配置[6]

属性参数	取值式假设
载波频率	30 GHz、70 GHz、4 GHz
聚合系统带宽	30 GHz、70 GHz、1 GHz(DL+UL) 4 GHz：最多 200 MHz(DL+UL)
拓扑	单层
站间距	20 m
基站无线单元	30 GHz、70 GHz：最多 256Tx/Rx 天线单元 4 GHz：最多 256Tx/Rx 天线单元
UE 天线单元	30 GHz、70 GHz：最多 32Tx/Rx 天线单元 4 GHz：最多 8Tx/Rx 天线单元
用户分布和 UE 速度	100%室内，3 km/h，每个 TRP 内 10 个用户

3.1.2　密集城区场景

密集城区部署场景是干扰受限场景，针对城市密集或中心区域的高用户密度和业务负荷需求，采用宏节点或者宏微结合进行覆盖。该场景的性能要求是高吞吐量和覆盖率，具体参数配置见表 3-2。

表 3-2　密集城区场景的典型参数配置[6]

属性参数	取值或假设
载波频率	4 GHz、30 GHz (双层)
聚合系统带宽	30 GHz：最多 1 GHz (DL+UL) 4 GHz：最多 200 MHz (DL+UL)
拓扑	双层： • 宏覆盖：六边形 • 微覆盖：随机分布
站间距	宏覆盖：200 m 微覆盖：每一个宏 TRP 下 3 个微 TRP
基站天线单元	30 GHz：最多 256 Tx/Rx 天线单元 4 GHz：最多 256 Tx/Rx 天线单元
UE 天线单元	30 GHz：最多 32 Tx/Rx 天线单元 4 GHz：最多 8 Tx/Rx 天线单元
用户分布和 UE 速度	80%室内，20% 室外

3.1.3　城区宏覆盖场景

城区宏覆盖场景主要针对城区连续覆盖，由宏节点覆盖完成，属于干扰受限场景。该场景的主要性能要求是覆盖率，具体参数配置见表 3-3。

表 3-3　城区宏覆盖场景的典型参数[6]

属性参数	取值或假设
载波频率	2 GHz、4 GHz、30 GHz
聚合系统带宽	4 GHz：最多 200 MHz (DL+UL) 30 GHz：最多 1 GHz (DL+UL)
拓扑	单层：六边形
站间距	500 m
基站天线单元	30 GHz：最多 256 Tx/Rx 天线单元 4 GHz、2 GHz：最多 256 Tx/Rx 天线单元
UE 天线单元	30 GHz：最多 32 Tx/Rx 天线单元 4 GHz：最多 8 Tx/Rx 天线单元
用户分布和 UE 速度	20%室外车内：30 km/h 80%室内：3 km/h 每个 TRP 10 个用户

3.1.4　郊区场景

郊区场景主要针对大区域覆盖，由宏节点覆盖完成，可能是噪声受限场景，也可能是干扰受限场景。该场景的主要性能指标是覆盖率，具体参数配置见表 3-4。

表 3-4　郊区场景的典型参数配置[6]

属性参数	取值或假设
载波频率	700 MHz、4 GHz、2 GHz combined
聚合系统带宽	700 MHz：最多 20 MHz(DL+UL) 4 GHz：最多 200 MHz(DL+UL)
拓扑	单层：六边形
站间距	ISD 1：1 732 m ISD 2：5 000 m
基站天线单元	4 GHz：最多 256 Tx/Rx 天线单元 700 MHz：最多 64 Tx/Rx 天线单元
UE 天线单元	4 GHz：最多 8 Tx/Rx 天线单元 700 MHz：最多 4 Tx/Rx 天线单元
用户分布和 UE 速度	50%室外(120 km/h)、50%室内(3 km/h)， 每个 TRP 10 个用户

3.1.5　荒野场景（广覆盖和最小服务）

荒野场景（广覆盖和最小服务）主要面向低密度和低 ARPU 的人群和机器，提供语音和基本数据业务，由宏节点完成广覆盖。该场景的主要性能指标是中等用户速率和用户密度，具体参数配置见表 3-5。

3.1.6　荒野场景（超广覆盖）

荒野场景（超广覆盖）主要针对荒野地区，由宏节点完成超广覆盖，仅提供语音业务和基本数据业务。该场景的主要性能指标是中低用户速度和低用户密度，具体参数配置见表 3-6。

表 3-5　荒野场景（广覆盖和最小服务）的典型参数配置[6]

属性参数	取值或假设
载波频率	低于 3 GHz
系统带宽	40 MHz (DL+UL)
拓扑	单层独立宏基站
小区覆盖范围	100 km
用户速度	最多 160 km/h
业务模型	繁忙时段每用户平均吞吐量：30 kbit/s 用户体验速率：静止最多 2 Mbit/s，移动 384 kbit/s

表 3-6　荒野场景的典型参数配置[6]

属性参数	取值或假设
载波频率	低于 3 GHz
系统带宽	40 MHz (DL+UL)
拓扑	单层独立宏基站
小区覆盖范围	1 GHz:[150 km] 700 MHz~1 GHz:[250 km] 低于 700 MHz:[400 km]
用户速度	最高 160 km/h
业务模型	忙时用户平均速率：[30 kbit/s] 业务密度：[380~500 kbit/(s·km²)] 用户体验速率：静止[2 Mbit/s]运动[384 kbit/s]

3.1.7　大规模连接城区覆盖场景

大规模连接场景主要针对连续广覆盖场景的 MTC 业务，该场景的主要性能指标无缝覆盖和大连接密度，具体参数配置见表 3-7。

表 3-7　大规模连接城区覆盖场景的典型参数配置[6]

属性参数	取值或假设
载波频率	700 MHz, 2 100 MHz
网络部署	仅宏覆盖, ISD = 1 732 m, 500 m
终端部署	室内和室外车内设备
最大移动速度	20%室外车内分布(100 km/h) 80%室内分布(3 km/h)
业务模型	小数据分组业务

3.1.8 高速路场景

高速场景主要针对高速路上的高速行驶汽车。该场景的主要性能指标是可靠性和业务可达性，具体参数配置见表 3-8。

表 3-8 高速路场景的典型参数配置[6]

属性参数	取值或假设
载波频率	宏覆盖：低于 6 GHz 宏覆盖 + RSUs
拓扑	方案 1：仅宏覆盖 方案 2：宏蜂窝+RSU
站间距	宏小区 ISD = 500 m RSU 间距 = [100 m]
基站天线单元	Tx：最多 [32 Tx] Rx：最多 [32 Rx]
UE 天线单元	车载设备 Tx：最多 [8 Tx] 车载设备 Rx：最多 [8 Rx]
用户分布和 UE 速度	100%车内

3.1.9 车联网场景

车联网场景主要针对城区的高密度车辆。该场景的主要性能指标是高网络负荷和 UE 密度场景下的业务可靠性、可达性和时延，具体参数配置见表 3-9。

表 3-9 车联网场景的典型参数配置[6]

属性参数	取值或假设
载波频率	低于 6 GHz
拓扑	方案 1：仅宏基站 方案 2：宏基站 + RSU
站间距	宏小区：ISD = 500 m
基站天线单元	Tx：最多 [32 Tx] Rx：最多 [32 Rx]
UE 天线单元	车载设备 Tx：最多 [8 Tx] 车载设备 Rx：最多 [8 Rx] 步行/自行车 Tx：最多 [8 Tx] 步行/自行车 Rx：最多 [8 Rx]

|3.2　5G 无线接入网需求分析|

众所周知，5G 时代将出现更加丰富多样的移动业务应用和专有行业应用，移动商业模式也将随之发生变革，5G 无线网络设计将不再是简单地以"更多频谱带宽""更高频谱效率"和"更高峰值速率"为核心设计目标的传统移动网络演进，其核心理念是全新的网络架构设计和运维管理模式。

3.2.1　性能要求

依据 5G 网络典型部署场景的初步分析，未来 5G 移动通信系统需要在用户峰值速率、移动性和时延 3 方面传统移动通信性能指标进行持续提升，同时关注用户体验速率、流量密度和连接数密度 3 项新型移动通信系统指标要求，具体如图 3-3 所示。

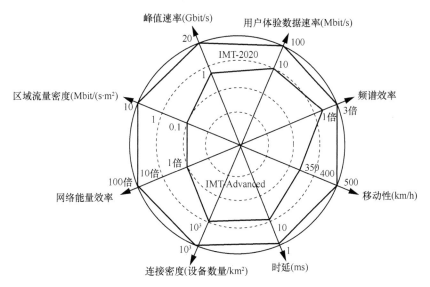

图 3-3　ITU 提出的 5G 性能指标要求

（1）用户体验速率

用户体验速率指单位时间内用户获得的 MAC 层用户面数据传送量，单位为

Mbit/s。如前所述，5G 时代将构建以用户为中心的移动生态信息系统，因此，首次提出了将用户体验速率作为 5G 网络性能指标[6]，也是最重要的 5G 核心性能指标，具体指标范围为 100 Mbit/s ~ 1 Gbit/s。

在实际网络中，用户体验速率与网络部署环境、网络能力、用户规模与分布、用户位置、业务应用等因素均密切相关，可以采用期望平均值或 95% 比例统计方法进行评估分析。

$$Thr = E_k[\sum L_k] / E_k[\sum T_k] \tag{3-1}$$

其中，L 是用户获得的 MAC 层用户面数据传送量，单位为 Mbit/s；T 是时间，单位为 s；k 为采样点数量。

（2）峰值速率

峰值速率是指单用户可获得的最大业务速率，单位为 Mbit/s，是传统移动通信系统的重要性能指标。相比于 4G 网络，5G 移动通信系统将持续提升网络峰值速率，具体指标范围为数十 Gbit/s。

（3）时延

时延包括空口时延和端到端时延，单位为 s，是传统移动通信系统的重要性能指标。时延性能可以采用 OTT（one trip time）或 RTT（round trip time）来衡量。其中，OTT 是指从发送端发送数据到接收端接收数据之间的时间间隔，RTT 是指从发送端发送数据到发送端接收到确认信息之间的时间间隔。

在 4G 时代，网络扁平化设计大大提升了系统时延性能。在 5G 时代，一些特殊行业应用，如增强现实、语音业务以及车辆通信、工业控制等，对 5G 系统时延性能提出了更为严苛的要求，最低空口时延要求为 1 ms。在实际网络中，系统时延性能与网络拓扑结构、网络负荷、系统与传输资源、业务模型等因素密切相关。

（4）连接数密度

连接数密度是指单位面积内可以支持的在线设备总和，单位是百万/平方千米。如前所述，5G 时代需要面向移动物联网业务需求，网络要求具备超千亿设备连接能力，而连接数密度就是衡量 5G 移动网络对海量规模设备的支持能力的重要性能指标，具体指标为不低于 100 万/km²。

（5）流量密度

流量密度是指单位面积内的总流量数，单位是 Mbit/(s·km²)。5G 时代需要支持一定局部热点区域（如办公室、密集市区等场景）内的超高数据传输要求，流量密度就是衡量一定区域范围内移动网络数据传输能力的重要性能指标,具体指标为不低于数十 Tbit/(s·km²)。在实际网络中,流量密度与网络拓扑结构、网络资源与能力、用户分布、业务模型等因素密切相关。

（6）移动性

移动性是指在满足一定系统性能的前提下,收发双方的最大相对移动速度,单位是 km/h,是传统移动通信系统的重要性能指标。

未来 5G 移动通信系统需要支持地铁、快速路、高速铁路、飞机等高速和超高速移动场景,同时需要考虑特殊业务场景下长期静止或游牧状态的终端设备终端特殊属性和要求。可以预见,以中低移动速度为主要设计目标的传统移动通信系统难以满足未来多样化的移动性要求,可能带来不必要的信令消耗和资源浪费,需要进行重新设计。

（7）能源效率

能源效率是指每消耗单位能量可以传送的数据量,单位为 bit/(s·J)或 bit/J。其中,bit/J 是指每消耗 1 J 能量传送的数据 bit 数量,bit/(s·J)是指每消耗 1 J 能量可实现的业务传送速率。

移动通信设备的能源消耗主要包括发射功率、电路板功率两部分,发射功率与功放效率、天线辐射性能等因素有关,电路板功率与芯片处理能力、功放效率、天线数量、频率带宽等因素有关。在 5G 移动通信系统设计中,为了持续降低网络能耗,提升系统能源效率,可以考虑一系列新型接入技术,如低功率基站、D2D 技术、移动中继、流量均衡技术、高效资源协同管理等。

此外,随着移动互联网和物联网爆发式发展,传统移动通信网络部署和维护成本居高不下,难以高效应对未来千倍业务流量增长和海量设备连接。因此,为了实现移动通信系统的可持续与高效发展,5G 移动通信系统还需要关注成本效率和可靠性方面性能指标要求。

（1）成本效率

成本效率是指每单位成本传输可以传送的数据量。为了有效提升系统成本效率,一方面需要关注未来 5G 网络建设部署（尤其是超密集网络部署）的复杂度和成本,另一方面需要持续改善 5G 网络运营维护成本。NFV[7-8]和 SDN 是有效改善未来 5G 移动通信系统成本的关键技术,同时有助于传统移动通信系统的平滑演进。

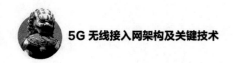

（2）可靠性

可靠性是指在一定时间范围内规定的数据信息量被成功发送到对端的概率。一直以来，无论 2G、3G 还是 4G 移动通信系统，均以系统容量最大化为主要系统设计目标，提供的是尽力而为的公众移动通信服务，无法满足高可靠和高可达性的连接服务要求。在 5G 时代，一些特殊行业应用（如自动驾驶、公众安全、紧急通信等）要求 5G 移动通信网络提供可靠概率高达 99.999%的中低速率传送服务。

3.2.2 功能需求

未来，5G 移动通信系统需要满足未来多样化、差异化、个性化的部署场景和业务应用要求，同时兼顾与传统移动通信系统的互操作与融合，因此需要从新型业务应用、传统网络演进两方面综合考虑 5G 移动通信功能需求。具体地说，5G 移动通信系统功能需求包括网络灵活扩展与定制、新型无线接入技术、跨制式系统深度融合、融合资源协同管理、灵活本地数据路由、边缘计算与无线能力开放。

3.2.2.1 灵活扩展与定制

一直以来，以移动关键业务为核心驱动力，移动通信系统进行了阶段性持续增强与升级换代演进。具体地说，2G 时代完成了以移动语音业务为主体业务目标的移动电路域设计，3G 时代实现了以低速移动数据业务为核心的移动分组域的初步设计，4G 时代完成了以多样化移动互联网业务为主体目标的移动分组域增强实现。无论如何，在网络架构设计和协议栈设计方面，2G/3G/4G 移动通信系统始终保持着高度的连贯性和一致性，具体表现为无线域提供统一无线接入、核心域提供集中式控制与路由、烟囱式独立业务能力部署等。

然而，为了应对爆发增长的移动互联网业务需求，移动通信系统设计日趋复杂，大大增加了移动网络的部署成本和运营维护成本，传统移动通信系统在灵活性和适应性方面的诟病已经凸显。未来，5G 系统需要面对更加复杂的网络部署场景和来自用户、虚拟运营商、OTT 等多样、差异、个性的业务应用需求，同时表现为较为明显的地域、时间域动态特性，传统的移动通信架构和协议栈设计思路已经无法满足需求，必须重新设计一个具有高度的灵活性、扩展和定制能力的新型移动网络架构，同时兼顾成本和能耗要求。

（1）灵活性

依据业务应用特性和具体需求，充分考虑移动网络实际部署场景，灵活选取网络功能集合，具体包括终端能力、网络能力、网络拓扑、频谱资源、传输条件等，进行适合的功能部署与配置管理。因此，要求 5G 无线网络实现软件化，并具备可配置能力。

（2）扩展能力

未来 5G 无线网络要求支持多样化频谱资源，不仅包括 1 GHz 以下低端优质频谱和 2 GHz 中高端频谱，而且涵盖 6 GHz 以上超高频谱和非授权频段频谱资源，不同频谱资源特性差异很大，需要独立的物理层设计和专有技术（如波束成形、MIMO 等）；未来 5G 无线网络要求可以支持多样化和规模化的终端设备，不仅包括智能终端、上网卡等普通终端，而且涵盖传感器、测量仪表、汇聚网关等海量终端和特殊应用终端，在特殊场景下，终端还将有选择性地承担部分网络功能；未来 5G 无线网络要求以较低成本和较短周期快速支持新型无线接入技术的部署应用，具体包括即插即用低功率节点、密集网络部署管理、终端直通技术、无线 mesh 管理等。

（3）定制能力

基于统一的移动通信系统平台和网络资源，依据用户、虚拟运营商、OTT 的差异化需求，提供差异化的移动通信虚拟网络与虚拟连接服务，并确保严格的网络与业务之间的隔离。因此，要求 5G 无线网络具备切片能力，基于同一物理平台，同时部署不同的逻辑网络，不同逻辑网络能力、性能和运维模式互不相同。

3.2.2.2　控制与承载分离

未来 5G 时代，多制式、多频段、多层次的移动通信网络将长期并存，接入网节点部署更加密集，接入网络环境复杂多样，每一张接入网络的覆盖、容量及无线特性也存在差异，而对于每一个终端来说，希望能够在多样的无线网络环境中顺畅地接入与业务体验。同时，随着移动数据业务的日益丰富多样，不同部署场景和业务部署环境，对网络的覆盖和容量需求存在着较大差异，因此，需要考虑将无线接入网络的控制信令与业务承载实现分离，无线控制层和业务承载层可以根据各自对于无线网络覆盖与传输要求分别采用最佳的无线传输网络。

3.2.2.3　融合资源协同管理

为了进一步应对未来移动数据业务的爆炸性流量需求，移动通信系统需要进一步降低基站间距离，在局部热点地区部署低功率小型基站，进而继续提升系统频谱效率和系统容量。可以预见，未来移动通信系统将是一张多频段、多层次、复杂密集的移动网络，同时未来无线回传技术可能共享移动通信系统频谱资源，系统干扰问题势必更加复杂严重。此外，未来移动通信系统还将考虑使用非授权频段资源，通过与其他系统共享非授权频谱，获取更高的系统容量，这也将带来系统间干扰问题。

一直以来，3GPP 致力于解决小区间干扰问题，包括 R8 阶段的小区间干扰规避机制、R10~R11 阶段的 CoMP 机制以及增强干扰接收机等。这些机制在一定程度上缓解了小区间干扰问题，但对站间传输带宽也提出了严苛的要求，因此不能有效解决所有场景下的系统干扰问题。同时，考虑到未来热点密集部署场景，回传资源，尤其是无线回传资源，也将成为 5G 无线网络资源的重要组成部分，可能导致系统干扰问题，影响移动用户的最终业务体验。

综上所述，5G 移动通信系统需要设计一种融合的资源协同管理机制，有效管理和使用频域、时域、码域、空域、功率域等多维度系统资源，依据网络部署、业务应用和用户个性需求，进行更加灵活的资源调度与分配，满足业务应用的数据传输需求，优化用户移动业务体验，同时降低系统干扰，实现移动通信系统资源利用的最大化。

3.2.2.4　跨制式系统深度融合

由于历史原因，各种无线接入系统在设计目标、应用场景、网络架构、网元功能以及接口协议流程方面存在着较大的差异，因此，跨制式无线接入系统之间的互操作与融合一直是一个复杂并有待解决的问题。

从 R8 版本开始，3GPP 一直尝试着从多个维度进行跨制式网络互通与融合技术方案设计，包括 IWLAN[9]、MAPCON（multi access PDN connectivity，多接入 PDN 连接）[10]、IFOM（IP flow mobility and seamless WLAN offload，IP 流移动性和无缝 WLAN 卸载）[11]、DIDA（data identification in ANDSF，基于 ANSDS 的数据标识）、SaMoG（S2a mobility based on GTP and WLAN access to EPC，基于 GTP 和 WLAN 接入的 S2a 移动性）等，逐步实现了异制式网络之间互通与协作管理，一定程度上改善了网络整体性能，提升了用户体验。然而，现有异制式系统间互操作仍停留在较粗浅的高层互通层面上，存在机制重叠、互通流程复杂、灵活度差、用户操作不便利等诸多问题。举例来说，当用户在不同制式系统间移动时，需要进行多次接入认证与鉴权等流程；基于 ANDSF（access network discovery and selection function，接入网发现和选择功能）静态或半静态信息，用户进行不同制式系统的盲选，网络整体资源利用率不高。考虑业务、网络负荷等静态或半静态信息，且网络没有主动权限，因此无法实现多网动态负荷分担调整。

在未来移动通信系统中，多种制式无线接入系统将长期共存。鉴于多样化的业务特征，需要结合业务需求、网络状态以及用户喜好和终端能力等因素，进行差异化的数据传输和承载策略，包括灵活调度与分配、分流与聚合等，实现系统资源利用和业务质量保证的良好均衡[12]。例如，小数据大时延业务可以采用传统窄带系统承载，小数据小时延业务可以依托于 D2D 技术承载，大数据业务依托于大带宽系统承载。

3.2.2.5　边缘计算与无线能力开放

在传统的移动通信系统中，用户和业务签约数据保存于 HSS 网元，网络信息保存于系统网元，而用户行为、用户喜好以及 P2P 类业务等动态信息并没有统计和分析，因此并未形成基于用户需求、业务特征的移动网络自适应协调与管理机制，更不具备网络和用户业务信息开放能力。

目前，智能终端、OTT 以及服务提供商等正在或者已经掌握了大量的用户和业务动态信息，建立了一套强大的大数据存储与行为分析机制，进而构建了一套真正面向用户和业务的高效管理机制与服务流程，大大提升了业务质量和竞争力，赢得了更多的服务商机。而移动通信系统这种静态、封闭、僵化的移动通信数据管理机制显然已经不能适应移动互联网时代激烈的竞争环境。移动网络管道化进程进一步被加速。

众所周知，未来移动通信将是以用户为中心的全方位信息生态系统，网络、用户和业务信息感知、挖掘与分析是决定未来移动通信系统成败的关键所在。结合 IT 技术优势，将 IT 计算与服务能力部署于移动接入网络边缘，使无线接入网络可以实时地统计并分析无线网络和用户业务数据，进而提供与环境紧耦合的高效、差异化、多样化的移动宽带用户服务体验。同时，通过构建一个标准化的、开放式的移动边缘计算平台，将无线网络统计信息和控制能力开放出去，移动虚拟运营商、软件应用开发商等可以协力合作，形成全新的价值链条，开启全新的服务类别和提供丰富的用户业务。

3.2.2.6　灵活本地数据路由

如前所述，在传统的移动通信系统中，以简单移动数据业务（如网页浏览、上传下载等）为核心业务目标，设计了基于 PGW 为核心锚点的隧道传送机制。随着移动数据业务量的激增，这种集中式数据传送机制越来越难以承担未来移动通信系统的数据传输需求，大量数据流汇聚于 PGW 节点，极易导致 PGW 节点进入过负荷或拥塞状态，同时从终端至 PGW 的长距离数据传输可能存在路由迂回问题，造成网络传输资源浪费，还可能无法满足部分业务应用的时延要求。

未来移动通信业务应用将涉及公众移动通信、移动互联网、移动物联网等多项领域，业务通信模式和通信需求更加多样化和差异化。具体来说，通信模式将可能包括终端—终端的点对点通信、点对多点广播通信、终端—远端服务器通信等；以内容和游戏等为代表的业务服务器将下沉至本地或社区网络，因此提供了本地路由通信的可能；部分业务应用，如车辆通信、工业控制、远程医疗等，对传输带宽或传输时延提出了非常高的要求。

实际上，在 LTE 时代，针对部分特殊业务应用和网络需求，3GPP 已经设计了一系列本地卸载机制，包括 LIPA（local IP access，本地 IP 接入）、SIPTO（selected IP traffic offload，选择 IP 流卸载）、D2D（device to device，设备对设备）技术和移动 CDN（content delivery network，内容传输网络）机制，实现了数据业务的本地灵活通信与路由，有效改善了业务时延性能和用户体验，同时缓解了骨干网承载压力。然而，无论 LIPA 还是 SIPTO 机制，其核心思想都是基于 3GPP 移动隧道机制的优化增强，路由灵活性受到了一定限制。

未来 5G 移动通信系统需要重新设计一种更加灵活、高效的数据路由机制，包括隧道机制、非隧道机制等，这也将带来移动传输网络资源的高效使用，进而降低网络成本。

3.2.2.7　新型无线接入技术

为了实现 5G 网络场景和业务应用提出的高性能指标，需要考虑引入新型无线接入技术，具体包括大规模天线阵列、新型多址技术、全频谱接入、终端直通技术等，5G 网络架构对所述新型无线接入技术进行有效管控和支撑。

（1）大规模天线阵列

在现有多天线基础上，通过增加天线数可支持数十个独立的空间数据流，将数倍提升多用户系统的频谱效率，对满足 5G 系统容量与速率需求起到重要的支撑作用。

（2）新型多址技术

通过发送信号在空/时/频/码域的叠加传输来实现多种场景下系统频谱效率和接入能力的显著提升。此外，新型多址技术可实现免调度传输，将显著降低信令开销，缩短接入时延，节省终端功耗。目前业界提出的技术方案，主要包括基于多维调制和稀疏码扩频的稀疏码分多址（SCMA）技术、基于复数多元码及增强叠加编码的多用户共享接入（MUSA）技术、基于非正交特征图样的图样分割多址（PDMA）技术以及基于功率叠加的非正交多址（NOMA）技术。

（3）全频谱接入

通过有效利用各类移动通信频谱（包含高低频段、授权与非授权频谱、对称与非对称频谱、连续与非连续频谱等）资源来提升数据传输速率和系统容量。6 GHz以下频段因其较好的信道传播特性可作为 5G 的优选频段，6 ~ 100 GHz 高频段具有更加丰富的空闲频谱资源，可作为 5G 的辅助频段。

（4）终端直通技术

位置相邻的终端用户在网络控制或者不控制情况下进行直接通信（许可频段或非许可频段），有助于提升网络容量和覆盖性能，降低终端能耗和业务时延性能，并衍生多种新型移动通信业务。

3.3　5G 无线网络关键技术

为了满足 5G 时代对无线网络的功能和性能需求，需要重点考虑 9 项无线网络关键技术，分别是无线控制承载分离、无线网络虚拟化、增强 C-RAN、移动边缘计算、多制式协作融合、融合资源协同管理、灵活移动性、网络频谱共享、邻近服务和无线 mesh。5G 无线网络关键技术与 5G 关键性能指标间的映射关系如图 3-4 所示。

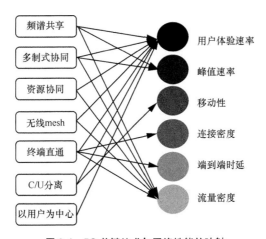

图 3-4　5G 关键技术与网络性能的映射

3.3.1　无线控制承载分离

泛义来说，SDN 的精髓在于通过北向接口，提供网络能力开放和可编程性，进而实现可配置网络管理和网络资源最优化配置。针对移动通信系统，SDN 意味着将移动通信系统控制功能进行抽离与汇聚，实现融合统一的 QoS 管理、自适应路由、移动性管理等控制功能。

未来 5G 时代，多制式、多频段、多层次的移动通信网络将长期并存，接入网节点部署更加密集，接入网络环境复杂多样，每一张接入网络的覆盖、容量及无线特性也存在差异，而对于终端用户来说，希望能够得到无缝的移动业务体验，不考虑具体的接入制式和技术。因此，需要考虑将无线接入网络的控制信令与业务承载实现分离，根据无线网络覆盖与传输要求，独立优化部署无线控制层和业务承载层，同时增加了无线网络灵活性，降低控制信令的复杂性。

无线接入网络的控制与承载分离，将更容易实现无线接入网络的集中管控，通过宏观层面的移动性管理、无线资源协调和负载均衡等功能，避免网络流量不均衡、频繁系统内和系统间切换等问题，进而提高接入网络整体资源利用率、降低投资运营成本、提升用户业务体验。无线接入网络的控制与承载分离方案如图 3-5 所示。

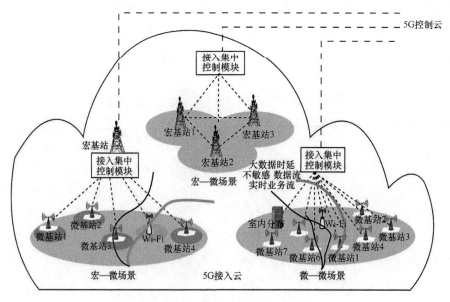

图 3-5　接入控制与承载分离方案架构

3.3.2　无线网络虚拟化

3.3.2.1　基站功能虚拟化

　　基带簇是指依据传输实际条件，将一定数量的邻近基站基带处理单元集中起来，形成基站簇化资源池。基站簇化集中降低了站址选取难度、减少了机房数量、共享了多项配套设备（如空调）、削减了无线网络的能源消耗，轻量级射频单元也有助于实现无线网络的按需快速灵活部署。此外，结合发送接收协同调度、负荷均衡、干扰消除等增强技术，基带簇还可以带来一定的簇化集中增益，有助于实现用户一致业务休验。

　　基带资源虚拟化将有助于实现无线处理资源的"云"化，基带平台资源不再单独属于某个 BBU 网元，平台资源和无线网络资源分配也不再像传统网络那样是在单独的基站内部进行的，而是在"池"的层次上进行的。这种思想和数据中心的虚拟化思想类似，基带处理单元 BBU 的概念变得模糊，系统可以根据实际业务负载、用户分布等实际情况，在不同区域和时间段动态地按需分配动态调整 BBU，进而带来不同小区之间高效共享处理资源，解决基站资源利用率低下问题，降低整体系统的成本。

　　鉴于基站有实时处理、高性能的设计需求，传统服务器和虚拟化技术难以解决无线通信信号实时处理的问题，为了在集中式基带池上实现虚拟化基站，基于开放平台和软件无线电的基站池虚拟化还需解决以下关键技术。

- 基于 GPP 的实时操作系统与虚拟化平台：适用于实时信号处理的操作系统与 Hypervisor，优化并可控的系统处理时延和抖动，最优的虚拟化系统开销。软基站的架构功能设计基于虚拟化的重新划分，通过系统软件重新分配处理资源以构造支持不同标准和不同负载的基站。
- 大规模基带池硬件互联架构：高吞吐量、低时延、低成本的 BBU 交换构架，以实现基带池的物理处理资源间的互联拓扑，这包括处理板芯片间的互联、处理板的板间互联以及多个基带处理单元之间的互联。
- 软基带池虚拟机的在线迁移：虚拟化系统功能的实时化，包括支持实时信号处理的虚拟机在线迁移和虚拟机处理资源的动态调度（如资源复用、虚拟机资源热插拔）等。
- 虚拟化 I/O 与虚拟机间高速通信：满足实时虚拟机要求的 I/O 虚拟化支持以

及 I/O 虚拟化与虚拟机在线迁移的兼容性。

3.3.2.2 软件定义 RAN 拓扑和协议栈

随着移动通信网络的发展，未来的 5G 网络具有接入站点高密度部署、用户业务需求动态变化的特点，并且接入站点的类型也更加多样化，这使得与当前的移动通信网络相比，5G 网络的拓扑结构和协议栈更加复杂和多样化。根据网络中用户的不同需求和网络业务流量的变化，可以通过动态调整网络拓扑来满足用户动态变化的业务传输需求，组装网络节点的协议栈来满足不同业务处理的需求，从而做到网络定制化部署为用户提供定制化的服务。

（1）软件定义的 RAN 拓扑[7]

通过控制和承载分离，5G 接入网的集中控制器掌握了网络全局资源信息，可以针对不同业务和用户进行决策，实现定制化的网络部署。首先，通过业务感知和预测确定网络覆盖的边界，架设相应的节点形成网络拓扑，再在节点上分配时频等资源，最后配置业务所需的协议栈，网络控制器将通过数据面的信息反馈，对网络节点和拓扑进行流量优化和智能调整，具体包括自配置、自优化、智能关断、流量回传、流量卸载等。如图 3-6 所示[8]，对于业务 A 和业务 B 可以在不同的位置部署接入节点、转发和虚拟服务节点，从而生成两张不同的虚拟网络。

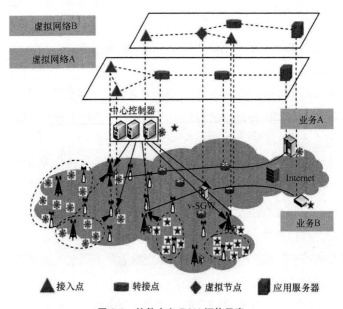

图 3-6　软件定义 RAN 拓扑示意

- 业务感知预测技术：业务感知预测技术通过研究用户空间业务模型，确定大概率具有相同业务需求的用户簇。首先，通过机器的自主学习，利用网元的自动识别技术，标识出所有用户的业务需求，然后根据业务需求，对用户进行虚拟分区，同时配合历史数据的大数据统计分析技术，预测新的业务需求，对虚拟分区进行二次划分，进而为虚拟网络的自组织自优化提供基础条件。

- 覆盖边界确定技术：覆盖边界确定技术通过研究基于用户特征的群体移动数学模型，确定大概率漫游在同一范围内的用户簇，同时配合历史数据的大数据统计分析技术校正数学模型，预测得到所有用户的虚拟分区图，进而确定虚拟云的覆盖边界，并在确定覆盖边界的基础上对网元进行虚拟划分，动态生成虚拟网元。

- 基于 SDN 的 5G 网元自配置和自优化技术：基于 SDN 技术，快速配置整个网络网元的主要参数，使得 5G 网络中宏微网元可以实现动态协同，完成资源最优分配与业务最优调度。此外，在 5G 网络网元宏观配置的背景下，各个网元还能根据自身当前的负载和性能统计情况，动态配置负载均衡、控制信道性能最优化以及移动顽健性优化的参数，实现自优化对整个网络性能进行优化。

- 网络节点智能关断休眠：根据网络监听得到网络流量统计结果，利用接入站点关断和休眠优化模型，计算最优的站点关断和休眠策略。值得注意的是，不同类型站点在关断、休眠和启动条件上可能存在差异，如在重叠覆盖的异构网络环境中，用于提供基本网络覆盖的大站（宏基站）一般不参与关断和休眠，同时站点的启动条件与采用的关断和休眠策略密切相关。

- 流量回传技术：5G 无线网络需要对网络中的流量进行实时的调度管理，提供端至端流量工程方案。无线网络流量工程主要管理源节点和目的节点之间的流量，包含为数据流在源节点和目的节点之间查找路径、为网络中所有流在路径之间进行流分割等。无线网络流量工程对网络的回传网络和接入部分进行全局调度，同时考虑多路径场景，即通过在用户和虚拟网关之间设置多条路径，使用户可以连接到多个接入点，通过多条路径路由和在多条路径之间进行的智能流量分割，提高链路利用的灵活性和网络的容量。

（2）软件定义协议栈

当前，运营商网络的基础技术架构有 3 个特征：协议标准化、设备专用化、能力封闭化。受限于各个标准化组织的冗长流程以及各方利益的博弈，一个通信标准从概念提出到成熟商用少则一两年，多则三五年。相比于互联网创新的小步快跑，在实战中优胜劣汰、形成事实标准的做法，电信网络漫长的标准化周期则表现为对新需求和新技术的怠慢。出于功能独特性及网络性能考虑，通信设备通常采用专用架构，一种网络功能对应一个设备形态，带来运营商采购和维护的高成本。同时，传统电信网络的封闭性使纷繁复杂的应用无法根据需求的差异性来最优配置网络资源，既无法使用户体验最佳化，也不能保证网络资源的最大化利用。

针对传统移动网络的诸多限制，软件定义协议栈将通过协议栈解耦，使用软件定义的方式，实现无线网络开放和可编程性，进而更好地支持协议、应用的快速部署及精准适配，实现端到端的"弹性、简单、敏捷、可增值"的下一代无线网络。

软件定义的协议栈基本架构如图 3-7 所示，主要包括控制承载分离、用户面的协议栈及模块分解、控制器决策算法以及控制面与数据面的接口。其中，控制承载分离和用户面的协议栈及模块分解是软件定义协议栈的基础。

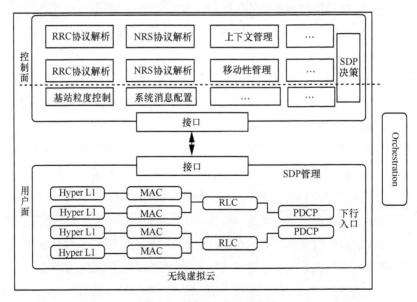

图 3-7　软件定义协议栈示意

控制与承载的分离将信令的控制逻辑与数据处理的过程分解在不同的物理实体上进行实现，控制面通过开放的接口向用户面部署数据的处理逻辑，带来的好处是解耦后的控制面与用户面负责的功能彼此独立，控制面的功能与用户面功能可以独立演进。在新业务的部署过程中，只需要在控制面增加新的业务逻辑，而用户面不需要改动。同时，为了达到用户面的软件化，实现可编程的效果，需要对用户面的处理功能进行分解，分解之后的功能根据控制面下发的业务处理逻辑，进行用户面功能的调整组合，为特定的业务数据提供定制的数据处理过程。同时，考虑功能模块的虚拟化，在一个服务器集群上，部署为一定区域内用户服务的虚拟化的无线接入处理功能，在物理资源受限的情况下，协调虚拟化功能的部署，进行高效的逻辑功能部署，使物理资源的效用最高，运营商的固定资产投入能够发挥出最大的价值。

在实际网络部署中，首先对无线接入网络中的基站以及网关、MME 等设备进行控制承载分离的设计。针对基站，用户面保留 L2/L1 的数据处理功能，如 PDCP、RLC、MAC、PHY 等，而将 RRC 和无线资源管理的功能集中部署在控制器。针对网关和 MME 等设备，将连接管理、移动性管理、用户上下文管理等功能集中部署到控制器，将对于数据的转发及处理的功能保留在用户面，形成的分离结果如图 3-8 所示。该图只是在功能上对基站和网络设备进行了简单的功能分解，在实际网络部署的时候，可以将大量基站的控制面与网络设备的控制面相融合，形成统一的集中控制的控制面设备。

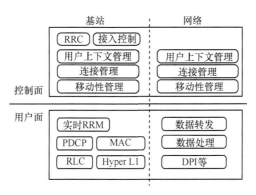

图 3-8　控制与承载分离示意

3.3.2.3　动态组织 RAN 架构

动态 RAN 是以 NFV 为核心基础，以网络部署场景（如低时延高可靠场景、热点高容量场景等）和业务时空特性需求为中心，支持以灵活、动态组织形式，部署管理（如激活、休眠、去激活、迁移等）各网络节点和网络功能分布，满足实时、动态、个性化的业务需求，进而打造了一个扁平、灵活扩展、弹性轻型的新型移动通信网络。

目前，业界多方都在研究 RAN 动态组织部署议题。2015 年，METIS 公开发布的《Final Report on Architecture》中提到了 Dynamic RAN 概念[13-17]，是一种适应和满足未来移动数据业务发展和 5G 系统要求的新型无线接入网概念，综合考虑了 C-RAN、无线终端设备、UDN、特定无线终端设备等多种网络部署形态和灵活 D2D、波束成形、无线回传等多种无线新型技术，具体如图 3-9 所示。

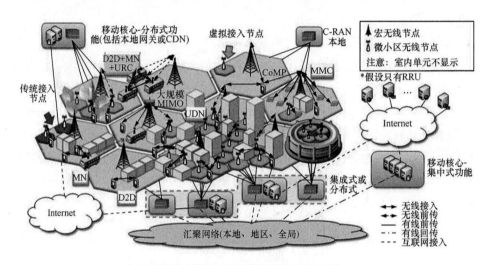

图 3-9　METIS 提出的动态组织 RAN 架构

3.3.2.4　无线网络资源虚拟化

随着移动互联网及物联网的发展和智能终端的大范围普及，数据业务爆炸式增长，多种新型业务不断涌现，在容量、时延、QoS、部署时间等方面都对网络架构提出更高要求。传统网络中，通信设备通常采用专用架构，一种网络功能对应一个设备形态。设备能力不开放，在部署各种新的业务时，需要部署新的硬件和软件，研发周期长，定制成本高，业务创新受到局限，且无法保护前期投资。与此同时，大量不同形态的网元设备复杂组网给运维带来了巨大的难度，运维成本不断攀升。同时受到 OTT 应用的冲击，运营商 ARPU 值呈下降趋势。此外虚拟运营商牌照的发放，国家对于电信共建共享的大力推动，均要求电信基础设施提供商在同一物理网络上灵活支持多运营商多业务运营。

为了支持业务快速部署，满足未来业务差异化、定制化需求，降低网络建设、维护成本，促进移动通信产业快速健康发展，促进资源节约环境友好型社会建立，虚拟化已成为移动网络演进的必然趋势。采用通用硬件平台，通过虚拟化技术实现软硬件解耦，使得网络具有灵活的可扩展性、开放性和演进能力。通过将网络功能虚拟化，实现软硬件解耦，硬件平台共用，网络容量按需弹性伸缩。通过无线资源虚拟化，如图 3-10 所示，实现对时域、频域、空域、功率域等无线资源的灵活切片与共享，形成虚拟移动网络，最大化空口资源利用率的同时，基于定制化需求提供保障带宽，支持物联网、虚拟运营商等灵活动态低成本的网络部署要求。

3.3.3　增强 C-RAN

目前，现有无线网络架构存在以下问题。

- 大量基站密集组网导致高额能耗。一般来说，基站耗电占总体耗电的 70%以上，因此密集组网下的基站能耗增长可能不堪重负。运营商需要从网络架构设计就开始考虑低能耗准则，通过提高主设备利用率以及降低配套设备或机房导致的能耗，以从根本上满足无线接入网的低能耗要求。

- CAPEX/OPEX 逐年增高。减少站点的数量可以减少主设备的建设成本，也可以降低设备安装以及租金等各类费用，但同时也会导致网络覆盖能力的下降以及较差的用户体验。因此，需要首先保证网络能够提供高质量的服务，这就需要保留诸如天面等重要资源，但尽量削减机房及配套设备，从而减少不必要的成本支出。多标准长期同时运营也会增加运营商的 OPEX。

- 无线网络中的干扰问题。同频组网方式大幅提高了频谱利用效率，但来自相邻小区的干扰越来越严重，尤其是小区边缘区域的干扰。随着密集组网下小区半径越来越小，小区的干扰更加复杂。

- 潮汐效应导致基站利用率低下。在传统的无线接入网中，每个基站的处理能力只能被其服务的小区内的用户使用，当小区内的用户离开后，基站的处理能力无法转移，只能处于浪费状态。如果能够将多个基站的资源整合起来在不同区域动态地按需分配，改变传统无线接入网络架构，将基站资源在不同小区之间共享对高效利用处理资源是大有裨益的。

5G 无线接入网架构及关键技术

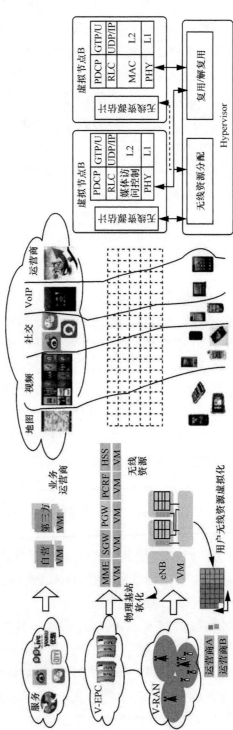

图 3-10　无线网络资源虚拟化示意

C-RAN 是将所有或部分的基带处理资源进行集中，形成一个基带资源池，并对其所覆盖区域进行统一管理与动态分配，在提升资源利用率、降低能耗的同时，通过对协作化技术的有效支持而提升网络性能。

- BBU 的簇化集中。在传统网络中，每一个基站均需要有独立机房。一定数量的 BBU 被集中放置在一个大的中心机房；这对降低站址选取难度、减少机房数量、共享配套设备（如空调）等具有显而易见的优势。

- 符合 RRU 设备的低功耗、小型化需求及天线形态的小尺寸趋势。小型 RRU 和小尺寸天线不易引起业主或用户的注意，低功耗的 RRU 更可以满足免除环境测评的要求，其部署难度将大幅降低。当前室外型微 RRU 设备单通道功率多为 5 W，假定微基站站间距典型值为 100 m，根据链路预算 RRU 所需发射功率将会更小。

- 基带池内的 BBU 协作化。通过引入实时高速的内部互联架构（如 Infiniband、高速以太网等），基带池内的不同 BBU 之间可实现快速高效地交换调度信息、信道信息和用户数据，能够更好地实现上行和下行的多点协作传输技术，针对成片连续覆盖的拉远微 RRU，可采用多 RRU 共小区和空分等技术对抗微基站间干扰，从而减小了系统干扰并提高系统容量。

- 无线处理资源的"云"化。在基带池里，基带计算资源不再单独属于某个 BBU，而是属于整个资源池。相应地，无线资源分配在"池"的层次上进行，这种思想和数据中心的虚拟化思想类似，系统可以根据实际业务负载、用户分布等实际情况动态调整 BBU，使得 BBU 所分配的处理资源根据实际情况适当变化，可以带来最大限度的处理资源复用共享，降低整个系统的成本。

- 基站的软化。利用基于统一、开放平台的软件无线电实现基带处理功能，使 BBU 可以同时支持多标准空口协议，更方便地升级无线信号处理算法，更容易地提升硬件处理能力从而扩充系统容量，另外，通过动态、灵活地分配基带处理资源，基站的处理能力灵活变化，从而实现基站的"软"化。

　　C-RAN 的应用场景主要在超蜂窝覆盖、容量需求高、协作化增益要求高的区域，或机房数量受限、有拉远建设 RRU 需求的密集城区和农村场景，且要求传输资源相对充足的区域。

3.3.4　移动边缘计算

通过在无线接入网部署 IT 和云计算的能力，使无线网络具备了业务本地化、低时延高带宽的传输、无线网络上下文信息的感知等能力，并通过向第三方业务应用的开放，将第三方应用部署在更靠近终端设备的位置，适用于视频业务、用于实时传输控制的数据流等传输，可以减少数据分组的时延并节省回传的带宽，明显地提高用户体验。ETSI 定义的移动边缘计算框架[18]如图 3-11 所示。

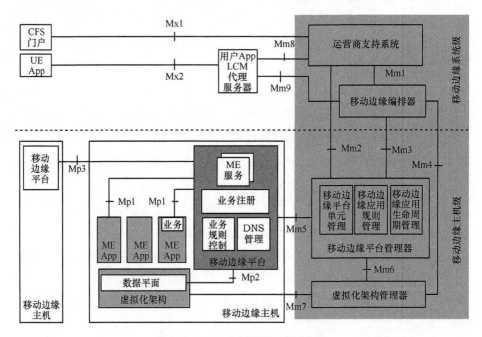

图 3-11　ETSI 定义的 MEC 平台框架

3.3.5　多制式协作与融合

从 1G 到 4G，移动通信系统经历了快速迅猛的发展，逐步形成了包含多种无线制式、频谱使用和覆盖范围的复杂网络现状。目前，大多数运营商都同时运营维护着多个移动通信系统，比如 GSM、3G 以及最近两年刚刚开始商用的 LTE 网络，同时还包括热点地区部署 Wi-Fi 热点。如前所述，在 5G 时代，同一运营商拥有的多张不同制式的无线网络仍将长期共存，多张网络的融合将成为未来无线通信技术的重要发展趋势，如何高效地运行和维护多张网络，满足用户和业务需求，同时减少运维成本，是多制式网络融合需要解决的主要问题。

目前，多制式网络共存需要重点考虑以下关键性问题。

- 多种制式网络架构和协议差别很大，需要独立维护，因此给运营商带来了很大的部署和运营维护成本。
- 多种制式网络之间的互操作流程复杂，时延较大，用户在多张网络之间切换将会对业务应用性能产生较大的影响。
- 多种制式网络的负载不均衡，网络资源没有得到更加充分优化的使用，网络整体资源利用率和能源消耗较大。
- 多种制式网络对业务应用分流汇聚效果不明显，基于用户盲选操作的网络选择与网络实时状态匹配度较差，用户体验有待提升。
- 在多种制式复杂网络环境下，用户能动性不高，操作不便捷，需要用户手动参与，例如，手动打开 Wi-Fi 等。

随着视频交互、上传下载、增强现实等新型业务普及，未来 5G 用户可能期望通过极高的接入速率接入无线网络，同时期望更短的接入时延和传输时间。同时，用户也可能希望在不同的现实场景中都能得到同质、优质的用户体验，比如在高速移动的交通工具上、在商业中心或者比赛场馆的人群密集区。

如前所述，演进的核心网已经提供了对多种制式网络的接入适配。但是，在某些异构网络之间，特别是不同标准组织定义的异构网络之间，例如 E-UTRAN 和 WLAN，缺乏网络侧统一的资源管理和调度转发机制。综上所述，多网络融合技术需要进一步优化增强，需要重点关注以下核心技术点。

- 将多种接入技术的控制面和用户面进行分离，将控制面统一为融合的多制式管理和控制面，实现对多种接入网络和技术的综合管理，包括灵活资源管理和负荷均衡管理等。
- 面向用户体验的灵活业务分流机制，依据用户需求、业务特征、网络负荷等多项因素，将业务流自适应地调配到适合的接入网络上承载分流，最终实现高效能的操作管理和无缝一致的用户体验。
- 实现接入网络与核心网络解耦，建立针对不同接入技术的统一鉴权管理、安全管理和会话管理机制，在不增加核心网络影响的基础上，实现完成新型无线接入技术即插即用和快速融合，提升移动网络的灵活扩展性。

借鉴 NFV 和 SDN 技术思想，未来 5G 网络将考虑基于虚拟化和集中控制的思路，设计适应多种网络的统一多 RAT 融合架构，并以融合多 RAT 架构为基础，根据组网场景的不同和已有网络的继承性，设计多种可能的 RAT 间传输接口，完成以用户和业务为中心的多制式网络灵活互通与融合，实现用户的无缝业务体验，具体如图 3-12 所示。

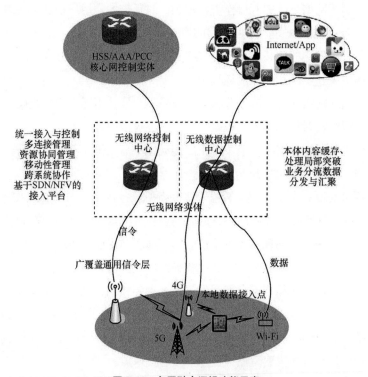

图 3-12　多网融合逻辑功能示意

考虑到不同的部署应用场景和组网需求，在具体部署上，可以考虑集中式和分布式两种部署架构，如图 3-13 所示。其中，集中式多网络融合架构通过增加新的多网络融合控制实体来管理和协调多个制式网络，达到网络融合的效果，集中式多网络融合方案收敛性较强，更容易达到全局最优，但顽健性差，集中信息收集、分析、执行时间长；分布式多网络融合架构是利用各个网络之间现有/增强/新增加的标准化接口，设计分布式网络融合方案，达到网络融合效果，分布式多网络融合方案顽健性较强，反应迅速，但不易达到全局最优。

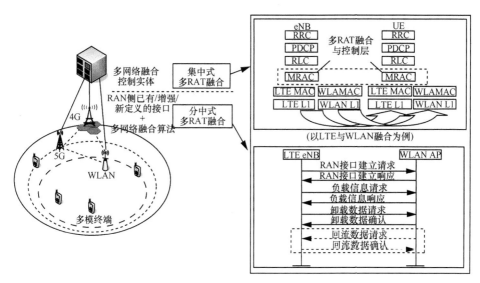

图 3-13　多网融合部署示意

MRM（multi-RAT management，多接入管理）是一种多 RAT 集中控制的具体解决方案，如图 3-14 所示。MRM 集成了 RNC（radio network controller，无线网络控制器）、BSC（base station controller，基站控制器）、Wi-Fi AC（access controller，接入控制器）等功能，统一管理多制式网络无线资源，统一业务管理。其中，eCo 是多制式网元间以及同制式内各网元间的协同功能节点，与 RNC、BSC 等控制器深入融合，成为一个大控制器，负责管理协调多制式基站的所有无线资源，统一向 SingleCore 提供无线承载功能，CoLTE 承载 LTE eNB 间调度和协调功能。

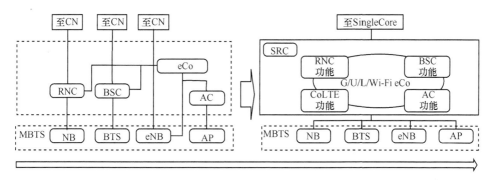

图 3-14　MRM 技术实现方案

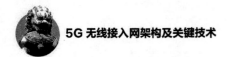

MRM 方案实现了 RAN 和 CN 解耦，空口技术演进和改变并不影响核心网和业务流程，具体如图 3-15 所示。MRM 统一管理不同制式的空口资源，不同制式的空口互操作由 MRM 直接处理，不涉及核心网的改变，而 MRM 和核心网统一接口，统一 NAS。真正做到空口制式和 CN 解耦。在跨制式切换过程中，根据业务承载的QoS 需求选择合适的无线承载，但 NAS 不变，这样，核心网不会涉及切换过程，切换信令时延减小。

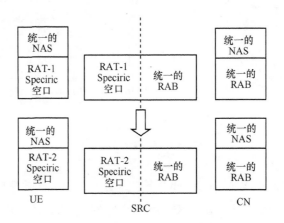

图 3-15　基于 MRM 的接入核心解耦

在标准化层面，3GPP 已经在 R13 版本开启了多网融合技术相关研究，具体包括MRJC（multi-RAT joint coordination，多接入联合协调）、LTE-WLAN radio level integration（LTE-WLAN 无线侧融合）等。其中，MRJC 项目主要研究基于业务类型、业务体验、处理能力、回传条件等的业务分流和移动性管理机制；LTE-WLAN radio 聚焦于 LTE-WLAN 聚合和互操作两方面研究内容，LTE-WLAN 聚合是指共站和不共站场景下 LTE 与 WLAN 在无线层面的融合（类似 CA 和 DC），主要在 RAN2 研究；LTE-WLAN 互操作是指不共站情况下 LTE 对 LTE-WLAN 的数据分流和路由控制（控制面，基于 ANDSF 增强），主要在 RAN3 研究。

3.3.6　融合资源协同管理

如前所述，3GPP 一直致力于复杂异构网络场景下的小区间干扰问题，具体包括 R8 阶段的小区间干扰规避机制、R10~R11 阶段的 CoMP 机制以及增强干扰接收机等，在一定程度上缓解了小区间干扰问题。然而，当前干扰协作机制对站间传输系统有着严苛的要求，因此不能有效解决所有场景下的干扰问题。

在 5G 阶段，需要设计一种融合的资源协同管理方案，综合考虑多种回传条件，实现多种网络部署场景下自适应资源协同与管理，具体实现方案包括基于基带资源池的融合资源协同管理策略和基于簇化集中控制的融合资源协同管理策略。

在未来 5G 网络超密集网络的环境下，针对干扰受限场景，可以采用分布式拉远基站，将所有或部分基带处理资源进行集中，形成一个基带资源池，并对其覆盖区域进行统一管理与动态分配，在提升资源利用率、降低能耗的同时，通过对协作化技术的有效支持而提升网络性能。进一步来说，采用有效的多小区联合资源分配和协作式的多点传输技术，可以有效提高系统频谱效率。协作式无线信号处理（多点传输）在降低系统干扰，提高频谱效率方面具有很大潜力，需要解决的技术挑战主要包括高效的联合处理机制、下行链路信道状态信息的反馈机制、多小区的用户配对和联合调度算法、多小区协作式无线资源和功率分配算法等。基于基带池的集中控制网络部署如图 3-16 所示。

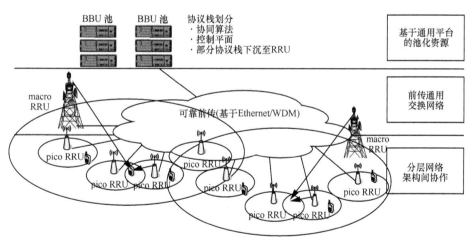

图 3-16　基于基带资源池的资源协同管理

基于实际的前传（fronthual）的传输条件的不同，可以对集中基带处理资源的功能进行灵活划分，即对 BBU 和 RRU 之间的功能划分进行重定义，相关的 BBU 和 RRU 之间的接口也需要进行重新设计。设计 BBU/RRU 功能重新划分时，应该考虑数据总吞吐量随空口实际服务用户的数量变化而改变，利用分组包的统计复用效果可大幅降低总传输成本。另一方面，还需考虑无线协作化的性能需求。即将集中化可获得高协作化增益的 BBU 功能在 BBU 资源池中实现，针对集中化处理后无协作化增益或者低协作化增益的功能移至 RRU 实现，分布式放在远端，从而实现最大的无线增益。然而，集中的 BBU 需要处理的协议栈层次越低，对 BBU 和 RRU 之间的传输带宽要求也越高。通过合理划分 BBU-RRU 间的功能，需要考虑未来网络架构兼顾 BBU-RRU 间的传输带宽限制和无线增益需求两方面。

除无线主设备方面外，可靠的、低成本的通用前端传输网络（波分彩光或 CPRI 以太网化）是对未来网络架构的另一个需求。通过 CPRI 的通用化，可以实现灵活的 BBU 池—RRU 间的连接关系，最终构造宏微分层的容量网结构。

分簇化的集中控制与管理（如图 3-17 所示）通过将无线控制功能进行抽取和集中，同样能够有效解决未来 5G 网络超密集部署的干扰问题，实现相同 RAT 下不同小区间的资源联合优化配置、负载均衡等以及不同 RAT 系统间的数据分流、负载均衡等，从而提升系统整体容量和资源整体利用率，同时降低了对移动网络传输带宽的要求，更易于网络部署与管理。

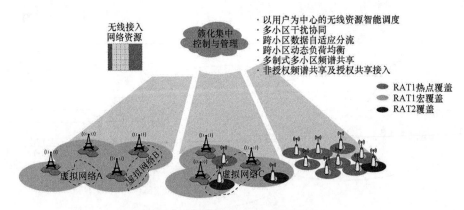

图 3-17　基于簇化集中式资源协同管理

3.3.7　灵活移动性

不同于 4G 移动通信系统，5G 移动通信系统将提供适配用户、设备和业务属性的灵活移动性管理机制，依据网络部署形态、用户属性、设备状态和业务属性等因素，实现静态移动性配置管理、动态移动性管理以及增强移动性管理机制，进而满足用户和业务应用实际需求，优化网络资源配置使用。

灵活移动性管理包括空闲态无移动性管理、连接态无移动性管理、完整空闲态移动性管理、完整连接态移动性管理等。空闲态无移动性管理是指用户空闲态的上下文和状态信息无需存储于网络中，主要针对长期在线终端用户或者仅支持 UE 始发业务终端用户。连接态无移动性管理是指用户连接态上下文和专用隧道信息无须维护存储与网络，主要针对静止或非移动终端用户。

同时，在宏微组网或者密集微小区等复杂网络部署场景下，频繁切换和大量无线接入节点将会导致更多的信令负荷，降低用户体验感受。特别地，为了更好地支持用户无缝移动，如何提高终端用户体验感受，甚至感觉不到切换，是需要解决的问题，需要针对传统移动性管理机制进行增强改善。

（1）微微网络部署

在密集微小区部署场景下，每个基站都会有一个 S1 接口连接着 MME，non-UE associated signalling（非 UE 相关信令，如 paging 信令等）会随着 eNB 个数的增加而增加。从核心网的角度来看，MME 需要增加网络寻呼的能力，以便于降低由于寻呼信令负荷对移动终端业务的性能影响（如 mobile-terminated VoLTE，网络发起 VoLTE）。此外，频繁切换将会导致更多的信令负荷，影响终端用户业务体验。在微微网络部署场景下，可以采用虚拟小区技术，将多个小小区的资源虚拟组合成一个虚拟宏小区，进行相邻多小区簇的集中移动性和资源协同控制与管理，具体如图 3-18 所示。

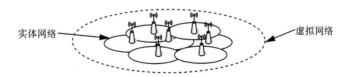

图 3-18　微微小区场景下虚拟小区技术

（2）宏微组网

在宏微基站覆盖部署场景下，如前所述，频繁切换会仍导致更多的信令负荷。可以通过宏基站和微基站的增强连接，实现微小区的控制面与用户面分离，提升无线链路侦听和连接恢复，进而降低切换频率，同时支持上下行资源独立管理与

多连接管理，具体如图 3-19 所示。

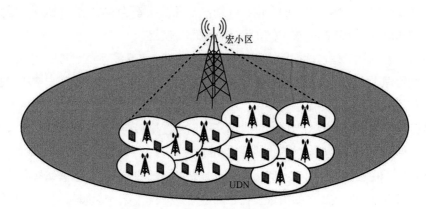

图 3-19　宏微场景下的多连接技术

目前，3GPP 已经开展了部分移动性增强技术相关研究，如 RAN3 Study on Further Enhancements of Small Cell High Layer Aspects for LTE。

3.3.8　网络频谱共享

以提高频谱共享的灵活性和提升频谱效率为目的，在某一地域范围或者时间范围内，动态利用频谱资源，进而导致频谱资源的动态变化和多优先级网络共存。例如，不同 RAT 系统之间进行灵活的频谱共享，不同运营商之间进行灵活的频谱共享，不同的运营商之间实现非授权频谱共享，移动通信系统与其他技术（如 Wi-Fi）实现非授权频谱共享等。

针对频谱共享技术，要求基站具备频谱感知技术，并能够与上层静态分析系统互通频谱感知信息，同时系统要求具备频谱管理、干扰管理、业务 QoS 保障等功能。

目前，3GPP 正在进行网络频谱共享相关技术研究工作，即 RAN 2 的 Licensed-Assisted Access to Unlicensed Spectrum（LTE-U）研究项目。在 LTE-U 项目研究中，结合小基站室内外部署场景（如图 3-20 所示），针对 5 GHz 非授权频段资源，进行 LTE 系统使用非授权频段的技术方案研究与设计，具体关键技术包括 LBT（listen before talk，先听后说）、载波不连续发送、动态频率选择等。

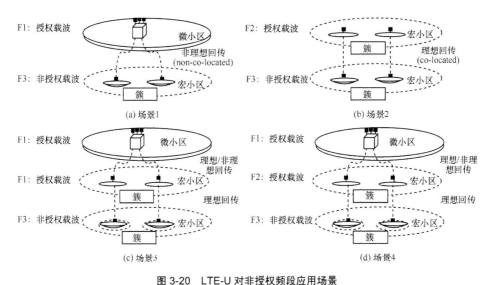

图 3-20　LTE-U 对非授权频段应用场景

3.3.9　邻近服务

邻近服务能使位置相邻的终端用户在网络控制或者不控制的情况下进行直接通信（许可频段或非许可频段），有助于提升网络容量和覆盖性能，改善业务时延性能，降低终端能耗，同时可能衍生多种新型移动通信业务，如地区广告、公众安全、数据传输等。

邻近服务技术主要应用于 3 方面领域，即直接通信、网络覆盖增强和联合发送接收。直接通信主要应用于邻近终端存在通信需求的场景，进行终端间数据传送；网络覆盖增强主要应用于传统移动通信网络覆盖盲区场景，进行覆盖扩展；联合发送接收主要应用于多终端联合发送或接收数据，类似于终端侧 CoMP 技术。

目前，国际标准组织 3GPP 已经开始进行 D2D 技术研究（R12 版本），集中于公共安全领域。D2D 核心技术包括邻近终端用户发现机制、终端数据传输机制、网络控制鉴权认证计费机制以及由 D2D 链路带来的干扰管理。

3.3.10　无线 mesh

为了面向 5G 用户提供数千倍与当前网络速率的用户体验，多种无线接入技术融合互操作、密集部署将是实现这一目标的重要部署方式。多种无线接入技术间互操作以及超密集微型小区管理都要求高效、及时的站间协调能力,因此通过提高复杂异构网络场景下的站间回传能力,进行回传共享是解决上述问题的重要手段。

在未来复杂异构网络场景下,回传资源将呈现多样化发展趋势。在传统宏蜂窝部署场景下,站址选择和配套建设是网络部署的重要工作,经过精确设计、选址和建设的宏基站将具备强大的覆盖和容量性能,其回程将通过高速有线线路(如光纤)与传输网络相连接。然而,在超密集部署场景下,微型基站的位置通常难以预设,主要选择在便于部署的位置(如房屋顶和沿街灯柱),此类位置通常无法铺设有线线路,主要采用就近获取有线线路(如家庭 ADSL)或者无线回程传输方式。当网络中存在多种不同能力的回程方式时,如何有效管理和优化回程资源的使用,从而有效支撑用户与核心网之间的大容量数据传输,是超密集网络成功部署和运营的关键因素之一。

同时,未来 5G 将需要支持各种不同特性的业务,例如,时延敏感的 M2M 数据传输业务、高带宽的视频传输业务等。为了满足多种业务类型的不同服务质量要求,需要对回程传输进行控制和优化,以满足不同时延、速率等性能的服务质量要求。此外,由于小区覆盖范围比较小,用户移动性引起小区负载动态性增大,动态管理小区回程资源,在保证传输质量的同时,提高回程资源使用效率,是提升 UDN 的网络效率和可靠性的重要挑战之一。

如果将所有小区的有线回传链路和无线回传链路组成一个 5G 回传网络,具有有线回程的小区作为回传网络的网关,部分无线回传节点在传输本小区回传数据的同时,有能力中继转发相邻小区的无线回传数据,具体如图 3-21 所示。

5G 无线回程管理与优化技术是通过配置无线回传链路和调度无线回传链路传输,实现回传网络的管理和优化,进而为回程传输控制和保障提供优化空间,有效应对 5G 复杂异构网络的数据回程挑战。随着高频传输技术、智能天线技术和可重配无线电技术的发展,小区无线回程可实现灵活配置和参数调整,为管理和优化无线回传链路提供了实现基础。

5G 无线回程管理与优化技术方案具体包括回传网关规划与管理、拓扑管理和优化以及回传网络资源管理和调度 3 部分。

(1)回传网关规划与管理

回传网关是所有小区回传数据和核心网之间的接口,对于回传网络性能具有决

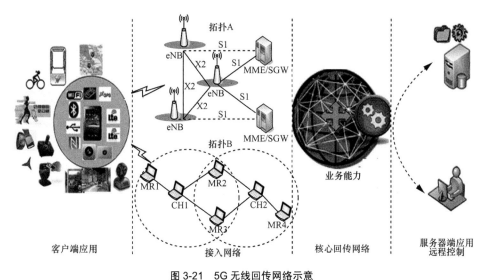

图 3-21　5G 无线回传网络示意

定性作用。由于有线回传线路的特点（如信道可靠性高、容量大、时延小等），回传网关通常由具有较强有线回传能力的小区承担。在进行回传网络设计时，首先确定可获得有线回传的位置和网络结构，然后根据网络结构和业务分布进一步确定回传网关的位置、数量和回传规格等参数。通过回传网关规划和管理，在保证回程数据传输服务的同时，有效提升回传网络的运营效率和能力。

（2）无线回传网络拓扑管理与优化

回传网络中的无线部分组成一个网状网络，具有无线回传能力的小区需要邻区协助中继传输完成数据回传，因此如何选择合适的回传路径是决定 5G 回传网络性能的关键因素。无线回传拓扑的选取主要考虑无线链路容量和业务需求两方面因素。目前，新型无线技术（如高频传输技术、智能天线技术和全双工技术等）大大提升了单跳回传链路性能，而无线回传拓扑和回传路径需要根据网络中业务的动态分布和服务质量需求进行动态管理和优化。具体地说，为每个无线回传小区确定其服务网关，并确定到其服务网关的路径和所经节点，从而尽可能公平地满足所有无线回传小区提供数据回传服务。在实际部署中，无线回传网络拓扑管理和优化需要考虑多种网络性能指标（key performance indicator，KPI），包括小区优先级、总吞吐率和服务质量等级保证等，进而在较大时间粒度（如数天、数小时）上使网络拓扑和路径适应业务分布的变化，有效提升无线回传网络的性能和效率。

（3）无线回传网络资源管理与调度

基于当前确定的无线回传网络拓扑和回传路径，通过无线回传网络资源分配和链路调度，实现小区回传数据的传输。无线回传网络资源管理和调度将以无线链路为单位进行，回传网络中的中继小区可能同时服务多个下游小区，也可能与多个小区具有相同的上游小区。基于特定的调度准则，根据每个小区自身回传数据队列和中继数据队列，调度相应的小区和链路在相应的时隙发送回传数据，从而满足业务服务质量要求。通过无线回传网络资源管理和调度，在较小时间粒度（如数分钟、数秒）上使网络资源适应数据传输的变化，有效提升无线回传网络资源的效率和传输性能。

3.4 5G 无线接入网设计原则与网络架构

如前所述，传统移动通信系统秉承着高度一致的网络架构设计原则，具体包括分散无线域提供移动接入、集中核心域提供控制与管理、网元实体与网元功能高度耦合、用户面与控制面紧密耦合以及高度集成精细化的协议栈与接口设计等。随着移动通信业务领域的不断扩展与创新，传统移动通信系统日趋复杂，大大增加了移动网络的部署成本和运营维护成本，传统移动通信网络架构在灵活性和适应性方面的诟病已经凸显。

同时，基于传统移动通信网络架构的通信流程与机制已经难以适应和满足新型移动业务发展需求。举例来说，在传统的移动通信系统中，最初移动性管理流程是针对语音业务设计的，之后针对简单数据业务进行了优化增强，严格保证了移动性问题的妥善解决。在未来移动通信系统中，一定比例的终端可能长期处于固定或者游牧状态，传统移动性管理机制将失去用武之地，同时带来大量信令资源的无效消耗和时延性能问题。

3.4.1 5G 无线网络设计原则

如前所述，需要根据 5G 业务要求和技术发展趋势重新设计一个兼容具有高度的灵活性、扩展能力和定制能力的新型移动接入网络架构，可以依据设备平台能力、频谱资源、传输条件、业务性能要求、终端能力、用户喜好等多重因素，实现网络资源灵活调配和网络功能灵活部署，同时兼顾网络成本和能耗要求。

总体上来说，5G 无线网络架构设计应遵循以下 4 点设计原则。

（1）融合

- 实现支持多种频谱资源（6 GHz 以上、6 GHz 以下）、多种 5G 和 4G 增强接入技术（LTE-A、5G 新空口、Wi-Fi）的统一融合的 RAN 架构；
- 支持 RAN-CN 的同一接口，兼容多种无线接入技术和架构形态；
- 支持高性能的前向兼容和后向兼容，基于最小量的新型信令和信道设计，实现新特性引入部署。

（2）灵活

- 实现网络功能与物理节点解耦和网络功能虚拟化部署，重点关注网络功能设计与选择；
- 支持多种灵活的 RAN 部署模式，依据网络实际部署坏境，选取不同的网络功能集合（D2D、多播等）和灵活部署方式（集中式部署、分布式部署），如为了支持上下文感知业务、低时延业务，将 RAN、CN 和应用层功能集中部署于 RAN 边缘；
- 支持网络切片能力，在无线资源、传输资源和网络平台资源的共享基础上，实现差异化业务网络，具体功能包括切片生命周期管理、切片运维、切片隔离等。

（3）智能

- 支持控制面信令与用户面数据的解耦分离，支持控制面与用户面独立扩展部署与演进，适配不同的网络部署场景和业务发展需求；
- 基于集中控制功能，实现多种无线网络部署场景下，无线网络资源智能优化与高效管理。

（4）高效

- 综合考虑网络部署成本和运营维护成本，CAPEX/OPEX 与现网水平相当；
- 支持新型节能技术方案，如高效睡眠模式等。

5G 无线网络架构设计需要考虑逻辑架构和部署架构两个层面，具体如图 3-22 所示。

3.4.2　5G 无线网络逻辑架构

3.4.2.1　5G 无线网络功能选择

如前所述，来自公众用户、行业用户、虚拟运营商、OTT 的业务应用需求（功

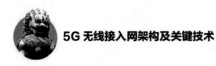

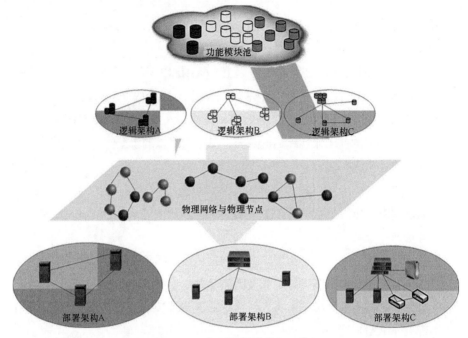

图 3-22　5G 无线网络架构设计思路

能需求与性能需求）大相径庭。在 5G 网络架构设计中，应当首先从业务功能需求和业务性能需求出发，结合网络实际部署环境，进行网络功能选择与组合。

具体地说，5G 无线网络功能包括通用网络功能和专有网络功能，如图 3-23 所示。通用网络功能是指适用于任何业务场景的网络功能，包括数据调制、数据解调、数据编码、数据解码、数据封装、数据解封装、数据加密、数据解密；专有网络功能是指适用于某种特殊业务场景，影响场景关键性能的网络功能，包括跨制式协同管理、终端直通管理等接影响场景关键性能的网络功能等。

针对 5G 无线网络功能选择，还需要综合考虑计算复杂度与性能提升、集中功能与分布功能、慢速控制与快速控制、信令负荷与性能提升之间的均衡问题。

（1）计算复杂度与性能提升

通常来说，系统性能的提升在一定程度上依赖于高精度技术算法，而高精确算法必将带来计算实现复杂度和相关机制流程复杂度的大幅度提升，进而对系统计算、存储等资源及信息传输带宽都提出更高的要求，同时可能带来系统成本和能耗的提升。因此，在功能模块选择与算法设计方面，建议充分考虑具体场景下业务关键性能指标要求，综合考虑计算复杂度与系统关键性能提升之间的均衡。

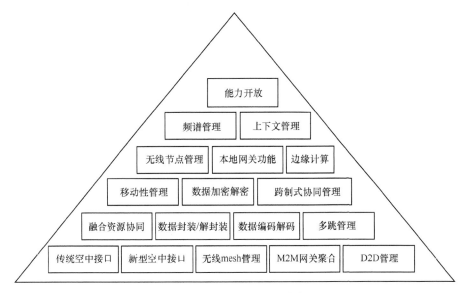

图 3-23 5G 无线网络功能集合

（2）集中功能与分布功能

基于集中式的网络功能可以充分利用全局视角，实现更优化的系统增益性能。然而，基于集中式的网络功能可能对信息交互频度、信息交互量、信息存储和信息处理复杂度提出较高的要求，对系统顽健性和时延性能也可能存在一定的影响。基于分布式的技术方案在处理时延、系统顽健性和灵活扩展性方面存在优势，对于节点间信息交互没有要求，但由于缺失了全局调控功能，仅能达到次优化系统性能。因此，在功能模块选择与算法设计方面，建议充分考虑具体场景下业务关键性能指标要求，同时结合网络实际部署环境和实际条件，综合考虑集中式功能和分布式功能之间的均衡。

（3）慢速控制与快速控制

依据控制周期的大小，控制算法可以分为快速控制、慢速控制和混合控制三大类。在移动通信系统流程中，典型的快速控制功能包括闭环功率控制、链路自适应等，通常控制周期在毫秒级，典型的慢速控制功能包括子带宽分配等，控制周期以几十毫秒到几秒为单位。快速控制功能可以及时捕捉到系统的瞬时特征，实现快速、动态的监控管理和精准的性能优化，但可能对信息交互频度、信息交互量、信息处理复杂度提出较高要求。慢速控制功能实现了较长周期内系统性能优化控制，对信息交互量和信息交互频度要求不高，但难以满足精准化系统调控管理和时延敏感流程的要求。在功能模块选择与算法设计方面，建议充分考虑具体场景下业务关键性能指标要求，同时结合网络实际部署环境和实际条件，考虑在慢速控制管理方案和快速控制管理方案之间均衡。

（4）信令负荷与性能提升

如前所述，部分网络功能将对控制信令交互频度和交互量提出较高的要求，进而对网络信令传输带来较大的挑战，甚至导致网络信令阻塞问题。在功能模块选择与算法设计方面，需要综合考虑在关键性能提升和网络信令负荷之间的均衡。

3.4.2.2　5G 无线网络逻辑架构

依据网络功能模块之间的逻辑关系，无线网络逻辑架构可以分为集中式逻辑架构和分布式逻辑架构两大类，如图 3-24 所示。

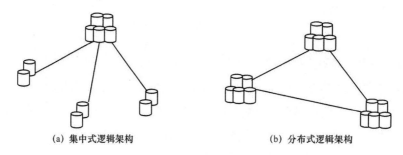

(a) 集中式逻辑架构　　　　　　　　　　(b) 分布式逻辑架构

图 3-24　5G 无线网络逻辑架构示意

（1）集中式逻辑架构

将部分网络功能集中部署，一方面可以利用全局视角，实现更优化的系统协同增益性能，另一方面可以利用汇聚与集中，形成最优化的资源处理和系统性能。同时，集中式逻辑架构对时延性能存在一定影响，可能存在系统顽健性问题。在一些特定场景下，集中式逻辑架构可能要求较高信息交互频度和较大信息交互量，因此对系统传输资源以及系统处理能力均提出较高的挑战和要求。综上所述，集中式逻辑架构适用于时延敏感度低和有高增益要求的系统功能设计与部署，在一定场景下还要求较为丰富的系统传输资源基础。

集中式逻辑架构可以细分为控制用户面功能集中、控制功能集中两种架构形态。

控制用户集中逻辑架构。在传统的移动网络架构中，控制用户功能集中的实例包括 BBU 池、宏微协同、汇聚网关等。BBU 池将基带用户面和控制面功能进行集中，通过实现基带资源共享，实现基带资源最大化使用，同时针对干扰受限场景，通过高速基带板内或板间协作，获得较高的用户协同增益，然而 BBU 池对基带与射频之间的传输带宽和时延提出了非常高的要求，因此应用场景有限。宏微协同将公共控制信令功能集中于较高层面的宏基站实现，充分发挥宏基站广覆盖的优势，同时以宏基站为核心锚点将业务数据流在宏基站和微基站之间分流与聚合，形成宏微数据承载综合优势，然而宏微之间的协同在一定程度上影响时延性能，对宏微传输也提出一定的要求。汇聚网关是针对非时延敏感的小数据 M2M 业务，将一定数量的 M2M 终端节点的控制流和数据流进行合并处理，然后进行统一发送和接收，避免频繁的终端—网络之间信令交互流程造成系统过重负荷，甚至形成系统资源瓶颈，如图 3-25 所示。

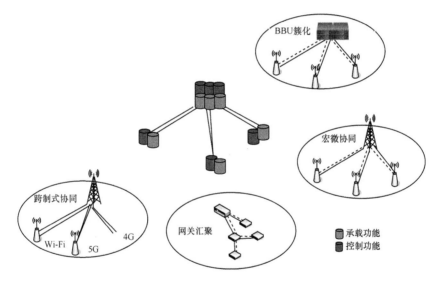

图 3-25　用户控制集中逻辑架构示意

控制集中逻辑架构。在传统的移动网络架构中，仅控制功能集中的实例包括网络辅助 D2D 技术。网络辅助 D2D 技术利用基站进行系统资源分配与管控，规避 D2D 技术与其他系统接入之间的干扰问题，进而提升网络容量和覆盖性能，降低终端能耗和业务时延性能，如图 3-26 所示。

（2）分布式逻辑架构

所有网络功能集中于一个节点部署，有助于系统功能高度集成，同时提高系统顽健性和时延性能。然而，在有节点间协作需求的场景下，分布式逻辑架构对于传输带宽和时延提出了极为严苛的要求，导致分布式节点协作性能难以满足要求。

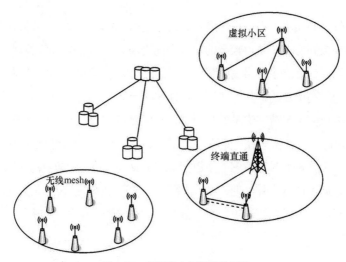

图 3-26　控制集中逻辑架构示意

　　在传统的移动网络架构中，分布式逻辑架构代表是 LTE 系统 eNB，所有无线控制面和用户面功能集中于 eNB 实现，满足 LTE 时代网络扁平化和低时延要求。然而，为了应对密集城区下的干扰受限场景，LTE 系统提出了以分布式架构和有限带宽为前提的系列干扰协同机制，如 ICIC、eICIC 等，其性能均差强人意。分布式逻辑架构如图 3-27 所示。

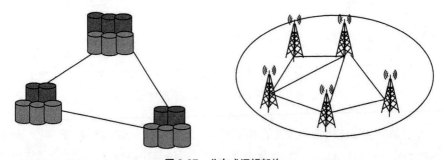

图 3-27　分布式逻辑架构

3.4.3　5G 无线网络部署架构

3.4.3.1　5G 无线网络物理架构

　　目前，LTE 正在规模化商用部署中，其 100 Mbit/s/50 Mbit/s 的峰值速率和 50 ms/

100 ms 的时延性能决定了 4G 网络将是移动互联网业务承载的主力军。鉴于低端频谱资源耗尽和新型无线技术的局限性，未来 5G 无线网络将集中解决热点密集、低时延高可靠等特定业务场景的需求，而 4G 网络仍将是承载移动通信服务的骨干网络，因此，4G 网络和 5G 网络将共同构建未来移动通信网络。

针对 5G 无线网络物理架构，需要充分考虑和利用现有 4G 网络拓扑结构和物理节点状态，同时依据需求，适度增加无线接入节点，或引入新型网络拓扑形式。可以预见，未来 5G 无线物理网络将是一个多拓扑形态、多层次类型、动态变化的网络，具有平台多样化、连接形态多样化、承载方式多样化和拓扑结构多样化的特点。

（1）设备平台多样化

在 5G 无线网络架构中，将引入更多类型的无线设备（如网关、特殊终端），设备平台能力将更加多样化。依据功率区分，5G 无线设备包括大功率宏基站、大功率 BBU+RRU、低功率一体化小基站、有源天线、无源天线以及有节电需求的终端、传感节点等；依据功能区分，5G 无线设备包括一体化基站、承载基带功能的 BBU、承载射频功能的 RRU、承载无线信号发送接收的天线设备、承载部分用户和控制功能的网关设备等；依据位置距离用户远近区分，依次为终端、聚合网关、无源天线、有源天线、小功率基站、RRU、宏基站、BBU 池等；依据平台能力区分，包括虚拟化平台设备和专业平台设备。

（2）设备连接形态多样化

在 5G 无线网络物理架构中，设备连接形态呈现多样化，具体包括网状连接（如 LTE 系统 eNB 之间连接）、链状连接（如 RRU 设备级联、移动中继）、伞状连接（如 BBU 池与 RRU 之间的连接）、点—点连接（如 D2D 直通终端之间连接、基站与物联网关之间连接），如图 3-28 所示。值得指出的是，这里只考虑可能承载网络功能的设备节点之间的连接关系，不是相关传输网络的部署形态。

（3）丰富差异的传输承载技术

在 5G 无线网络中，用于设备连接的传输承载技术将更加丰富，不同传输承载技术的能力特性差别很大。依照承载介质，传输承载包括多种有线承载和无线承载技术。有线承载技术具有稳定性好、带宽充足的普遍特点，但同时部署成本较高，具体包括光纤直连、承载网（如 IPRAN）、铜线、电力线等；无线承载技术具有灵活度高、部署成本低的特点，但带宽受限，具体包括基于 3.5 GHz 或更高频段的无线回传技术，基于超高频段的无线回传技术在传输带宽方面将有所突破。

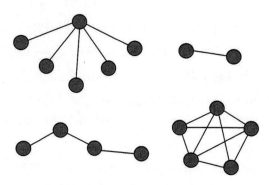

图 3-28　移动接入网络节点连接形态

（4）拓扑结构动态变化

如前所述，随着未来低功率即插即用小基站的规模部署、大量超高频段资源的使用以及新型接入技术的引入，5G 无线网络物理架构将呈现更高的灵活性，即在同一地点的不同时间段也可能表现为较大差异的网络拓扑结构和节点间层级关系。

3.4.3.2　5G 无线网络部署设计

5G 无线网络部署是指将所选择的网络功能集合在 5G 无线网络物理节点进行合理部署。5G 无线网络部署需要综合考虑业务应用属性、网络功能时延要求、特殊业务属性、网络环境条件等多重因素。

（1）业务应用属性

依据移动业务应用的使用范围，移动业务可以分解为热点业务、本地业务和全局业务。具体地说，热点业务是指只在局部热点范围内部署，如商场广告营销、企业办公应用等，本地业务是指在地区级范围内部署，如本地网站浏览等，全局业务是指在全国范围内部署的业务应用。依据业务应用属性，为合理利用系统传输和承载资源、提升业务应用性能，建议将热点业务相关功能应尽量贴近于基站部署，将本地业务相关功能贴近于本地接入网部署。

（2）网络功能时延要求

无线网络时延敏感功能主要集中于 L1~L2 层面功能，具体包括资源调度、链路自适应、功率控制、干扰协调等控制功能或 HARQ 重传、编码调制等，建议尽量贴近于用户侧节点部署，如接入层终端设备、接入层网关、无线接入节点等。无线网络时延不敏感功能主要指 L3 层面功能，具体包括小区间切换、跨制式选择、加密解密、用户面聚合等，可以依据需求部署于接入高层节点或汇聚中间层节点。

（3）特殊业务属性

如前所述，部分业务应用具有特殊功能要求或性能要求。在实际网络部署设计中，需要予以充分考虑。举例说明，在一些物联网业务应用中，大量传感节点将周期性地上报测量信息，然后传送至中心服务器进行集中信息处理。尽管传感节点上报的测量信息具有数据量小、时延不敏感等特性，大规模传感节点的信息上报将消耗大量的系统信令资源，导致网络资源利用率不高，系统信令负荷过重，甚至出现系统阻塞情况。在实际网络部署设计中，可以考虑将一部分用户面和控制面功能下沉到静态网关或者临时网关中，由静态网关或临时网关进行周期性地测量信息收集，并可能进行一些信息处理操作（如信息过滤、信息整合等），然后统一发送至网络侧服务器。

5G 无线网络基本架构如图 3-29 所示。

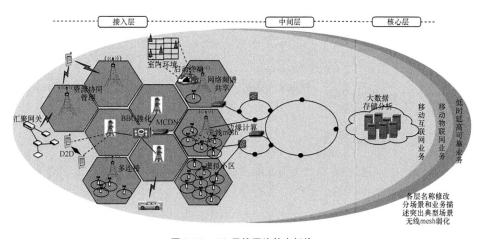

图 3-29　5G 无线网络基本架构

3.5　典型场景下 5G 无线接入网部署策略

3.5.1　热点高容量场景下 5G 智能无线网络

如前所述，热点高容量场景主要面向密集城区的局部热点区域，以提供极高的数据传输速率为主要目标，满足网络极高的流量密度需求，具体如图 3-30 所示。热点高容量场景的主要性能挑战在于提供 1 Gbit/s 以上的用户体验速率、数十 Gbit/s 峰值速率和数十 Tbit/(s·km^2)的流量密度。

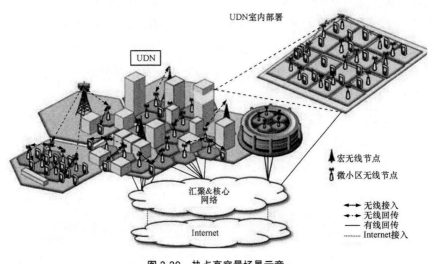

图 3-30　热点高容量场景示意

3.5.1.1　关键网络需求

为了满足热点高容量场景的高流量密度、高峰值速率和用户体验速率的性能指标要求，无线接入节点间距将进一步缩短，低功率小基站将得到广泛应用，可能引入超高频段丰富频谱和新型无线接入技术，多种频段、不同制式的无线接入节点将进一步融合，无线网络部署场景更加复杂多样。

更进一步地，热点高容量场景需要重点解决以下关键问题。

- 系统干扰问题。在复杂、异构、密集场景下，大量无线接入站点共存可能带来严重的系统干扰问题，甚至导致系统频谱效率恶化。
- 移动信令负荷和系统顽健性。随着无线接入站点间距进一步减小，小区间切换将更加频繁，带来信令消耗量大幅度激增，用户业务服务质量下降。
- 系统成本与能耗。为了有效应对热点区域内高系统吞吐量和用户体验速率要求，需要引入大量密集无线接入节点、丰富的频率资源和新型接入技术，但同时需要兼顾系统部署运营成本和能源消耗问题，尽量使其维持在与传统移动网络相当的水平。

- 低功率基站即插即用。为了实现低功率小基站的快速灵活部署，要求支持小基站即插即用能力，具体包括自主回传、自动配置与管理等功能。
- 轻量级用户小基站。依据基站功能划分，低功率小基站将包括运营商级和企业用户级两种类型，运营商级小基站功能基本等同于宏基站，企业用户级小基站功能仅包含基本的无线接入节点功能。

3.5.1.2　网络功能选择

针对热点高容量场景的功能与性能要求，将重点选择以下专有网络功能，具体如图 3-31 所示。

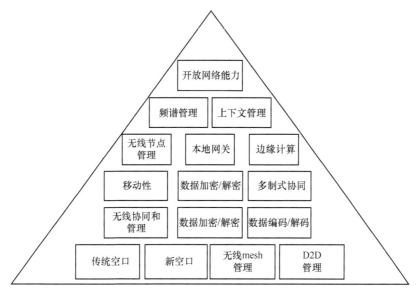

图 3-31　热点高容量场景下的网络功能选择

（1）无线回传

充分利用系统带内或带外丰富频率资源，在有线回传无法部署或有即插即用需求的场景，为无线接入站点构建灵活、宽带的回传路径或互连网络。

（2）无线资源协同共享

通过无线接入节点间的资源协同与干扰管理，解决密集部署场景下的系统干扰问题，提升系统资源利用率，有效改善用户体验。考虑不同的无线物理网络拓扑结构，无线接入站点间资源协同和干扰管理机制有所差异。在集中式网络拓扑场景下，充分利用集中平台的高速内部交换网络，可以实现站点间用户面数据的深度协同（如 JR/JT）。在分布式网络拓扑场景下，鉴于站间传输带宽局限性，适合采用基于高层信令交互的干扰协同与管理机制（如 ICIC、eICIC）。

（3）跨制式融合

在接入网络发现与选择方面，综合考虑网络负荷、终端能力、业务特性、用户喜好等多种因素，实现业务应用在不同无线接入网络的自适应分流，提升系统资源利用率和整体容量。在用户面融合方面，通过跨制式用户面数据聚合，实现更高系统峰值速率和用户体验速率。

（4）新型无线接入技术

结合超高段频谱资源、大规模天线、新型多址接入技术，将有助于提升系统频谱效率，满足热点高容量场景下的系统峰值速率、用户体验速率和流量密度要求。

（5）网络频谱共享

基于优质的授权频谱资源的移动通信系统始终是提供移动通信服务的主体，以非授权频谱为目标的网络频谱共享技术可以提供丰富的补充频谱资源，进而改善热点高容量场景下的系统峰值速率、用户体验速率和流量密度要求。

（6）边缘计算

在热点高容量场景下，一些业务应用可能具有较大的共同性，如高流量视频应用、基于云计算业务应用等。可以考虑在接入网络边缘位置部署内容缓存和边缘计算服务器，一方面减少远距离数据传输带来的大量传输资源消耗，另一方面传输时延的减少也将有助于改善用户体验速率。

（7）增强 SON 管理

增强 SON 管理功能包括自动配置、自动规划与优化、自动监测与恢复功能等，有助于实现低功率无线接入节点的即插即用。

基于 MATLAB 仿真平台，METIS 进行了热点高容量场景关键技术（无线资源协同管理）评估工作。在室内某楼层 144 个面积为 10 m×10 m 房间内，部署大量基于 2.6 GHz 频段、工作带宽为 20 MHz/40 MHz 的低功率无线接入节点，具体如图 3-32 所示。

在仿真评估中，具体包括 5 种网络部署场景，即 LTE-A、UDN1、UDN2、UDN3、UDN4，不同网络部署场景的站点密度、工作带宽和关键技术有所不同，见表 3-10。

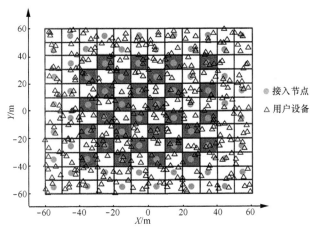

图 3-32　热点高容量仿真场景示意

表 3-10　热点高容量仿真部署场景

场景	具体特征
LTE-A	<ul><li>每 4 个房间部署 1 个无线接入节点</li><li>20 MHz 工作带宽</li><li>慢速资源管理</li></ul>
UDN1	<ul><li>每 4 个房间部署 1 个无线接入节点</li><li>20 MHz 工作带宽</li><li>快速资源管理</li></ul>
UDN2	<ul><li>每 2 个房间部署 1 个无线接入节点</li><li>20 MHz 工作带宽</li><li>快速资源管理</li></ul>
UDN3	<ul><li>每 1 个房间部署 1 个无线接入节点</li><li>20 MHz 工作带宽</li><li>快速资源管理</li></ul>
UDN4	<ul><li>每 1 个房间部署 1 个无线接入节点</li><li>40 MHz 工作带宽</li><li>快速资源管理</li></ul>

　　热点高容量场景仿真评估结果如图 3-33 和图 3-34 所示，见表 3-11。依据仿真评估结果，在热点高容量场景下，基站进一步密集化可以在一定程度上提高系统频谱效率，但频谱效率提高与基站增加量不是线性关系，其原因在于随着基站密集化，干扰环境加剧恶化。此外，在热点高容量密集场景下，快速资源调度带来较大的系统增益，主要原因在于密集部署场景下无线环境复杂且干扰多变，快速资源调度可以快速调整无线资源调配，进而提高系统无线资源利用率和频谱效率。

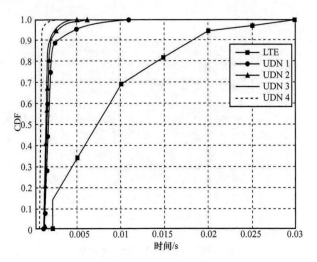

图 3-33　热点高容量仿真结果一

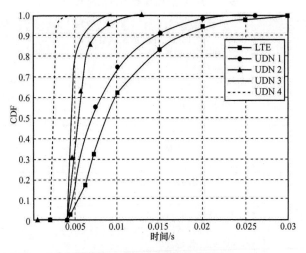

图 3-34　热点高容量仿真结果二

表 3-11　热点高容量仿真结果三

方案	上行/(Mbit·s^{-1})	下行/(Mbit·s^{-1})
LTE	15	55
UDN 1	60	71
UDN 2	120	137
UDN 3	120	200
UDN 4	300	436

3.5.1.3　网络部署设计

针对超密集组网场景特点和业务需求，在网络部署设计方面，一方面遵循无线网络功能部署总体原则，即时延敏感网络功能部署于接入层侧、时延不敏感网络功能部署于接入高层节点或汇聚节点侧；另一方面，充分结合实际网络环境和设备平台条件，考虑如下具体需求。

- 针对低功率小基站部署，所有无线时延敏感功能需要贴近用户侧部署，依据需求部署无线回传功能和增强 SON 功能，同时充分结合大规模天线、超高频谱资源等新型无线接入技术。
- 依据场景拓扑结构和站间传输实际条件，在干扰严重区域，考虑部署基于集中式无线协同功能或基于分布式的干扰协同管理功能。
- 随着低功率无线接入节点间距不断缩小，系统频繁切换可能成为网络性能瓶颈所在，可以考虑启用控制承载分离功能，由宏基站提供统一的网络覆盖服务。
- 依据热点高容量场景下的业务应用分布，在接入网边缘或者接入节点位置，部署部分核心功能，包括边缘计算功能、本地网关功能等。
- 为了进一步提高用户体验速率，在基站间传输带宽充足的情况下，可以考虑部署多连接功能，通过跨制式用户面数据聚合，实现更高系统峰值速率和用户体验速率。

热点高容量场景下的 5G 无线接入网络架构如图 3-35 所示。

3.5.2　低时延高可靠场景下 5G 智能无线网络

3.5.2.1　关键网络需求

如前所述，低时延高可靠场景是 5G 新拓展的网络部署场景，主要面向车联网、工业控制等垂直行业特殊应用需求。在低时延高可靠场景下，业务应用对时延以及可靠性具有极高的指标要求，要求网络可以提供 1 ms 空口时延、毫秒级端到端时延和接近 100% 的业务可靠性保证。

3.5.2.2　网络功能设计

在传统移动通信系统中，为了实现优化系统吞吐量性能，系统资源总是优先

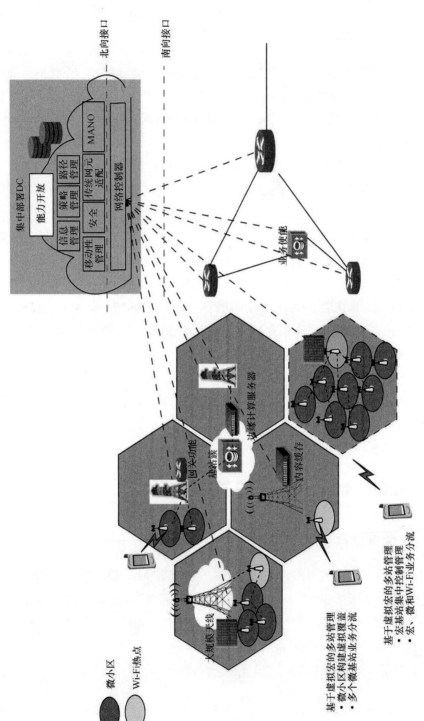

图 3-35　热点高容量场景下 5G 无线网络

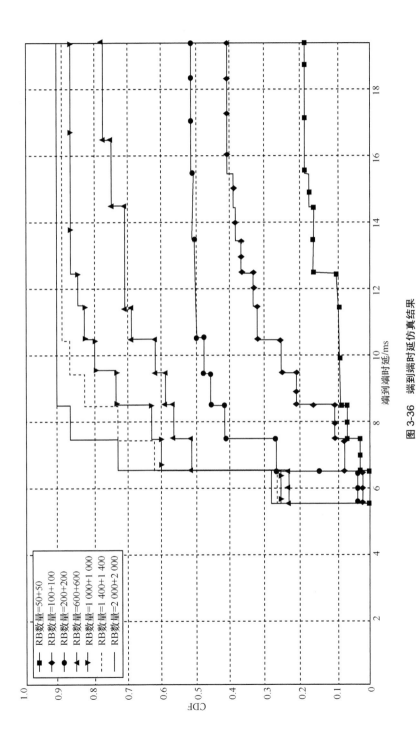

图 3-36　端到端端时延仿真结果

分配给无线环境良好的终端用户，在恶劣无线环境以及系统负荷较重场景下终端用户的业务使用得不到保证，如图 3-36 所示。低时延高可靠通信应用场景分类[4]如图 3-37 所示。随着移动物联网业务的普及发展，大量新型终端和业务进入移动通信系统（如机器控制、V2X、紧急通信），要求移动通信网络提供具有一定质量保证（时延、速率、QoS）的接入和连接服务。

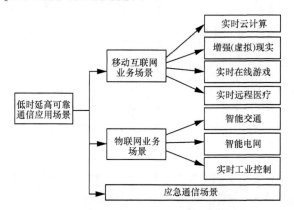

图 3-37　低时延高可靠通信应用场景分类[4]

根据 IMT-2020 无线工作组《低时延高可靠通信场景、需求及性能指标》研究报告[2]，低时延高可靠通信应用场景分为移动互联网业务、物联网业务和应急通信场景三大类，如图 3-37 所示。移动互联网业务场景下低时延高可靠通信要求最小数据连接需求，对时延性能要求低；物联网业务场景下低时延高可靠通信要求严格的试验要求和中等数据连接；应急通信场景下低时延高可靠通信是指紧急通信或灾害条件下可靠连接。总体上来说，低时延高可靠场景要求网络能够提供广泛而又可靠（99.999%）的接入连接服务，同时保持灵活拓展性和成本高效性。

结合不同业务部署场景，不同类型的低时延高可靠通信性能要求有所差异，具体见表 3-12。

表 3-12　低时延高可靠通信性能要求

场景		时延需求	可靠性需求	应用场景示例
移动互联网业务	QCI 1	端到端回传时延<10 ms	99.9%	实时云计算、增强现实、实时在线游戏
	QCI 2	端到端回传时延<10 ms	99.999%	实时云计算、增强现实、实时远程医疗

（续表）

场景		时延需求	可靠性需求	应用场景示例
物联网业务	QCI 3	端到端单向时延<5 ms	99.999%	智能交通、智能电网
	QCI 4	端到端单向时延<10 ms	99.999%	实时工业控制
应急通信	QCI 5	紧急模式启动时延<10 s 会话建立时延<1 s	99.999%	应急通信

为了实现低时延高可靠通信中降低端到端时延的目标，网络功能总体需求如图 3-38 所示。一方面可以针对传统蜂窝通信模型，对现有蜂窝架构进一步扁平化，从而降低控制面和用户面时延，提升用户在业务时延方面的感受；另一方面结合近距离通信特点，充分利用新型通信模型（如 mesh 网络结构）优势，降低部分应用场景下端到端时延性能。

为了实现低时延高可靠通信中提高可靠性的目标，除了研究提升单 RAT 单空口传输可靠性方案外，还应充分利用未来异构网络（HetNet）特点，充分利用多 RAT 多空口在频率、空间上的多样性，提升传输可靠性。

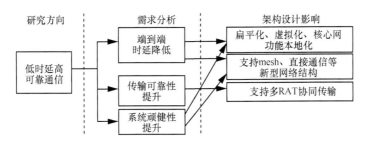

图 3-38　低时延高可靠通信对网络功能要求

（1）核心网功能本地化

在现有 LTE 系统中，核心网（CN）主要具备身份验证、鉴权授权、密钥管理（如 HSS）、会话管理（如 PGW）、移动性管理（如 MME）、计费、策略制定与执行（如 PCFR、PCEF）等功能，依托 MME、SGW、PGW、PCRF、HSS 等核心网功能实体实现。核心网功能本地化是指将核心网控制面功能、用户面功能与核心网实体解耦合并下沉到距离终端更近的本地网络，通过基站、基站所在用户本地网络（如工厂内网、企业内网）来实现。核心网功能下沉对系统性能有如下好处。

- 用户面网关功能下沉（PGW→local GW function），不但可以降低回传线路负载负担，而且优化数据转发路径降低端到端传输时延。

- 控制面控制点下沉，有利于控制面连接建立过程优化，便于控制面协议栈架构简化，从而建立控制面时延。
- 增强网络容灾抗灾能力，自然灾害发生后，现有网络一旦回传线路损坏将导致接入网无法与核心网建立连接，从而无法为终端提供通信服务。核心网功能本地化后，在发生紧急情况的时候，接入网本地网络可以在没有核心网支持的情况下继续为终端提供通信服务。

（2）无线回传 mesh 组网

支持新型网络结构，将具备网络功能的终端作为接入网重要组成部分，支持 mesh、直接通信等新型网络结构。

随着近距离通信应用场景不断丰富和技术成熟，部分终端具备了部分网络功能，可以支持协同传输、存储转发、路由、网关、本地网络管理等一系列功能，因此成为 5G 接入网的重要组成部分。为了高效满足远低时延高可靠的端到端业务传输需求，新型通信网络模型也不断被提出，具体如下。

- 终端中继通信：例如，在传感器网络应用中，终端作为毛细网络簇头为传感器组成的毛细网络提供管理，数据转发路由服务。
- 基于 mesh 方式的终端间通信：例如，在车联网主动安全应用中，车辆通过 mesh 方式组成本地网络，实现主动安全类信息的交互。在工业自动化应用中，多种类型工业机器人之间通过直接通信方式完成协同性工作。在突发灾害情况下，mesh 网络不依赖基础设施、灵活组网的特点，可以大大增强系统容灾抗灾能力。

（3）多 RAT 在接入网融合

随着无线通信技术的飞速发展，未来无线网络呈现出异构特征，多种无线通信系统共存和终端与多个网络侧设备保持连接已经成为一种常态，通过多 RAT 多空口深度融合，实现多 RAT 多空口协同传输是提高空口传输可靠性的重要手段。具体地说，终端保持多个无线连接，通常用于提高用户吞吐量或供用户选择更为经济的无线传输通道。但从另一个角度来讲，这也意味着终端具有更多的频率资源和空间资源。为实现在极低时延下的极高可靠性，一种可供考虑的方案是由与终端保持连接的多条无线传输通道同时为终端提供业务数据传输，提供空间和频率上的冗余传输。举例来说，如果有两条无线链路同时为终端提供数据传输，每条链路的传输分组丢失率达到 10^3，时延为 5 ms，如果在这两条无线链路上为终端传输相同的业务数据，在 5 ms 内，业务数据传输分组丢失率达到 10^6。

3.5.3　网络部署设计

在网络部署方面，针对低时延高可靠组网场景特点和业务需求，结合网络实际条件，要求遵循无线网络功能部署总体原则，将时延敏感网络功能部署于接入层侧，时延不敏感网络功能部署于接入高层节点或汇聚节点侧，同时兼顾考虑连接等特殊需求，如图 3-39 和图 3-40 所示。

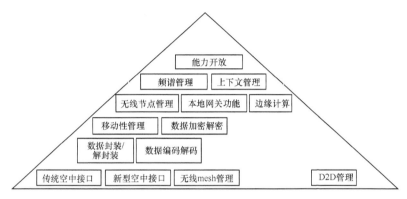

图 3-39　低时延高可靠场景下无线网络功能选择

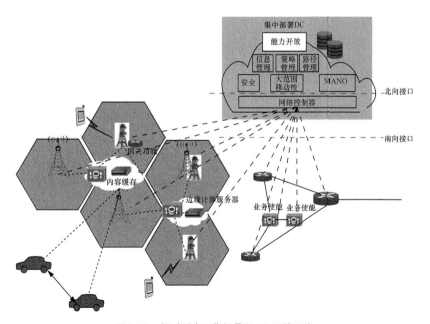

图 3-40　低时延高可靠场景下 5G 无线网络

- 为了进一步满足低时延业务需求,要求无线时延敏感功能终结于接近用户侧,如天线部署节点、终端设备等;部分核心功能,如用户面功能和边缘计算功能,需要下移动至接入层边缘,提供本地业务应用。
- 为了进一步满足业务连续性和可靠性需求,小基站需要与覆盖功能节点进行有效连接,并可能启动集中控制管理功能以及双连接、多连接功能。

| 参考文献 |

[1] IMT-2020(5G) 推进组. 5G 愿景与需求白皮书[R]. [S.l.:s.n.], 2014.
IMT-2020(5G) Promotion Group. White paper of 5G vision and demand[R]. [S.l.:s.n.], 2014.

[2] 3GPP. Feasibility study on new services and markets technology enablers for massive internet of things: TR22.861[S]. 2016.

[3] 3GPP. Feasibility study on new services and markets technology enablers-critical communications: TR22.862[S]. 2016.

[4] 3GPP. Feasibility study on new services and markets technology enablers-enhanced mobile broadband: TR22.863[S]. 2016.

[5] 3GPP. Feasibility study on new services and markets technology enablers-network operation: TR22.864[S]. 2016.

[6] 3GPP. Study on architecture on next generation system: TR23.799[S]. 2016.

[7] IMT-2020(5G) 推进组. 5G 概念白皮书[S]. [S.l.:s.n.], 2015.

[8] IMT-2020(5G) 推进组. 5G 网络技术架构[R]. [S.l.:s.n.], 2015.

[9] 3GPP. 3GPP System to wireless local area network(WLAN) interworking, system description: TS23.234[S]. 2016.

[10] 3GPP. Multi access PDN connectivity and IP flow mobility: TR23.861[S]. 2016.

[11] 3GPP. IP flow mobility and seamless wireless local area network (WLAN) offload: TS23.261[S]. 2016.

[12] 3GPP. Feasibility study on new services and markets technology enablers: TR22.891[S]. 2015.

[13] METIS. ICT-317669-METIS/D6.1 simulation guideline[R]. [S.l.:s.n.], 2013.

[14] METIS. Initial report on horizontal topics, first results and 5G system concept[R]. [S.l.:s.n.], 2014.

[15] METIS. ICT-317669-METIS/D6.6, Final report on the METIS 5G system concept and technology roadmap[R]. [S.l.:s.n.], 2015.

[16] METIS. ICT-317669-METIS/D6.5, Report on simulation results and evaluations[R]. [S.l.:s.n.], 2015.

[17] METIS. ICT-317669-METIS/D6.3, Intermediate system evaluation results[R]. [S.l.:s.n.], 2014.

[18] ETSI. Mobile edge computing(MEC) framework and reference architecture[R]. [S.l.:s.n.], 2016.

第 4 章

5G 无线接入网控制承载分离技术

无线网控制承载分离技术将无线网控制面与用户面相分离，形成两个独立的功能平面，可以针对控制面与用户面不同要求与特点，分别进行优化设计与独立扩展，满足 5G 网络性能需求。本章首先介绍了基于控制与承载分离的无线网架构设计思路，然后分别从宏微异构组网场景与微微组网场景描述控制承载分离的关键技术。

| 4.1 背景介绍 |

传统移动通信网络的设计以支持语音业务与分组数据业务为主要目标,采取宏基站(macro basestation)作为无线通信的基本节点。宏基站一般发射功率在 20 W 左右,2 GHz 以下频段覆盖范围可达数千米。如 CDMA 无线网络,以宏基站为主进行蜂窝组网,单位面积的小区数量相对较少,移动性管理比较简单,能够有效满足语音业务连续性要求。又比如 LTE 无线网络,没有中心控制节点,采取控制承载合一的宏基站(也叫演进型基站节点)(evolved NB,eNB)扁平化组网。eNB 集中了控制面与用户面功能,负责控制面无线资源管理与用户面的数据路由,简化了系统架构,降低了时延,很好地适应了传统分组数据业务的特点。但是宏基站覆盖范围大,单位面积可提供的数据吞吐量有限,随着移动数据业务的迅速发展,这种单一的组网形式已经越来越不能满足网络的需要。为了提高单位面积吞吐量,通过引入小小区(small cell)与宏小区(macro cell)形成异构组网(heterogeneous network,HetNet)已经成为无线网络部署的研究热点。除了异构组网,超密集组网也是未来无线网络部署的重要手段,据预测,在未来无线网络中,各种无线接入技术(如 4G、Wi-Fi、5G)的小功率基站的部署密度将达到现有站点密度的 10 倍以上,形成微微组网的超密集网络,通过提高单位面积的网络容量来满足 5G 相对 4G 提高网络数据流量 1 000 倍以及用户体验速率 10~100 倍的性能指标要求[1]。

多样化的组网方式以及多种网元与技术的共存，使未来 5G 无线网络面临诸多挑战。

（1）移动性管理问题

未来 5G 面对的是多样化的移动互联网与物联网业务，低时延与高可靠性成为 5G 的主要需求。而鉴于传统分组数据业务的非连续传输特性，现有 LTE 在移动性管理机制设计时采取基于基站分布式协商的硬切换方式，系统通过容忍一定程度的业务中断（速率下降与时延提高）的代价，降低用户对系统资源的占用，基站协商信令负荷较重、切换带来的业务中断时间偏长，无法满足 5G 的需要。另外，宏微异构组网下由于小小区覆盖半径较小，用户在小小区覆盖范围内移动时，网络容易产生切换过迟导致切换失败，并且随着小小区的密集部署，用户移动过程中发生切换的次数也更为频繁，对用户体验有较大的影响。

（2）干扰问题

异构组网如果小小区与宏小区同频部署，宏小区用户在邻近小小区时会受到小小区的信号干扰，致使用户产生链路中断甚至链路失败现象，同样，因为宏小区功率更大，小小区用户也非常容易受到来自宏小区同频信号的干扰。为了通过小小区为宏小区进行数据分流，异构网络为用户接收到的小小区信号加上一个偏移值（cell range expansion，CRE），扩大小小区的接入范围，尽可能地使用户驻留在小小区。因为小小区信号偏弱，进一步加剧了宏小区对小小区边缘用户的干扰问题。

为了减小干扰，3GPP 在 R10 引入了增强型干扰协调方法（enhanced ICIC，eICIC），将干扰源小区的某些子帧配置为 ABS（almost blank subframe，几乎空白子帧）。干扰源小区在这些 ABS 上降低功率发射或者不发射，可以避免对被干扰小区 UE 的物理下行控制信道 PDCCH 以及物理下行共享信道 PDSCH 的干扰。但如果 5G 采取与 LTE 类似的架构，将控制面分布于各个独立的基站，那么在超密集组网情况下，宏微小区间对 ABS 配置等协调复杂度就会大大增加，交互信令负荷将随着小区密度的增加以二次方趋势迅速增长，极大地增加了网络控制信令负荷。

（3）覆盖与容量有效兼顾的问题

5G 部署场景包括了移动广覆盖、热点高容量、低时延高可靠、低功耗大连接等多种场景，不同场景对网络覆盖与容量的需求有较大的差异，比如移动广覆盖场景要求网络重点实现用户随时随地的快速接入，可以采取低频高功率宏基站组网，利用低频通信无线衰落小的传播特性以及宏蜂窝大功率的设备特性，提供广覆盖服务。而热点高容量场景更加强调网络容量满足高密度用户的需要，倾向采取低功率节点密集组网，单个节点覆盖用户少，控制面带宽需求也相对较低。如果节点采取控制面与用户面合一的设计，广覆盖场景下为了改善覆盖而增加的宏基站，就有相当部分投资浪费在用户面的扩容上，同样热点场景下的基站扩容，就有部分投资被浪费在控制面。同时因为缺少一个整体集中的控制面管理，网络整体优化难度越来越大。

（4）负载均衡与降低能效的问题

5G 宏微异构组网以及微微超密集组网带来的另一个问题是负载均衡与能效优化。微微组网单个小区覆盖范围小，小区负荷变化剧烈，如果采取控制承载合一的基站分布式协商方式，很难形成一个网络负荷的整体视图，既不能有效根据各小区负荷变化进行灵活的负载分配，也难以针对用户需求，基于网络的整体条件与能力差异化配置资源，而且也很难对小区进行合理的动态开关，达到降低能效的目的。

（5）多接入技术融合协同的问题

5G 希望能够实现多接入技术融合，提供用户无感知的一致性体验，这就要求在无线网实现统一的控制面。现有的无线接入技术如 LTE、Wi-Fi 拥有各自独立的控制面。4G 主要是通过核心网实现对多种无线接入的统一控制，不同接入技术采用不同的移动性管理、QoS 控制与认证过程，难以提供用户一致的体验，同时多样的移动性管理机制引入了不同的信令流程，导致终端切换与互操作过程复杂，影响了网络协同控制能力。

作为解决上述挑战一种重要手段，无线网控制与承载分离已经得到业界认可，成为当前 5G 系统架构与关键技术研究的一大热点。

本章首先介绍无线网控制与承载分离技术的概念，然后介绍无线网控制与承载分离技术在 5G 宏微异构组网场景与微微组网场景下的应用前瞻。

| 4.2 控制承载分离技术 |

传统无线网架构（如 LTE 无线网架构）是一种控制与承载合一的扁平化架构，在介绍无线网控制与承载分离之前，先了解一下 LTE 的无线网架构。

LTE 系统包含核心网与无线网两个主要功能域，其中核心网也称为 EPC（evolved packed core），无线网称为 E-UTRAN（evolved UTRAN）。LTE 核心网由许多逻辑节点组成，而无线网基本只有一种节点，即与用户终端（user equipment，UE）

通过无线链路相连的基站 eNB，如图 4-1 所示。

E-UTRAN 负责所有与无线相关的功能，主要是以下几方面。

- 无线资源管理：包括所有与无线承载相关的功能，如无线承载控制、无线接入控制、无线接口的移动性管理、UE 的上下行调度与动态资源分配等。
- 与 EPC 的连接：包括建立与 MME（mobility management entity，移动管理实体）的信令承载路径以及与 SGW（serving gateway，服务网关）的数据承载路径。
- 其他：IP 报文头压缩、加密、定位等。

上述功能均位于 eNB 中，eNB 之间通过 X2 接口相互连接，通过 S1 接口与 EPC 连接。S1 又分为 S1-MME 与 S1-U 两个接口，S1-MME 接口用于控制平面，即 eNB 通过 S1-MME 与 EPC 中的 MME 网元连接；S1-U 接口用于用户平面，即 eNB 通过 S1-U 接口与 EPC 中的 SGW 网元连接。

控制平面与用户平面的协议栈如图 4-2 和图 4-3 所示，可以看到，eNB 同时具有控制平面与用户平面。eNB 的用户平面包含了分组数据会聚协议（PDCP）、无线链路控制（RLC）以及媒体接入控制（MAC）。控制平面与用户平面的主要区别在于提供了无线资源控制（RRC），在无线网中主要负责建立无线承载与配置 eNB 与 UE 之间由 RRC 信令控制的所有底层。

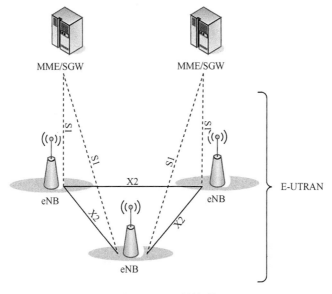

图 4-1　LTE 系统架构

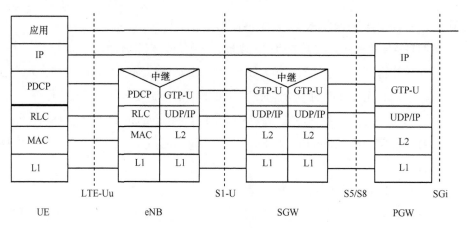

图 4-2　LTE 控制面协议栈

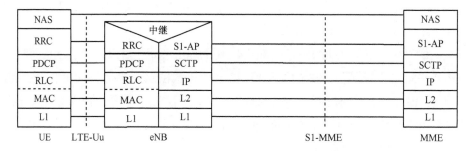

图 4-3　LTE 用户面协议栈

　　无线网控制承载分离技术的主要思路就是将原有无线网络的控制面与用户面相分离，分别由不同的网络节点承载，形成独立的两个功能平面。通过无线网的控制与承载分离，可以针对控制面与用户面不同的质量要求与特点，分别进行优化设计与独立扩展，满足 5G 对网络性能的需求。如分离后的无线网控制面传输将针对控制信令对可靠性与覆盖的需求，采取低频大功率传输以及低阶调制编码等方式，实现控制平面的高可靠以及广覆盖。而无线网用户面传输将针对数据承载对不同业务质量与特性的要求，采取相适应的无线传输带宽，并根据无线环境的变化动态调整传输方式以匹配信道质量，满足用户平面传输的差异化需求。

　　随着无线网控制面与用户面的分离，5G 无线网络节点的功能与承载对象也有所不同，按照承载的对象与提供的网络功能可划分为信令基站、数据基站以及虚拟宏基站控制器等多种网络节点类型。

- 信令基站：信令基站是指提供无线网控制面功能的基站节点，负责接入网控制平面的功能处理，提供移动性管理、寻呼、系统广播等接入层控制服务。

- 数据基站：数据基站是指提供无线网用户面功能的基站节点，负责接入网用户平面的功能处理，提供用户业务数据的承载与传输。

- 虚拟宏基站控制器：虚拟宏基站控制器与信令基站类似，负责接入网控制平面的功能处理，区别在于虚拟宏基站控制器主要用于无宏基站存在的微微组网场景，提供多个微基站所形成虚拟宏小区的控制面功能，实现对多个微基站的统一控制与资源管理。

虚拟宏基站控制器、信令基站、数据基站均属于功能逻辑概念，在具体实现上，虚拟宏基站控制器、信令基站与数据基站功能可共存于一个物理实体或独立部署。

不同类型的网络节点分布于无线网架构的各个层面，根据第 3 章 5G 智能无线网络架构总体设计，基于控制与承载分离思想的无线网架构示意如图 4-4 所示。总体来看，基于控制承载分离的无线网架构，可划分为控制网络层与数据网络层[2]。控制网络层由信令基站以及虚拟宏基站控制器组成，根据不同的网络部署场景，实现统一的控制面，提供多网元的簇化集中控制。数据网络层由数据基站组成，接受控制网络层的统一管理，由于仅提供用户面功能，可简化网元设计，降低成本，实现即插即用与灵活部署。

1.　协议架构

参考 LTE 接入网协议架构，可以看到信令基站与本地控制器仅具有控制平面，近 UE 侧包含了无线资源控制（RRC）、分组数据会聚协议（PDCP）、无线链路控制（RLC）以及媒体接入控制（MAC）。近核心网侧支持 S1-MME 接口，与核心网 EPC 相连，未来如果 5G 实现网络控制功能集中化形成控制云，也可以与控制云中的网络控制器功能相连。

数据基站仅具有用户平面，数据基站在近 UE 侧不提供 RRC，在近核心网侧支持 S1-U 接口，与核心网 SGW 相连，未来如果 5G 实现转发平面分布式部署形成转发云，数据基站也可以与转发云中的各数据交换机相连。

通过控制与承载分离，为 5G 转发平面的灵活部署提供了条件。根据网络场景与实际部署需要，如低时延应用场景，转发平面可进一步下沉至接入网，构成本地数据中心等多种用户面处理单元，与数据基站相连，辅助控制面实现移动性管理以及提供本地内容应用与数据快速转发，具体可参见第 4.3.2 节。

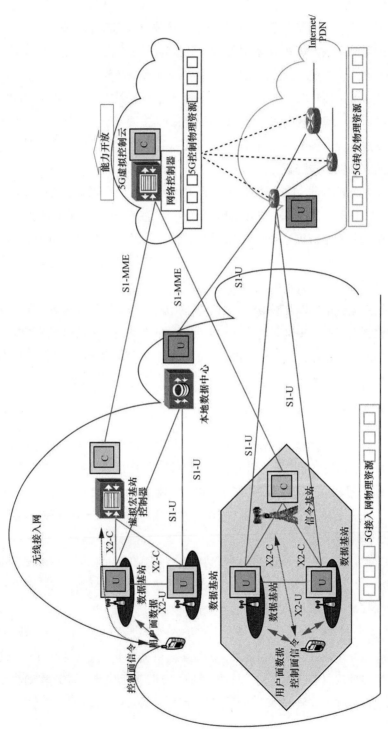

图 4-4 基于控制与承载分离的无线网架构

参考 LTE 接入网协议架构，5G 实现控制承载分离后，虚拟宏基站控制器与数据基站之间，以及信令基站与数据基站之间可基于类似 X2 接口控制平面协议结构，实现互联。信令基站与虚拟宏基站控制器负责协助数据基站建立无线承载，并统一提供数据基站与 UE 之间的 RRC 信令控制，实现多个数据基站的簇化集中控制。数据基站之间也可基于类似 X2 接口用户平面协议结构，实现数据基站之间的数据前转。基于控制承载分离的控制面协议栈和用户面协议栈如图 4-5 和图 4-6 所示。

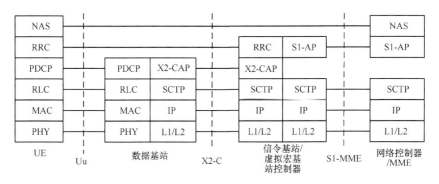

图 4-5　基于控制承载分离的控制面协议栈

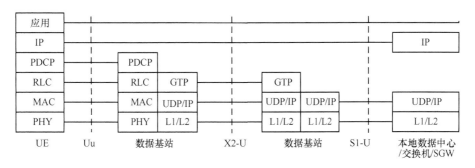

图 4-6　基于控制承载分离的用户面协议栈

2. RRC 过程

对于空闲状态（RRC-idle）用户，可以仅驻留在控制网络层，通过监视寻呼信道来检测有无被叫发生，同时获取系统信息或其他业务广播或多播信息。网络侧通过信令基站广播系统信息，指示 UE 进行小区选择或重选，根据适用的无线接入技术以及相应的无线频率、无线链路质量以及小区状况，确定选择的目标小区。

对于连接状态（RRC-connected）用户，可以同时与控制网络层以及数据网络层保持连接。通过信令基站或虚拟宏基站控制器指示用户与目标数据基站建立连接，由数据基站向用户传输业务数据。连接状态下，用户仍然通过信令基站与虚拟宏基站控制器接收寻呼消息和系统信息以及其他业务广播或多播信息，与空闲状态不同的是，用户在连接状态下将通过信令基站与虚拟宏基站控制器辅助完成小区间的切换而不是重选。具体在第 4.3.2 节详述。

一个典型的用户终端（user equipment，UE）建立连接与数据传输过程如图 4-7 所示。

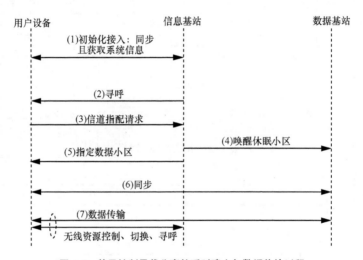

图 4-7　基于控制承载分离的呼叫建立与数据传输过程

3. 无线信道设计

按照设计目标不同，LTE 等蜂窝移动通信系统将支持的无线信道划分为逻辑信道、传输信道与物理信道。以 LTE 为例，逻辑信道与传输信道位于 MAC 层，物理信道位于物理层。其中逻辑信道按支持的功能不同，又包括以下几个方面。

- BCCH：广播控制信道（broadcast control channel），传输广播系统控制信息的下行信道。
- PCCH：寻呼控制信道（paging control channel），传输寻呼信息的下行信道。
- CCCH：公共控制信道（common control channel），UE 与网络间传输控制信息的双向信道，无 RRC 连接时使用。

- DCCH：专用控制信道（dedicated control channel），传输专用控制信息的点到点双向信道，有 RRC 连接时使用。
- DTCH：专用业务信道（dedicated traffic channel），点到点双向信道，专用于一个 UE，用于传输用户信息。
- MCCH：多播控制信道（multicast control channel），网络到 UE 的 MBMS 调度和控制信息，点到多点下行信道。
- MTCH：多播业务信道（multicast traffic channel），点到多点下行信道。

LTE 下行、上行信道结构如图 4-8 和图 4-9 所示。

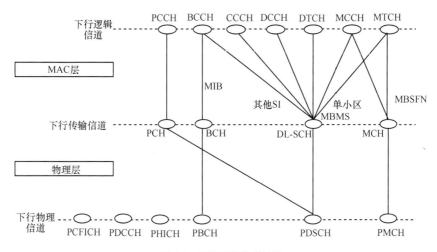

图 4-8　LTE 下行信道结构

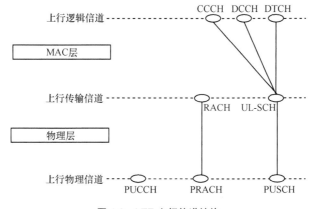

图 4-9　LTE 上行信道结构

参考 LTE 对逻辑信道的设计,为了满足控制网络层支持空闲态用户与连接态用户所需的必要网络能力,包括同步、移动性管理、寻呼、系统广播等,控制网络层需要支持的无线信道主要包括同步信道、导频信道以及各类控制信道,如广播控制信道、多播控制信道、寻呼控制信道、专用控制信道以及公共控制信道。

为了满足数据网络层支持连接态用户的数据传输能力,需要支持的无线信道主要为各类业务信道,如专用业务信道以及多播业务信道。无线节点的用户/功能/信道映射关系见表 4-1。

表 4-1 无线节点的用户/功能/信道映射关系

架构层级	节点类型	承载用户状态	支持功能	逻辑信道/物理信号
控制网络层	本地控制器 信令基站	RRC-idle RRC-connected	同步 小区选择/重选寻呼 系统信息广播 多播广播（MBMS） 小区切换 用户数据传输 无线资源调度	同步信道 导频信道 广播控制信道（BCCH） 多播控制信道（MCCH） 寻呼控制信道（PCCH） 专用控制信道（DCCH） 公共控制信道（CCCH）
数据网络层	数据基站	RRC-connected	用户数据传输 无线资源调度	专用业务信道（DTCH） 多播业务信道（MTCH）

4.3 宏微异构组网场景

宏微异构组网场景是未来 5G 无线网控制与承载分离技术应用的主要场景。针对宏微异构组网场景,业界提出了实现无线网控制承载分离的具体方案[2-7],如图 4-10 所示。通过无线网控制面与用户面分离,宏基站可以作为信令基站承担无线网控制面功能,微基站可以作为数据基站接受宏基站的无线资源管理并承担精细化的用户面处理。这样就将用户的控制面与用户面的数据信息进行部分分离,将控制面信息与用户面的数据信息分别放在各自最适合的无线链路中。宏基站使用低频段高功率发射,微基站使用高频段低功率发射,充分利用宏基站覆盖性能的连续性,改善超密集微基站组网下的无线干扰和频繁切换问题[8-11]。

基于控制与承载分离,宏微异构组网场景下 UE 连接建立过程如图 4-11 所示。UE 驻留在宏小区,与宏小区保持控制面连接,UE 发起连接建立请求时,宏基站通过 RRC 信令指示 UE 对特定小小区（具体载频）进行信号测量。UE 将检测到的小小区

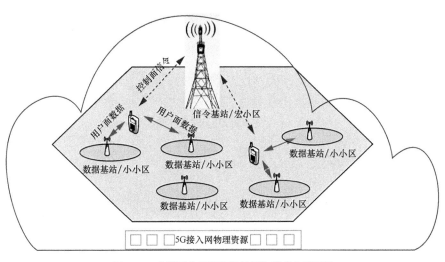

图 4-10　宏微异构组网场景控制与承载分离示意

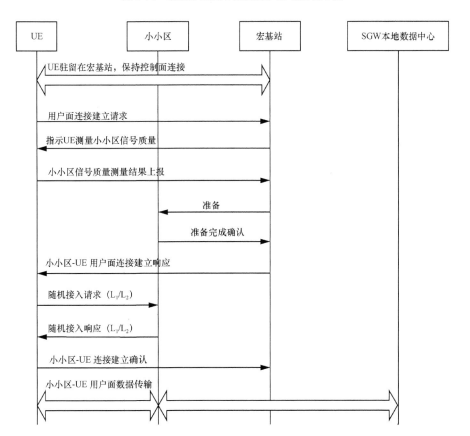

图 4-11　宏微异构组网场景控制与承载分离过程

信号测量结果上报给宏基站，宏基站通知微基站完成目标小小区连接建立准备（分配 C-RNTI、专用随机接入的 preamble 码、预留用户面无线资源等），微基站向宏基站确认目标小小区完成准备后，并将分配的接入信息发送给宏基站。宏基站向 UE 发送连接建立响应并将小小区的接入信息转发给 UE，UE 向小小区发起随机接入并建立与小小区的连接，随后开始 UE 与小小区之间的用户面数据传输。

4.3.1 多连接技术

对于宏微异构组网，如果微基站数量众多，彼此之间实现连续覆盖，则系统设计时可以把用户面数据完全交由微基站承载，但是考虑到现实情况中微基站多数采取热点区域局部部署，微基站间或微基站簇之间存在非连续覆盖的空洞。因此对于宏基站来说，除了实现信令基站的控制面功能，还要视实际部署需要作为数据基站提供微基站未覆盖区域的用户面数据承载。

具体而言，如果宏基站与微基站之间存在理想回传链路，如宏基站与微基站的基带功能集中部署于宏基站，通过光纤拉远方式将宏基站与微基站的射频单元在远端部署。这种部署场景下的控制与承载分离可以采取类似载波聚合的处理方式[12-13]，将宏基站小区作为 UE 与网络连接建立时初始配置的小区，即主服务小区（primary cell，PCell）。在 UE 与主服务小区建立 RRC 连接后，微基站下的一个或多个小小区通过与主服务小区进行载波聚合，作为辅服务小区（secondary cell，SCell）为 UE 提供额外无线资源配置。主服务小区负责服务小区集合的统一控制，通过建立一条与 UE 的 RRC 连接来控制 UE 所有配置的服务小区的载波单元（component carrier，CC），包括对 SCell 的增加、删除与重配置。当增加一个新的 SCell 时，PCell 通过专用 RRC 信令承载发送新 SCell 所有需要的系统信息。宏基站除了提供控制面的统一连接，实际还完成了宏微小区用户面的集中处理。因此主服务小区与辅服务小区之间必须保持同步，以保证 CC 间的调度性能。这就对小区之间的传输性能提出了很高的要求，受光纤传输资源的限制，这种方式部署的灵活性不高，且由于将用户面集中在宏基站进行统一处理，能够支持的辅服务小区数量还受限于宏基站的处理能力。

如果宏基站与微基站之间不存在理想回传链路条件（交互时延>5 ms），无法保证宏微多站点小区间的同步。这种场景可基于多连接方式来实现无线网控制与承载分离[14-17]。宏微异构组网场景双连接方案如图 4-12 所示。

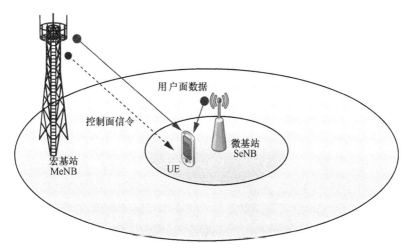

图 4-12   宏微异构组网场景双连接方案

多连接技术的主要目的在于实现用户终端 UE 与宏微多个无线网络节点的同时连接。不同的网络节点可以采用相同的无线接入技术（radio access technology，RAT），也可以是不同的 RAT 节点。宏基站不负责微基站的用户面处理，因此不需要宏微小区之间实现严格同步，降低了对宏微小区之间回传链路性能的需求。

3GPP 标准化组织给出了双连接方式的控制面与用户面方案，即 UE 与两个同 RAT 无线接入节点同时保持连接[18]，如图 4-13 所示。宏基站作为双连接方式下的主基站（master eNB，MeNB），提供集中统一的控制面；微基站作为双连接的辅基站（secondary eNB，SeNB），只提供用户面的数据承载。SeNB 不提供与 UE 的控制面连接，仅在 MeNB 中存在对应 UE 的 RRC 实体。MeNB 和 SeNB 对 RRM（无线资源管理）功能进行协商后，SeNB 会将一些配置信息通过 X2 接口传递给 MeNB，最终 RRC 消息只通过 MeNB 发送给 UE。UE 的 RRC 实体只能看到从一个 RRC 实体（MeNB 的 RRC 实体）发送来的所有消息，并且 UE 只能响应这个 RRC 实体。

用户面除了分布于微基站，还存在于宏基站。由于宏基站也提供了数据基站的功能，因此可以解决前面提到的微基站非连续覆盖处的业务传输问题。

3GPP 标准化组织经过分析与讨论，提供了 3 种可能的用户面备选方案，如图 4-14 所示。

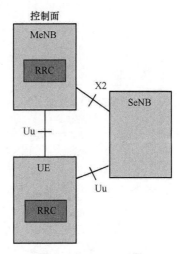

图 4-13　双连接控制面方案

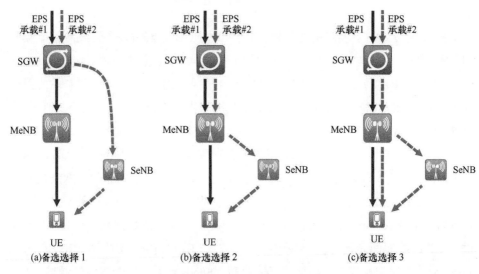

(a)备选选择 1　　　　　　　(b)备选选择 2　　　　　　　(c)备选选择 3

图 4-14　双连接用户面备选方案

（1）备选方案 1

备选方案 1 的思想是在核心网进行分流，即在核心网将终端的多个承载分割在不同的基站中传输。

备选方案 1 的优点是以下两个方面。

- 卸载能力增强。可直接将终端的一部分业务承载卸载到 SeNB 中去，减少了时延，而且更容易实现业务的 QoS 需求。例如在核心网可以直接将承载保留在 MeNB 中传输，而将 best effort 承载转换到 SeNB 中传输，也减少了接入网回程链路的占用。

- 减小了 MeNB 的负担。在核心网就将终端业务的一部分转换到 SeNB 中去，而取代了将终端所有的业务缓存到 MeNB 中去,这样减小了 MeNB 的存储和处理负担。

备选方案 1 的缺点表现在以下几个方面。

- 节点间资源聚合能力带来系统增益受限。不支持将一个 EPS 承载分割在多个节点中传输，限制了业务传输速率。例如，best effort 业务一般具有高速率要求，可将其转换到 SeNB 中传输，但是这种做法只是利用了一个节点的无线资源，相比将一个 best effort 承载分割在多个节点中传输而言，给系统带来的增益受到限制。
- 核心网复杂度增加。部分 EPS 承载需要在核心网进行路径转换，相比在接入网分流，这种方案对核心网造成负担要大。
- 安全性降低。在 MeNB 和 SeNB 都需要对数据进行加密，UE 需要支持多个安全密钥。相比于只在一个节点进行加密，数据安全性受到影响。

（2）备选方案 2

备选方案 2 的思想是在无线网侧进行分流，即 MeNB 接收 UE 的所有 EPS 承载数据，然后 MeNB 将 UE 的部分 EPS 承载分流到 SeNB 中进行传输。

备选方案 2 的优点是以下几个方面。

- 卸载能力增强。同备选方案 1，在此方案中，部分业务也会卸载到 SeNB 中，通过聚合多个无线资源，增强了卸载能力。
- 减小对核心网的影响。无线网的移动性对核心网是透明的。在双连接操作中，核心网只是将所有的数据传输到 MeNB 中，当 SeNB 改变时，不用进行路径转换。

备选方案 2 的缺点表现在以下几个方面。

- 没有减轻 MeNB 负担。在备选方案 2 中,需要将所有的业务数据缓存到 MeNB 中，这需要 MeNB 具有足够大的缓存。相比于备选方案 1，此方案没有减轻 MeNB 存储和处理的负担。
- 节点间资源聚合能力带来了系统增益受限。同备选方案 1 一样，备选方案 2 也没有实现一个 EPS 承载被分割在多个 eNB 中传输，使得此方案给系统带

来增益受限。

（3）备选方案3

备选方案 3 的思想也是在无线网进行分流，与备选方案 2 的不同之处是添加了 EPS 承载分割功能，即一个承载的一部分 IP 分组通过 MeNB 发送给 UE，另一部分通过 SeNB 发送给 UE。

除了具备备选方案 2 的优点外，备选方案 3 还具备节点无线资源利用率高的优势。备选方案 3 添加了承载分割功能，使 eNB 侧可以实现更加灵活的负载均衡，更加能够充分利用节点的无线资源。

相较于备选方案 2，备选方案 3 也同样存在没有减轻 MeNB 存储负担的缺点，此外需要在 MeNB 处添加拥塞控制功能，合理设置卸载到 SeNB 的数据比例，防止向 SeNB 卸载数据过快导致 SeNB 负载过重。

在具体协议栈设计方面，关键是要确定在哪一层进行数据的分割与聚合。载波聚合方案中数据的分割与聚合是在 MAC 层完成的，而双连接技术采用非理想回传，较大的时延已经不允许双连接技术在 MAC 层进行数据的分割与聚合，而必须在更高层实现，即 RLC 层或者 PDCP 层。

根据 MeNB 和 SeNB 中是否存在独立的 PDCP 层或 RLC 层，将以上 3 种备选方案又细分为多种候选方案。最终有两个方案（1A 和 3C）被 3GPP 采纳。

（1）候选方案 1A

S1-U 在 SeNB 中终结，并且 SeNB 具备独立的 PDCP 层协议，MeNB 不进行数据分组的分割。双连接用户面候选方案 1A 示意如图 4-15 所示。

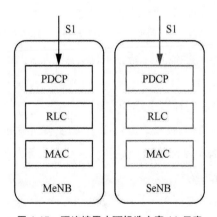

图 4-15　双连接用户面候选方案 1A 示意

（2）候选方案 3C

S1-U 在 MeNB 中终结，并且在 MeNB 中进行数据分组分割，SeNB 中具备独立的 RLC 层协议。双连接用户面候选方案 3C 示意如图 4-16 所示。

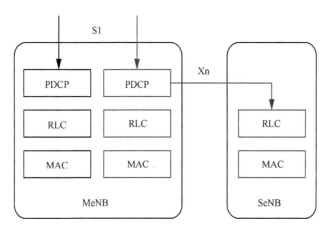

图 4-16　双连接用户面候选方案 3C 示意

基于双连接方式的控制面与用户面方案设计，UE 终端只与宏基站建立 RRC 连接，与微基站只保留用户面连接。终端总是保留单一 RRC 状态，如 RRC-idle 态或 RRC-connected 态。宏基站作为 MeNB 是维护终端 RRC 状态的唯一节点，微基站作为 SeNB 主要负责自身下属各小区的无线资源分配。宏基站与微基站之间通过 X2 接口完成必要的协作以提高资源利用效率以及降低 UE 的功率消耗。在宏基站与微基站协调无线资源管理并形成相应策略后，只有宏基站负责生成最终的 RRC 消息并发送给 UE。微基站会将自身的 RRC 消息打包通过 X2 接口发送给宏基站，由宏基站代为转发给 UE。UE 的 RRC 实体只看到宏基站传来的 RRC 消息也仅向宏基站进行响应。宏基站不负责对微基站的 RRC 消息进行维护或修改。同时双连接终端也只保留一个 S1 信令链路，微基站与核心网之间没有直接的信令连接，而必须通过宏基站与核心网 MME 进行信令对话，也就是说，从 MME 的角度来说，微基站其实是不可见的。此外，宏基站作为 MeNB 除了提供信令基站的功能之外，还提供数据基站功能，与作为 SeNB 的微基站同时保持与 UE 的用户面连接，既实现了数据的灵活分流，同时增强了 UE 移动性能的顽健性。对于用户面架构采取 3C 方案，因为宏基站作为数据的锚点，数据基站的增加对核心网不可见，可以省略第 9 步路径更新，如图 4-17 所示。

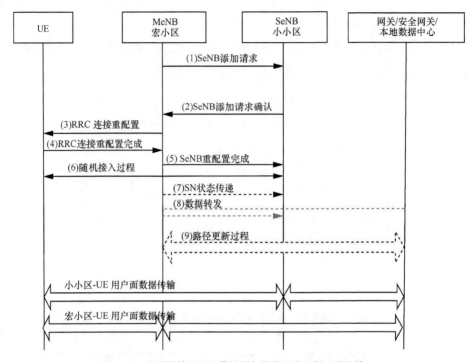

图 4-17   宏微异构组网场景控制与承载分离过程（双连接）

5G 中双连接还将进一步演进为多连接，实现 UE 与多个小区多种 RAT 连接。宏基站作为 MeNB，其功能进一步增强，通过 X2 接口与包括 5G、4G、WLAN 等不同 RAT 的多个站点协调实现无线资源管理，并负责与 UE 的最终 RRC 连接。具体在第 6 章详述。

4.3.2   移动性管理

宏微异构网络引入小小区，导致网络结构不规则，网络拓扑比宏蜂窝网络复杂；且 LTE 等传统移动网络对 UE 移动速度/状态估计（mobility speed/state estimation，MSE）过程、切换过程及相关参数设置等都是基于宏蜂窝网络设计的，导致在异构网络中更容易发生无线链路失败，产生切换失败与连接中断[19]。为此 3GPP 在 R11 和 R12 开展了针对异构网络移动性管理增加技术的专项研究[20-21]，提出了一些解决方案，如针对异构网络小区半径差异较大，允许网络基于不同的小区配置不同的切换触发时间（time to trigger，TTT），或是针对基于 A3 事件（相邻小区信号质量优于服务小区一个门限值）触发的 LTE 系统切换过程，提出新的 RRC 连接重建计时器 T312 等具体方案以增强移动顽健性[22-23]。但这些方案只是针对宏微小区间切换相关参数流程的局部调整，而带来的副作用还有待进一步讨论。

通过采用多连接技术，实现无线网控制与承载分离，宏微异构网络的移动性管理将发生改变。控制承载分离后，UE 与多个宏微小区建立多连接，宏小区与 UE 建立并保持信令连接，单个或多个小小区与 UE 建立并保持数据连接。传统宏微小区间的切换转变为在宏小区的统一 RRC 连接控制下不同小小区的添加与删除。典型的移动性场景包括[12]以下几个场景。

1. 场景 1

作为主服务基站 MeNB 的宏基站不变，作为辅服务基站 SeNB 的微基站改变，如图 4-18 所示。

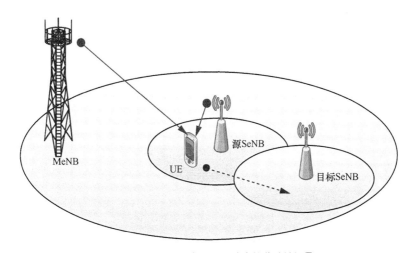

图 4-18　MeNB 不变 SeNB 改变的移动性场景

在场景 1 中，作为 MeNB 的宏基站发起 SeNB 的变更，将 UE 上下文信息从源 SeNB 发送给目的 SeNB，并且通知 UE 将保存的源 MeNB 的服务小区配置更改为目的 SeNB 配置。基本的 SeNB 变更过程包括如下步骤，如图 4-19 所示。

步骤 1 和 2：MeNB 向目标 SeNB 发起 SeNB 添加请求，申请目标 SeNB 为 UE 分配资源。SeNB 添加请求中包含了源 SeNB 的服务小区配置信息。如果需要数据前转，则目标 SeNB 会在发送给 MeNB 的请求确认消息中包含前转地址。

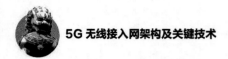
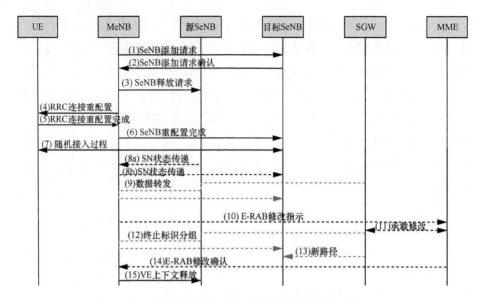

图 4-19　MeNB 不变 SeNB 改变的移动性管理过程

步骤 3：如果目标 SeNB 资源分配成功，MeNB 发起源 SeNB 释放，通知源 SeNB 释放分给 UE 的资源。如果需要数据前传，MeNB 将会把获得的数据前传地址通知源 SeNB。源 SeNB 在收到释放请求后将停止向 UE 发送用户数据并且视需要启动数据前传。

步骤 4 和 5：MeNB 通过向 UE 发送 RRC 连接重配置消息指示 UE 完成 RRC 连接的重配置，RRC 连接重配置消息中包含了目标 SeNB 指定的无线资源配置，UE 应用新的无线资源配置并反馈 RRC 连接重配置完成消息，否则发生配置失败。

步骤 6：如果 RRC 连接重配置成功，则 MeNB 通知 SeNB。

步骤 7：UE 向目标 SeNB 发起同步。

步骤 8 和 9：如果需要，数据前传将在源 SeNB 收到 SeNB 释放消息后启动。

步骤 10~14：对于 1A 架构，需要更新核心网的 S1 用户面路径。

步骤 15：当收到 UE 上下文释放消息后，源 SeNB 将根据 UE 上下文信息释放相关的无线与控制平面资源。未完成的数据前传将持续进行。

2.　场景 2

作为 MeNB 的宏基站改变，同时保持一到多个 SeNB 的业务连接，如图 4-20 所示。

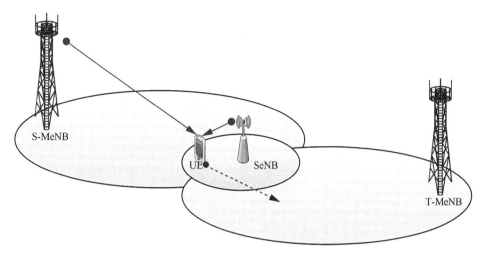

图 4-20　MeNB 改变的移动性场景

在场景 2 中，MeNB 间的切换过程重点在于在源 MeNB 与目的 MeNB 之间交换在 SeNB 保留的 UE 上下文信息。基本的 MeNB 变更过程包括如下步骤，如图 4-21 所示。

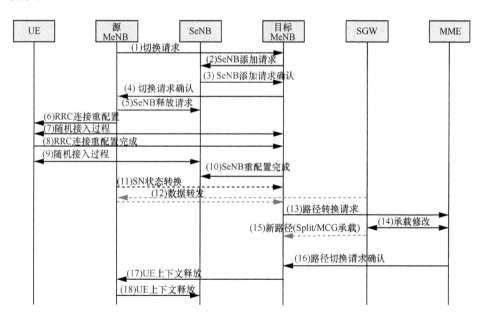

图 4-21　MeNB 改变的移动性管理过程

步骤 1：源 MeNB 发送切换请求消息给目标 MeNB。在切换请求消息中包含了

SeNB UE X2 AP ID 与 SeNB ID 信息。

步骤 2：如果目标 MeNB 决定保留 SeNB，则目标 MeNB 发送 SeNB 添加请求至 SeNB，SeNB 添加请求消息中包含了源 MeNB 发送的 SeNB UE X2 AP ID 信息。

步骤 3：SeNB 对添加请求发送确认。

步骤 4：目标 MeNB 向源 MeNB 发送切换请求确认消息。该消息中包含了一个可透传给 UE 执行切换的 RRC 消息（内含了服务小区配置信息），还需要包含有一个数据前传地址。如果目标 MeNB 决定保留 UE 的上下文信息，那么在该步骤目标 MeNB 将指示源 MeNB 保留 UE 的上下文信息。

步骤 5：源 MeNB 发送 SeNB 释放请求给 SeNB，并指示 SeNB 保留 UE 的上下文信息。

步骤 6~8：源 MeNB 触发 UE 执行新的配置，MeNB 通过向 UE 发送 RRC 连接重配置消息指示 UE 完成 RRC 连接的重配置，RRC 连接重配置消息中包含了目标 MeNB 指定的无线资源配置，UE 应用新的无线资源配置发起随机接入，并在接入目标 MeNB 成功后向目标 MeNB 反馈 RRC 连接重配置完成消息，否则发生配置失败。

步骤 9：UE 向 SeNB 发起同步，接入 SeNB。

步骤 10：如果 RRC 连接重配置过程成功，则目标 MeNB 通知 SeNB。

步骤 11 和 12：源 MeNB 向目标 MeNB 进行数据前传。

步骤 13~16：目标 MeNB 发起核心网的 S1 用户面路径更新。

步骤 17：目标 MeNB 通知源 MeNB 释放 UE 上下文，源 MeNB 根据 UE 上下文信息释放相关的无线与控制平面资源。未完成的数据前传将持续进行。

步骤 18：源 MeNB 通知 SeNB 释放 UE 上下文，SeNB 将根据 UE 上下文信息释放与源 MeNB 相关的控制平面资源。未完成的数据前传将持续进行。

比较宏微异构组网场景下，采用多连接方式与 UE 仅维持与宏小区或小小区单一连接方式的移动性能[24]。可以看到，两种方式下，UE 每小时发生的移动事件数量与类型差异较大，如图 4-22 和图 4-23 所示。对于传统单连接方式，宏宏切换（MM HO）比例最小，宏微切换（MP HO）与微宏切换（PM HO）占据了绝大部分。小小区数量较多的部署场景（每宏小区下 10 个小小区）下，微微切换（PP HO）也开始出现一定数量。对于多连接方式，可以发现不论小小区部署规模多大，主服务小区间切换（MM HO）数量保持稳定，这主要是由于切换事件总是发生在宏蜂窝建立的统一控制面上。但是也可以看到，多连接方式下 RRC 重配置事件的数量相比传统方式增加了 20% 左右。这是因为系统需要同时维持 UE 与宏小区以及小小区双重连接。因为 UE 在移动过程中穿越了大量的小小区，所以有 60%~80% 的事件均与小小区配置相关。

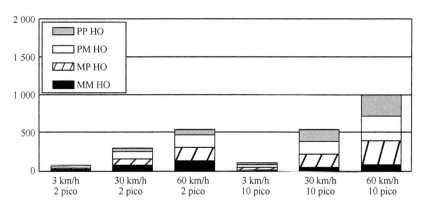

图 4-22　非多连接 UE 每小时平均移动性事件数量

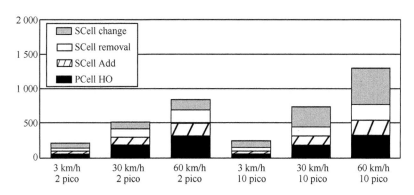

图 4-23　多连接 UE 每小时平均移动性事件数量

　　基于控制与承载分离，用户在微基站之间移动，小小区的变更不影响用户与系统的 RRC 连接，业务维持不中断，用户仅在不同宏基站间移动才会导致切换事件的发生，增强了移动性管理的顽健性。同时将宏基站作为移动锚点（3C 架构）能够明显降低 S1 路径更新带来的核心网信令开销。另外，虽然将宏基站作为锚点可以降低基站间切换的控制面信令开销，但通过宏基站路由所有数据，也增加了宏基站用户面开销，而且同时管理宏小区与小小区带来的 RRC 重配置开销要高于单独管理宏小区与小小区所需的 RRC 重配置开销。

　　未来 5G 如果大量采用小小区密集组网，对宏基站的负荷压力将进一步增大，有必要对异构组网场景下无线网控制与承载分离技术做进一步优化，如通过增设移动数据锚点，减少用户面切换开销，以增强移动性管理能力。这里提出几个可能的方案。

1. 基站数据中心方案

该方案将宏小区内的微基站的用户面集中，构建基站数据中心，负责 UE 在宏小区内各小小区间的移动数据锚点如图 4-24 所示。

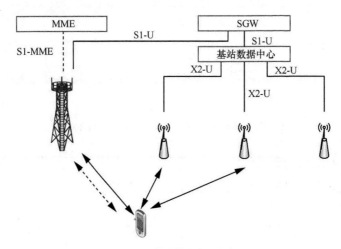

图 4-24　基站数据中心方案

该方案适用于用户面 1A 架构，基站数据中心通过 X2-U 接口与作为 SeNB 的各微基站相连，通过 S1-U 接口与 SGW 相连。当发生跨 SeNB 间的切换时，由基站数据中心负责完成数据路径的更新。宏基站作为 MeNB 负责完成 UE 与 SeNB 之间 RRC 消息的转发。因为源 SeNB 与目标 SeNB 均由同一基站数据中心作为数据锚点，所以切换不会导致核心网发生路径更新，减轻了核心网的用户面信令负荷。

2. 簇数据中心方案

该方案将宏小区内的微基站的用户面按簇集中，构建簇数据中心，作为 UE 在宏小区内各小小区簇的移动数据锚点，如图 4-25 所示。

该方案适用于用户面 3C 架构，宏基站作为宏微组网的集中数据锚点，接收 UE 的所有 EPS 承载数据，S1-U 全部终结于宏基站。簇数据中心通过 X2-U 接口与宏基站相连，负责簇内各 SeNB 的统一用户面管理，宏基站根据微基站分簇结果，将 UE

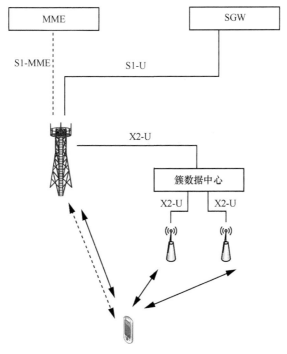

图 4-25　簇数据中心方案

的部分 EPS 承载分流到各簇数据中心进行传输。用户在簇内各小小区切换不会导致核心网发生路径更新，同时也避免了簇内源小小区向目标小小区的数据转发。用户在宏小区下各簇间切换也不会导致核心网发生路径更新，减轻了核心网的用户面信令负荷。

簇数据中心方案特别适用于微基站分簇部署的场景，如宏基站覆盖下有多个热点建筑，建筑物内部采取微基站超密集部署，利用该方案可以在每个热点建筑内部署簇数据中心，解决超密集分簇组网的数据统一路由。

3. 本地数据中心方案

该方案将宏基站的控制面与用户面功能彻底分离，宏基站作为信令基站只负责提供宏小区内各微基站与 UE 的 RRC 转发。将宏小区内微基站的用户面集中，构建本地数据中心。进一步，本地数据中心可以将多个宏小区内的微基站用户面集中，微基站特别是位于宏小区边缘的微基站作为数据基站，可以同时与多个宏基站保持连接。SGW 不与宏基站连接，通过 S1-U 接口与本地数据中心连接。本地数据中心作为 UE 在宏宏小区间、微微小区间以及宏微小区间的统一移动数据锚点，如图 4-26 所示。

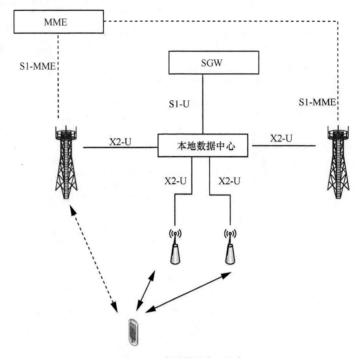

图 4-26　本地数据中心方案

　　该方案取消了宏基站用户面的功能，同时由本地数据中心接收 UE 所有 EPS 承载数据，根据 UE 当前服务位置将数据分流到合适的微基站即数据基站中进行传输。这种方案减小了用户移动对核心网的影响，同一本地数据中心下的当前服务站改变时，不用进行路径更新，同时减轻了宏基站作为微基站统一数据缓存的存储与处理负担。此外，该方案允许同一微基站接受多个宏基站的 RRC 管理，可以根据 UE 的运动轨迹，提前将 UE 当前服务的微基站指配给目标宏基站，在完成源宏基站向目标宏基站切换的过程中，保持 UE 与微基站的数据传输，实现业务不中断、用户体验不下降。

4.3.3　连接增强技术

　　5G 通过控制与承载分离技术，将无线网控制面与用户面连接相互独立，实现了覆盖与容量的单独优化与灵活扩展，改善了系统移动性能。由于控制面与用户面功能分布于不同的网络节点，控制面与用户面连接所关联的设备能力、无线信道、资源配置均存在差异，因此针对同一用户的控制面连接及用户面连接性能也难以保持一致，所提供的信令承载与数据承载质量上也有所不同。为了保证用户业务体验，有必要针对不同连接的性能差异进行合理利用或对性能相对偏差的连接进行增强，实现不同连接性能的匹配。

1. 控制面连接增强技术

针对宏微异构控制与承载分离架构部署，虽然宏小区作为信令小区负责覆盖区域内多个小小区的控制信令承载，但在宏小区边缘仍然存在与相邻宏小区或小小区（同频部署）的干扰问题，容易导致在宏小区边缘用户掉话或切换失败。研究发现，切换失败主要出现在切换准备过程，当用户来到宏小区边界触发 UE 切换测量时，但此时 UE 与源宏小区仍然保持连接，由于源宏小区信号质量下降，导致 UE 与源宏小区失去同步，切换命令传输不成功，产生切换失败[25-26]。因此，针对宏微场景下宏基站作为信令基站在覆盖边缘出现的控制面连接性能下降问题，有必要进行相应的增强。

一种解决方案是采用 RRC 分集技术在控制面连接性能下降区域，利用多个节点对 UE 提供双重 RRC 连接[26]。如图 4-27 所示，在多个宏小区边缘重叠覆盖处部署微基站，按前文所述控制与承载分离策略，宏基站作为信令基站提供控制面广覆盖，微基站作为数据基站提供用户面数据承载。为了保证源小区的 RRC 连接性能，即针对图 4-27 中宏基站 1，微基站除了提供用户面数据承载之外，还要负责接收与转发来自源小区与 UE 的 RRC 信令，辅助 UE 在相邻宏小区之间的切换。对于上行链路，在UE 来到信令宏小区边缘触发切换测量之后，UE 可以将测量报告同时上报宏基站 1与微基站，宏基站 1 可以对直接收到的 UE 上报的测量报告以及微基站转发的测量报告做分集接收，如果直接收到的测量报告信息质量已足够解析，可以立刻启动切换判决，不必等待微基站转发的信息，及时向目标小区即宏基站 2 发送切换请求。

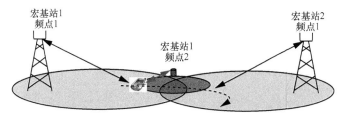

图 4-27　控制面连接 RRC 分集示意

同样对于下行链路，宏基站 2 在收到宏基站 1 的切换请求后，将预留的 C-RNTI 以及分配专用随机接入的 preamble 码等信息发给宏基站 1，由宏基站 1 生成切换命令后除了直接发送给 UE 之外，还封装通过 X2 接口由微基站转发给 UE。UE 可以接收来自宏基站与微基站发送的相同切换命令，通过分集接收，获得下行信息的分集合并增益，保证了 RRC 信令的可靠接收。

2. 用户面连接增强技术

宏微异构组网下，利用多连接技术实现无线网的控制与承载分离，同一用户可以与包括宏基站以及微基站在内的多个网络节点建立用户面连接，拥有多个数据承载。因为宏基站与微基站具有不同的输出功率，使 UE 在同一位置接收到的宏基站下行链路信道质量与微基站下行链路信道质量往往存在不同，即与宏微基站同时保持连接时存在下行之间的不平衡。

宏微异构组网场景下，除了宏微基站之间存在下行之间的不平衡问题，上下行之间也存在不平衡。如图 4-28 所示，横轴为用户位置，纵轴为 UE 接收到的信号强度。如图 4-28 中所示的垂直虚线标识了下行的小区边界处，位于 UE 从宏微两个不同节点接收到的信号强度相等的地方。平行虚线标识了上行的小区边界处，位于在宏微节点处接收到的上行功率相等的地方。可以看到宏小区的边界与微小区边界存在较大差异。

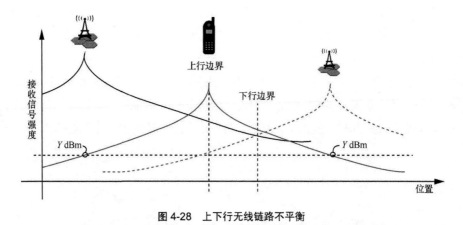

图 4-28　上下行无线链路不平衡

（1）下行间不平衡优化

基于控制承载分离多连接 3C 架构方案，系统可以根据宏基站与微基站负荷以及下行用户面连接质量的差异，把用户数据流按一定比例分配在宏微基站的下行数据承载中进行传输如图 4-29 所示。考虑到宏微基站之间如果采用的是非理想回传链路，当数据流经由宏基站拆分并通过非理想回传链路发送给微基站传输时时延较大，不同流在 UE 侧接收合并时会受此影响产生失步问题。

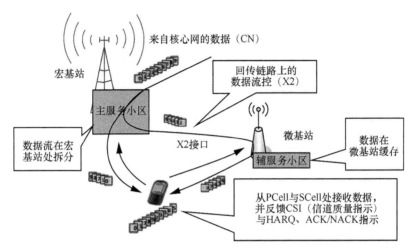

图 4-29　宏微异构组网下行用户面连接数据分流示意

一种可行的解决方法是采用灵活的多用户面数据流控机制[27]。通过设计合适的流控，优化宏微基站用户面的数据缓存，配置宏基站拆分出适当的数据量通过微基站传输。既避免微基站无数据传输，又要避免数据太多，缓存时间过长，最小化数据流在微基站的数据缓存时间。

参考图 4-30，Δ 为单向 X2 接口时延，整个回传的往返时延（round-trip delay，RTD）为 2Δ，ρ 为流控周期。为了保证及时调整流控策略，流控周期应小于 RTD。微基站在时刻 t 向宏基站发送数据转发请求，在时刻 $t+2\Delta$ 收到宏基站反馈的数据转发许可。结合当前微基站下行数据传输速率，并考虑在 t 时刻微基站已经占用的缓存以及 t 至 $t+2\Delta$ 之间待处理请求的数据量，通过合理的流量控制使得微基站请求的数据量符合不同下行连接的差异特性。

$$D(t)=\max\{0,R(t)\times(2\Delta+\varphi)-L(t)-P(t)\} \tag{4-1}$$

其中，$D(t)$ 为请求的数据量，$R(t)$ 为当前微基站下行数据传输平均速率，φ 为缓存时间，$L(t)$ 为微基站已占用缓存，$P(t)$ 为待处理请求的数据量。

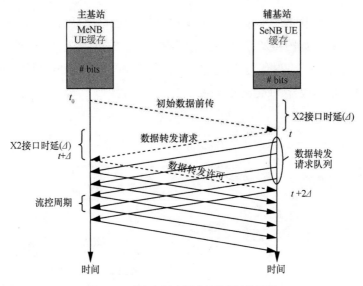

图 4-30 下行多用户面连接数据流控示例

（2）上下行间不平衡优化

对于上下行不平衡问题，一种解决方案是分离用户面的上下行连接，UE 可以根据上下行连接的性能质量，灵活地将上下行用户面连接至不同网络节点。如果宏基站下行发射功率高，UE 接收到的下行信号质量高，吞吐率更大，则可以将 UE 的下行链路连接到宏小区；而如果 UE 所处位置距离微基站较近，上行传输损耗更小，则同时可以将上行链路连接到微基站小小区，获得更高的上行吞吐率，通过上下行用户面连接的分离改善上下行不平衡问题[18]。

这种方案特别适用于宏基站与微基站同频部署场景，上下行分离除了提供上下行负载均衡之外，还可以优化上下行的小区容量。如果上行宏小区负担过重，系统可以将更多上行流量分流到微基站去，同时保持下行流量在宏小区上。

上下行分离需要考虑的一个重要问题是从哪个连接反馈用户面数据分组接收确认信息。参考 LTE 的 RLC 层设计，当用户面数据承载采用 AM 模式通过自动重传请求（automatic repeat request，ARQ）来保证 RLC 业务数据单元（SDU）的正确与按序接收时，发送端需要及时从接收端收到 RLC 状态报告，获取其中的 ACK/NACK 信息。发送端根据收到的 NACK 信息对对应的数据分组进行重传。当上下行分离到不同节点传输后，RLC 状态报告由哪里传输就需要进行合理设计。

如果系统采用的是 1A 方案的用户面数据承载独立架构，有两个独立的用户面数据承载，一个承载在宏基站传输，一个承载在微基站传输。基于该架构，微基站与宏基站均同时具备 PUSCH 与 PDSCH。针对上下行业务的 RLC 状态报告在本地传输，如针对宏基站下行业务的 RLC 状态报告由 UE 通过宏基站分配的 PUSCH 发给宏基站，针对微基站上行业务的 RLC 状态报告由微基站通过分配的 PDSCH 发送给 UE 接收。

　　如果系统采用 3C 方案的用户面数据承载分裂架构，用户面数据承载可以分裂后分别在宏基站与微基站同时传输。例如，承载的上行部分通过微基站传输，承载的下行部分通过宏基站传输。基于该架构，UE 不需要与微基站建立下行用户面连接，也不需要与宏基站建立上行用户面连接，微基站不需要为用户分配下行物理共享信道 PDSCH 资源，宏基站也不需要为用户分配上行物理共享信道 PUSCH 资源。针对宏基站下行业务的 RLC 状态报告可以从 PUSCH 发给微基站后通过回传链路传递给宏基站，针对微基站上行业务的 RLC 状态报告可以由微基站转发给宏基站后由宏基站通过 PDSCH 发送给 UE 接收。

　　图 4-31 显示了上下行分离如何通过微基站传输上行流量，宏基站传输下行流量。当 UE 通过宏基站与微基站分别建立上下行的用户面连接时，UE 可以通过微基站分配的 PUSCH 向微基站发送上行流量，通过宏基站分配的 PDSCH 接收下行流量。对于 1A 架构，针对宏基站下行业务的 RLC 状态报告从微基站分配的 PUSCH 通过站间回传链路发给宏基站，针对微基站的上行业务的 RLC 状态报告经微基站发给宏

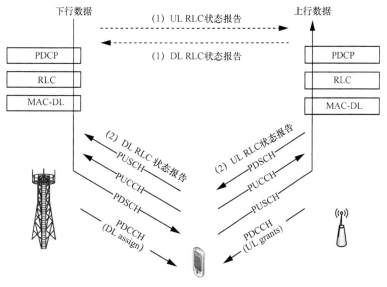

图 4-31　上下行用户面连接分离

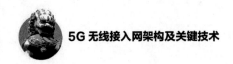

基站后，由宏基站通过分配的 PDSCH 发给 UE 接收。对于 3C 架构，针对宏基站下行业务的 RLC 状态报告从宏基站分配的 PUSCH 发给宏基站，发给微基站的上行业务的 RLC 状态报告通过微基站分配的 PDSCH 发给 UE 接收。

可以看到，采取 1A 架构通过不同节点来交互上下行用户面数据 ARQ 反馈以及资源调度，对小区间的回传链路性能提出了很高要求，适用于宏微基站基带共站部署或具备站间光纤直连传输的部署场景。

|4.4　微—微组网场景|

从当前 5G 无线接入技术的研究进展来看，5G 无线技术将主要考虑采用高频通信。随着频段的升高，5G 系统覆盖能力也必然会受到影响，覆盖区域将主要为小区域，而为了保证业务的连续性体验，就需要大量密集部署微基站，这种仅采用微基站进行覆盖的方式称为微—微组网场景。但是，目前提出的多连接技术只能部署于宏—微基站组网场景，然而，在实际网络部署中，很多区域没有宏基站覆盖，尤其是室外宏基站覆盖严重不足的室内区域。同时，由于现在民众对于无线辐射特别抵制和抗拒，很多大型居民小区也很难完成宏基站部署建设，在这些没有宏基站连续覆盖的区域或地区，只能通过大量的微基站甚至微微基站来完成用户的接入。因此，5G 时代的超密集网络将会存在较多微—微组网场景，那么微—微组网场景下如何解决超密集网络的无线干扰和频繁切换等问题就成为迫切需要考虑和解决的技术难题，否则将大大影响 5G 网络下用户的业务体验，也将影响 5G 网络的整体性能和价值。

4.4.1　虚拟分层技术

在现有移动通信网络中，运营商为了解决网络容量提升问题，通常会采用载波扩容的方式来提升网络容量，这样在实际网络中就形成了基于载波机制的多层网络。用户可以选择驻留在某个载波上，实现各项移动业务接入和服务。近年来，随着网络处理能力和终端能力的提升，出现了终端可以同时在多个载波上通信的机制，例如载波聚合和多连接等，各个载波之间可以协同完成整个通信过程，并进一步提升业务接入性能。上述技术都是基于多个载波的网络才有可能实现，而对于单层网络来说，就无法实现上述功能。

随着 5G 技术发展，无线网络虚拟化技术被提出，即在一个移动网络的无线资源可以被虚拟为多层网络。最初，无线网络虚拟化技术主要用于不同移动运营商共享一张物理网络的场景，例如 3GPP 组织就正在研究和制定 RAN sharing 的标准[28]，目标就是一张移动网络可以虚拟为多个移动网，为几个运营商共同运营，实际上也就完成了无线网络资源的隔离与切片。当然无线资源虚拟化技术是 5G 移动网络技术的关键技术，需要整个产业链来共同支持和完善才能逐步成熟和推广。

为了解决超密集网络中微—微组网场景下无线干扰和频繁切换问题，从技术角度来看，可以结合宏—微组网场景中多连接技术和 5G 无线资源虚拟化技术，采用密集微基站组网下的虚拟分层技术，解决该技术难题。目前，虚拟分层技术在 IMT-2020 各个标准组织和研究机构中成为研究热点[29]。

虚拟分层技术是在无线网络虚拟化技术发展的基础上，将一种单层单制式网络虚拟划分成多层无线网络的技术方案，各层虚拟化无线网络同时向一个用户提供不同的无线连接和通信服务，实现单层物理网络下的多连接通信。对于超密集网络中微—微组网场景而言，采用虚拟分层技术可以在没有宏基站覆盖的微—微组网场景下实现多连接网络通信，从而最终构建无线网控制与承载分离架构，以解决微基站之间的干扰和频繁切换问题。

在微—微组网场景下，每个微基站配置的无线资源通过虚拟分层技术划分成多份资源，以 2 层虚拟分层网络为例，其组网形式如图 4-32 所示。

超密集网络中每个微基站的无线资源被分为两个部分，即虚拟宏基站无线资源块和微基站无线资源块，多个微基站构成微基站簇，簇内各微基站划分出部分虚拟宏基站无线资源块共同组成虚拟宏基站的空口资源，而且每个微基站虚拟宏基站无线资源块采用相同的空口资源，如时域/频域/码域/空域等。虚拟宏基站的空口资源与虚拟宏基站控制器以及多个微基站中相关的物理收发信机共同构成一个虚拟宏覆盖层，完成多连接网络中的宏基站功能。每个微基站中被划分为微基站无线资源块的部分仍然为各个微基站单独使用，构成密集微容量层，实现多连接网络中的微基站功能。虚拟宏覆盖层和密集微容量层将共同构建微—微组网场景下控制与承载分离的无线网络。对于无线资源块划分原则，将根据未来 5G 无线接入系统实际采用的技术来具体设定。如果微基站为正交时频复用技术 OFDM 系统，则无线资源块为 OFDM 时频资源；如果微基站为时分复用 TDMA 系统，则无线资源块为时隙资源；

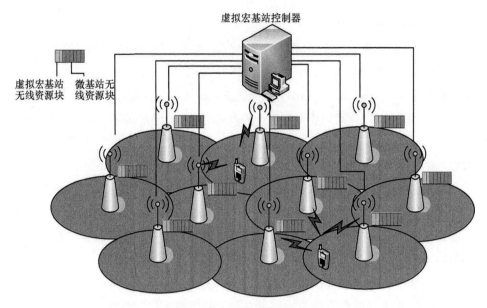

图 4-32 虚拟分层技术示意

如果微基站为码分多址 CDMA 系统，则无线资源块为码道资源；如果微基站采用 5G 新的无线系统，则无线资源块将根据新空口技术来划分和定义。经过虚拟分层技术后，单层微基站网络可以虚拟为双层或多层无线网络，如图 4-33 所示。当然，上述虚拟分层技术需要基于无线资源虚拟化技术，每个微基站的无线资源及相关处理资源都可以完成虚拟化的资源隔离，保证无线网络虚拟分层功能的实现。

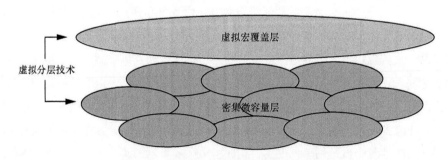

图 4-33 采用虚拟分层技术后的分层网络示意

对于虚拟分层技术，不仅每个微基站的无线资源需要虚拟化，可以实现空口资源的隔离与切片，同时为了实现虚拟分层技术，微基站也需要部分设备虚拟化，基站内部的软硬件资源和处理器资源都可以根据要求来划分或切片。以 2 层无线虚拟

第 4 章　5G 无线接入网控制承载分离技术

化网络为例，虚拟分层技术可以提供一种微—微组网场景下的双连接通信系统，每个微基站收发信机资源可以分为两组物理收发信机，包括一个密集微容量层基站使用的第一物理收发信机，还包括供虚拟宏覆盖层使用的第二物理收发信机。虚拟宏基站的空口资源与虚拟宏基站控制器以及多个微基站中的第二物理收发信机共同构成一个虚拟宏覆盖层，实现多连接网络中的宏基站功能，具体如图 4-34 所示。基于虚拟分层技术的无线网络系统中，虚拟宏基站控制器可以向目标微基站中的第一物理收发信机或第二物理收发信机发送无线资源调配控制信息，目标微基站中的第一物理收发信机和第二物理收发信机根据无线资源调配控制信息进行相应的无线资源控制。

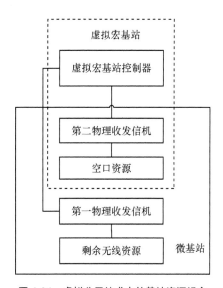

图 4-34　虚拟分层技术中的基站资源组合

采用虚拟分层技术之后，则可以在微—微组网场景下实现单层物理网的虚拟多层部署，无线网控制面信息与业务面信息就可以分别映射在不同的虚拟层，每个虚拟层的无线网特性也可以根据要求来虚拟构建，大大增强了无线网设计的灵活性和优化空间。用户终端在虚拟宏覆盖层和密集微容量层同时覆盖的区域，由于虚拟宏基站和微基站的小区标识是不一样的，所以用户终端将会同时接收到虚拟宏基站和附近微基站小区信号，虚拟宏基站和微基站在逻辑上是独立的，所以用户终端同时会接入虚拟宏基站和各个微基站，从而实现了多连接通信。

在虚拟分层网络中，虚拟宏基站控制器用于完成对整个系统的控制面处理，例如，通过每个微基站中的第二物理收发信机将移动性管理、系统信息广播、寻呼、RRC 链接建立与释放等控制面信息下发到用户终端，以实现对用户终端的移动性管理和无线链路建立与释放等控制功能，而微基站仅负责业务面数据的处理，这样就完成了用户的控制面与业务面分离，将控制面信息与业务面数据信息分别放在各自最适合的无线链路中，实现了微—微组网场景下的无线网控制与承载分离方案。在具体应用中，由于 RRC 控制信令都是由虚拟宏基站控制器来发送的，终端与虚拟宏基站及各个微基站的无线资源控制都是通过虚拟宏覆盖层的 RRC 控制信令来协调调度的，因此只有用户终端移出整个虚拟宏覆盖层区域，才会涉及 RRC 的改变，否则系统将不发生切换，从而降低微—微组网场景下的频繁切换问题。同时，控制与承载分离机制可以避免各个虚拟层之间和虚拟层内的无线干扰问题，最终达到无线资源的协调调度和最优化配置，保证超密集网络的整体性能。

4.4.2 虚拟层覆盖扩展技术

对于未来微—微组网场景下的超密集网络，微基站的部署将会根据业务容量分布与实际用户需求来建设，这样就会造成微基站部署的无规划性。微基站网络虽然基站数量众多，但是可能无法满足连续覆盖要求，这样对于虚拟分层技术的实施将会造成一定困难，毕竟虚拟分层技术使用的前提是微基站满足连续覆盖才可以在此基础上构建一个虚拟宏覆盖层，因此要解决虚拟宏覆盖层连续覆盖问题，就需要一些新的技术方案来解决。

虚拟分层技术可以实现微—微组网场景下无线网控制与承载分离，在具体实现方案中虚拟宏基站控制装置向其管辖的微基站发送下行信息，下行信息既包括虚拟宏覆盖层中虚拟宏基站下行信息，也包括密集微容量层中多个微基站所需下行信息，并且下行信息类型包括控制面信息和业务面信息。由于采用无线网控制与承载分离技术，上下行控制信息将统一由虚拟宏覆盖层来负责收发，所以当虚拟宏基站控制装置要发送下行控制信息，例如 RRC 控制信令时，虚拟宏基站控制装置将 RRC 信令通过地面传输链路发给各微基站，各个微基站通过预留给虚拟宏基站空口资源向终端同时下发 RRC 控制信令。

从虚拟分层网络的终端侧来看，终端处于多个微基站的交叉覆盖范围，虚拟宏覆盖层由多个微基站中划分出来的无线及基站资源共同构建，虚拟宏覆盖层包含的多个微基站同时通过相同空口资源下发下行控制信息，如 RRC 控制信息，分别发送给其覆盖范围内的终端。由于各个微基站配置的虚拟宏基站无线资源块采用相同的空口资源，因此终端可以接收到来自多个微基站下发的虚拟宏基站 RRC 控制信息，并进行分集接收，分集处理算法可以根据实际需要来选择。具体来说，如图 4-35 所示，由于多个微基站都下发相同的下行信息，以 RRC 信令为例，因此终端可以对多个相同的 RRC 信令进行分集接收。例如，通过最大合并比分集接收算法对多个相同的 RRC 信令进行分集接收，从而获得扩展的 RRC 信令覆盖区，扩展了微基站的有效覆盖区域，同样的处理过程也适用于虚拟宏基站下行业务面信息，最终带来虚拟宏覆盖层网络整体的覆盖扩展。相邻微基站越多，信号越均衡，则获得的覆盖扩展增益越大。典型地，如果有两个微基站，合并增益可以获得 2~3 dB；如果有 4 个微基站，合并增益可以获得 4~6 dB，以此类推。通过虚拟层覆盖扩展技术，虚拟层技术可以应用在不连续微—微组网场景下的超密集网络，从而实现无线网控制与承载分离。

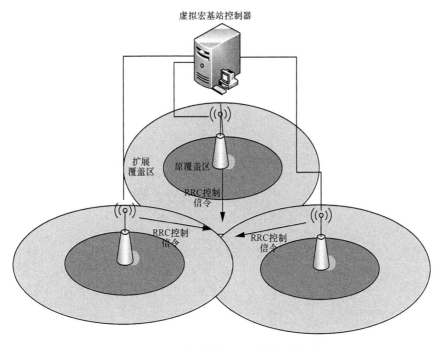

图 4-35　虚拟宏覆盖层下行覆盖扩展技术

移动通信系统的上下行覆盖范围通常存在差异，上面分析了虚拟宏覆盖层的下行覆盖扩展技术，下面将进一步说明虚拟宏覆盖层的上行覆盖扩展技术方案。虚拟

宏覆盖层中上行信息可以包括终端上报或上传的所有上行链路信息，具体可以包括上行控制信息与业务信息。

在虚拟分层网络中，虚拟宏基站控制装置需要对所有微基站和虚拟宏基站下行空口资源进行集中的调度与干扰协调，因此终端需要收集多个微基站和虚拟宏基站的下行链路质量测量信息，例如，终端可以通过测量多连接中各个基站的导频信号强度和干扰信号强度来评估多连接系统中各个链路的下行链路质量。由于虚拟分层网络中控制信息仅由虚拟宏覆盖层负责传输，因此终端将最终测量的各个链路质量测试信息通过虚拟宏基站上行链路上报给虚拟宏基站控制器。

由于虚拟宏覆盖层上行无线资源是由各个微基站预留的相同空口资源组成的，因此各个微基站中预留给虚拟宏基站的上行空口都会收到终端上报的相同的无线链路质量信息，各个微基站在收到终端发送的上行信息后，会同时发送给虚拟宏基站控制装置。虚拟宏基站控制装置可以对各个微基站发送的上行信息进行分集接收，例如，通过选择性分集算法对多个上行信息进行分集接收，从而获得上行信息的分集合并增益，这就扩展了上行信息的覆盖区域，如图 4-36 所示。

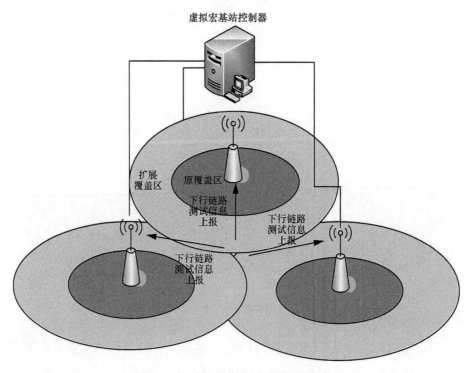

图 4-36　虚拟宏覆盖层上行覆盖扩展技术

通过上述的虚拟层上下行覆盖扩展技术，有效地增加了虚拟分层技术在超密集网络微—微组网场景下使用的可能性，可以更好地将无线网控制与承载分离技术应用于未来 5G 网络中，提升未来无线网络构建的灵活性和网络整体性能。

4.4.3　多系统组网下控制与承载分离

考虑到未来 5G 频率的多样性，因此未来 5G 无线网中将会存在多种制式的微小区网络，根据虚拟分层技术原理，同样可以在多制式微小区网络中实施虚拟分层技术，如图 4-37 所示。

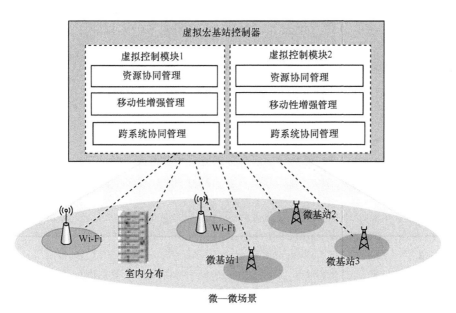

图 4-37　微—微多系统组网场景下控制与承载分离

相比于微—微单系统组网场景，多系统组网下控制与承载分离架构需要在虚拟宏基站控制器中增加跨系统协同管理模块，来完成除了无线资源协同管理和移动性增强管理功能之外的跨系统协同管理功能。跨系统协同管理模块将负责不同无线接入技术资源分配机制不同带来的无线资源协作处理。需要特别注意的是，对于微—微多系统组网场景下控制与承载分离，由于不同无线系统空口资源存在差异，所以将无法实现类似虚拟层覆盖扩展技术。

**5G 无线接入网架构及关键技术**

| 参考文献 |

[1] ITU-R M ITU working document toward preliminary draft new recommendation [R]. 2014.

[2] XU X, HE G, ZHANG S, et al. On functionality separation for green mobile networks: concept study over LTE[J]. IEEE Communications Magazine, 2013(51): 82-90.

[3] YAZLCL V, KOZAT C U, OG'UZ SUNAY M. A new control plane for 5G network architecture with a case study on unified handoff, mobility, and routing management[J]. IEEE Communications Magazine, 2014, 52(11): 76-85.

[4] PARKVALL S, DAHLMANE, JONGRENG, et al. Heterogenous network deployments in LTE[J]. Ericsson Review, 2011(2): 1-5.

[5] METIS. Summary on preliminary trade-off investigations and first set of potential network-level solutions: ICT-317669-METIS/D4.1 [S]. 2013.

[6] METIS. Final report on network-level solutions: ICT-317669-METIS/D4.3[S]. 2015.

[7] LOKHANDWALA H, SATHYA V, TAMMA B R . Phantom cell realization in LTE and its performance analysis [C]//IEEE International Conference on Advanced Networks and Telecommuncations Systems (ANTS), December 14-17, 2014, New Delhi, India. Piscataway: IEEE Press, 2014: 1-6.

[8] YAGYU K, NAKAMDRI T, ISHII H, et al. Investigation on mobility management for carrier aggregation in LTE-advance [C]// IEEE VTC Fall, September 5-8, 2011, San Francisco, CA, USA. Piscataway: IEEE Press, 2011: 1-5.

[9] WOO M S, KIM S M, MIN, et at Micro mobility management for dual connectivity in LTE HetNets[C]// IEEE International Conference on Communication Software and Networks (ICCSN), June 6-7, 2015, Chengdu, China. Piscataway: IEEE Press, 2015 :395-398.

[10] LEEC H, SYU Z-S. Handover analysis of macro-assisted small cell networks[C]//IEEE International Conference on Internet of Things, September 1-3, 2014, Taipei, China. Piscataway: IEEE Press, 2014: 604-609.

[11] YU B, YANG LQ, ISHII H, et at. Dynamic TDD support in macrocell-assisted small cell architecture [J]. IEEE Journal on Selected Areas in Communications, 2015, 33(6): 1201-1213.

[12] 3GPP. E-UTRA and E-UTRAN overall description[S]. 2015.

[13] YAGYU K, NAKAMORI T, ISHII H, et al. Investigation on mobility management for carrier aggregation in LTE-Advance [C]//IEEE VTC Fall, September 5-8, 2011, San Francisco, CA, USA. Piscataway: IEEE Press, 2011: 1-5.

[14] ISHII H, KISHIYAMA Y, TAKAHASHI H. A novel architecture for LTE-B C-plane-U-plane split and phantom cell concept [C]//Globecom Workshops (GC Wkshps), December 3-7, 2012, Anaheim, CA, USA. Piscataway: IEEE Press, 2012: 624-630.

[15] 3GPP. Revised work item description: dual connectivity for LTE RP-141797 [S]. 2014.

[16] JHA S C, SIVANESAN K, VANNITHAMBY R, et al. Dual connectivity in LTE small cell networks[C]// IEEE Globecom Workshops, December 8-12, 2014, Austin, TX, USA. Piscataway: IEEE Press, 2014: 1205-1210.

[17] ZAKRZEWSKA A, LÓPEZ-PÉREZ D, KUCERA S, et al. Dual connectivity in LTE HetNets with split control- and user-plane[C]//IEEE Globecom Workshops, December 9-13, 2013, Atlanta, CA, USA. Piscataway: IEEE Press, 2013: 391-396.

[18] 3GPP. Small cell enhancements for E-UTRA and E-UTRAN-higher layer aspects: TR36.842 V1.0.0[S]. 2013.

[19] 3GPP. Mobility enhancements in heterogeneous networks (release 11): TR36.839[S]. 2012.

[20] 3GPP. TSG RAN meeting #52, WID, study on HetNet mobility enhancements for LTE[S]. 2011.

[21] 3GPP. TSG RAN meeting #58, WID, HetNet mobility enhancements for LTE: RP-122007[S]. 2012.

[22] 3GPP. Radio resource control (RRC) protocol specification (release 12): TS36.331[S]. 2015.

[23] 3GPP. TSG-RAN WG 2 meeting #87: R2-143840, 36.306CR0215[S]. 2014.

[24] 3GPP. Mobility statistics for macro and small cell dual-connectivity cases: R2-131056[S]. 2013.

[25] 3GPP. Heterogeneous networks mobility enhancements with handover signaling diversity RAN2#81: R2-130469[S]. 2013.

[26] 3GPP. Physical layer aspects of dual connectivity: R1-130566[S]. 2013.

[27] WANG H, ROSA C, PEDERSEN K I. Inter-eNB flow control for heterogeneous networks with dual connectivity[C]// IEEE 81st Vehicular Technology Conference (VTC Spring), May I-4, 2015, Glasgow, UK. Piscataway: IEEE Press, 2015: 1-5.

[28] 3GPP. Study on radio access network (RAN) sharing enhancements: TR22.852 [S]. 2014.

[29] IMT-2020 UDN 专题组. 虚拟层技术: IMT-2020_TECH_UDN_15008 [S]. 2015.

第 5 章

5G 无线接入网多网协同与融合技术

5G系统既包括新无线接入技术，也包括 3G、4G 和 Wi-Fi 等现有无线接入技术及演进，将是多制式共存的网络。本章详细探讨了 5G 网络中的多制式协作与融合，特别是移动网络与 WLAN 的协作与融合，包括 5G 网络多制式协作与融合的网络场景及架构、技术要点及发展趋势等。并针对移动网络与 WLAN 核心网侧协作，分别从 RRC、PDCP、IP、TCP 各层介绍了移动网络与 WLAN 无线网侧协作与融合。

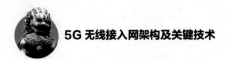

| 5.1 技术背景 |

早期从移动核心网角度来制定多种无线技术的协作与融合。通过移动核心网络改造或升级，支持 LTE 和 WLAN 等多种无线接入技术，不仅需要移动核心网增加新接口，同时无线接入设备也需要支持新的接口协议，产业链影响较大，因此在技术实施与推广方面一直进展不大，即使有网络部署，实际使用效果也不是太理想。3GPP 标准组织开展了多年的 3GPP 网络与 WLAN 互操作国际标准的制定工作，输出了多个国际标准。但是，在实际应用中很少见到这些技术方案与标准被真正广泛应用。注意核心网侧多制式协作技术方案可能和后续无线网侧多制式协作与融合技术方案兼容，例如，3GPP TS23.402 中介绍了核心网策略对 R12 之后的 LTE/WLAN 协作与融合无线侧策略的支持。第 5.2 节对核心网侧多制式协作技术，特别是 WLAN 接入 EPC 的网络架构、技术方案、相关标准化研究进行了简述。

为了解决移动数据流量爆炸性增长的问题，更好地发挥多制式网络数据分流作用，多制式协作与融合的技术趋势是在无线网侧进行多种无线技术的融合。这种方案需要对接入网进行多制式协作与融合设计，以同时接入多种无线技术，也需要对无线网设备进行一定的改动和升级来支持各种不同无线接入技术，并且由运营商来统一规划和部署多张无线网络。学术界和 3GPP 等标准组织正在开展大量技术研究与标准制定工作[2-4]，3GPP 在 R12 阶段以后重点关注无线网侧多制式协作与融合技术。

以移动网络/WLAN 的协作与融合为例，介绍无线网侧多制式协作与融合技术的实现过程和具体问题。目前，对于移动互联网用户来说，使用最多的无线接入方式为 LTE 和 Wi-Fi。LTE 网络为广覆盖 4G 移动网络，使用授权频段频率资源，由运营商统一规划建设，具有良好的室内外连续覆盖性能，峰值速率可以达到 100 Mbit/s，适合于用户在移动场景下使用，可以保证良好的业务连续性。但是，LTE 网络也存在缺点，当网络用户数较多或者信号较差时，则 LTE 网络的业务速率就会下降，运营商网络扩容成本和运维较高。WLAN 技术随着智能手机的大量使用，而被广大普通手机用户所熟知。由于 WLAN 使用非授权频段频率资源，可以根据用户需求来灵活部署，完全针对有业务需求的热点区域，而且在无干扰时业务速率可以达到几百兆，峰值速率优于 LTE 网络。但是，WLAN 的缺点是由于其网络布放的无规划性，所以部分 Wi-Fi 集中部署区域存在严重干扰，而且加上 Wi-Fi 无线接入机制采用载波侦听多路访问（carrier sense multiple access，CSMA）和冲突避免（collision avoidance，CA）机制，导致了 WLAN 在用户多或者干扰严重时效率极低，甚至无法接入等问题。

在架构上，以移动网络/WLAN 的协作与融合为例所描述的架构对于其他接入技术以及更多接入技术的协作与融合是通用的。以 5G/4G/WLAN 多制式共存场景为例，考虑到 LTE 和 Wi-Fi 的广泛应用，5G/4G/WLAN 多制式共存是未来 5G 网络的一个典型场景。5G 网络为了实现多接入网络的融合将引入无线网络控制器对 5G/4G/WLAN 等多个接入网进行集中控制，网络架构如图 5-1 所示。无线网络控制器一方面承接来自核心网的控制面信息与数据流，另一方面依据各接入网的反馈信息对多个接入网络集中管理与传输数据控制。无线网络控制器可以部署于作为锚点的 4G 或者 5G 基站内，也可以作为独立实体部署于核心网与接入网之间。为了实现多接入网之间数据的动态分流与汇聚，在无线网络控制器中存在多 RAT 之间共同的协议层，例如 PDCP 层或者引入新的更高协议层，在无线网络控制器以下的各网络实体中分别使用不同的空口传输技术。该架构可以延续到 5G 上，5G 将引入新的无线接入技术，尤其是高频空口接入，更适合依托该架构进行多制式融合。

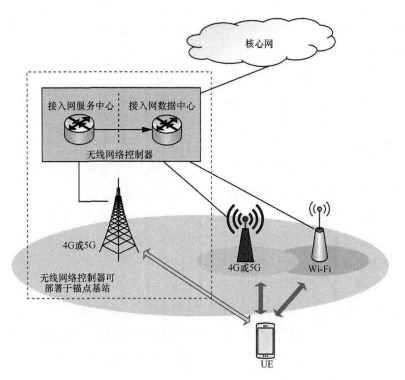

图 5-1　5G/4G/WLAN 无线网侧融合架构

基于上述网络架构，5G 无线网侧融合应实现以下技术增强。

- 需要构造对用户透明的接入网络选择流程，依据当前网络状态、无线环境，结合智能业务感知技术将不同的业务映射到最合适的接入网上。
- 网络可以依据业务类型、网络负载、干扰水平等因素，对多网络的无线资源进行联合管理与优化，最大化资源利用效率。
- 用户在多个接入网络间实现高性能切换，最小化移动过程中业务中断时延，传输速率稳定。
- 多接入网融合需要终端同时接入多个不同制式的网络节点，实现多流并行传输，实现业务在不同接入技术网络间动态分流和汇聚，并可依据各接入网的信道状况实现负载均衡的效果。

5G 无线网侧融合实现多制式多连接技术，分别应对 5G 不同应用场景与不同业务需求，其效果在于以下两个方面。

多 RAT 高可靠传输：为了满足 5G 低时延和高可靠性需求，分集传输是一种有效的方案。5G 无线网侧融合可以采用多 RAT 多路冗余传输，同时降低时延并提高可靠性。

多 RAT 高效率传输：为了满足 5G 高传输速率的需求，并行传输是一种有效提高系统吞吐量以及终端峰值速率方案。5G 无线网侧融合可以采用多 RAT 多流并行传输，提高吞吐量，提升用户体验。

第 5.3~5.6 节分别描述了移动网络与 WLAN 无线网侧在 RRC、PDCP、IP、TCP 各层的协作与融合技术，是本章的重点内容。在具体协议栈设计方面，关键是要确定在哪一层进行数据的分割与聚合。对于非理想回传，较大的时延不允许多制式多连接技术在 MAC 层进行数据的分割与聚合，而应当在 PDCP 层或更高层实现。本章按照技术发展路线进行讨论，最初的技术方案是移动网络与 WLAN 互操作，定义了基于规则的触发分流机制，在 RRC 层进行信令流程等重新定义，实现网络选择和 APN 级别分流；之后移动网络与 WLAN 进一步深度融合，在 PDCP 层进行聚合，同时也需要在 RRC 层进行相应操作，实现承载级分流；考虑到低层聚合修改幅度较大，为了快速面向市场，充分利用传统 WLAN 基础设备，讨论了对 IP 层、TCP 层进行修改的移动网络与 WLAN 协作与融合技术方案。

由于 SDN、NFV 等新兴技术的引入，相比于传统移动通信系统，5G 网络架构将发生巨大的变化。在多制式协作与融合具体设计思路方面，一方面，要充分借鉴和继承传统移动通信系统的设计思想；另一方面，还要充分发挥 5G 新型无线接入网架构的优势特点，提出适合系统架构的多制式协作与融合机制。

5.2　移动网络与 WLAN 核心网侧互操作

5.2.1　技术方案

5.2.1.1　网络架构

对于移动网络，不同制式接入可分为可信或非可信接入方式，取决于运营商的具体网络策略。图 5-2 和图 5-3 为非 3GPP 网络接入与 EPC 互通架构。

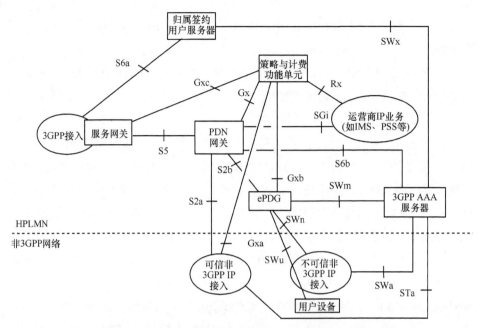

图 5-2　演进分组系统内部非漫游架构：使用 S5, S2a, S2b

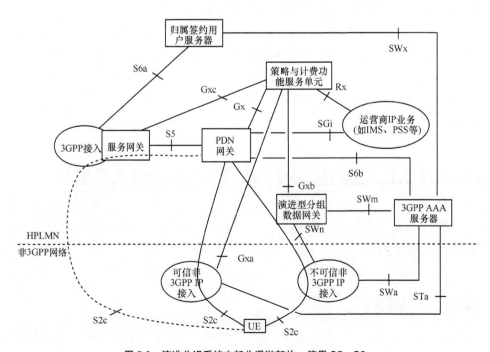

图 5-3　演进分组系统内部非漫游架构：使用 S5，S2c

对于可信非 3GPP 接入，UE 不需要建立终端与网络间的 IPSec，直接通过 PDN GW 接入移动核心网；对于不可信非 3GPP 接入，则必须通过 ePDG 接入 EPC，UE 和 ePDG 之间采用 IPSec 隧道承载数据，使不可信网络的网元无法感知数据传输，从而保证数据传输的安全性。

移动网络与 WLAN 核心网侧协作主要指 WLAN 接入 EPC。WLAN 分为非可信和可信两种接入方式，运营商部署的 WLAN 归为可信非 3GPP。在 R11 之前 WLAN 被认为是不可信网络接入，主要通过 S2b 或 S2c-ePDG 接口。随着 WLAN 本身发展，考虑对定义为可信非 3GPP 的 WLAN 采用与移动网络同样的可信接入方式，可信 WLAN 接入方式通过 S2a 接口，如图 5-4 所示。可信 WLAN 接入在 R10~R12 中都是重要的研究和标准化课题之一，具有良好的商业化前景。

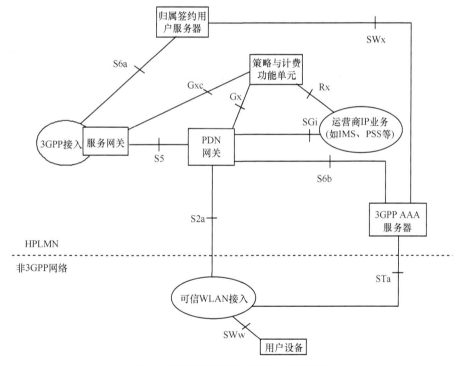

图 5-4　可信 WLAN 接入 EPC 的非漫游架构

5.2.1.2　系统间切换

用户在移动网络接入和 WLAN 接入间进行业务切换时，分为无缝分流（seamless

offload）和非无缝分流（non-seamless offload）。无缝分流能够保证业务的连续性，用户感觉不到业务的中断，多接入 PDN 连接（multi access PDN connectivity，MAPCON）、IP 流移动性（IP flow mobility，IFOM）都属于无缝分流。非无缝的分流形式无须保证业务的连续性，业务允许中断，用户在接入 WLAN 后，能将特定的 IP 流通过 WLAN 接入直接进行分流，而无须穿越 EPC。

在实现 WLAN 和 3GPP 系统间业务连续性和无缝分流方面，接入网发现和选择功能（access network discovery selection function，ANDSF）是一个重要的网元功能模块。3GPP R8 中引入了 ANDSF[5-6]，一直发展到 R12。ANDSF 具有数据管理和控制功能，能够响应终端接入网络选择的请求，根据终端上报的位置及用户选网偏好等信息，为终端制定最优的网络选择策略，协助终端发现周围可用的接入网（如蜂窝网、WLAN 等），并辅助终端进行接入网络选择，从而实现数据业务的有效分流。

ANDSF 在 R9 阶段实现系统间移动策略（inter system mobility policy，ISMP）帮助终端选择最优接入网络；在 R10 阶段实现系统间路由策略（inter system routing policy，ISRP）帮助终端配置 IFOM、MAPCON 等方式指导流量分发。

ANDSF 网元部署在蜂窝网的核心网中，通过 S14 接口与终端进行通信，S14 接口是一个实现在 IP 层之上的接口，开放移动联盟—终端管理（open mobile alliance-device management，OMA-DM）是推荐的实现方式，这需要网络侧和终端侧都支持 OMA-DM 协议。从功能上来看，ANDSF 是一个独立的逻辑实体，它是负责不同的接入技术之间移动性选择处理的，因此，它所处的位置较高，类似于策略和计费控制单元（policy charging and rules function，PCRF）的位置，可认为它是一个高度集中的网元。关于 ANDSF 的物理实现，业界认为它是一个独立的物理网元，但也有可能与 PCRF 或者 HSS 合设。ANDSF 架构如图 5-5 和图 5-6 所示。

图 5-5　非漫游 ANDSF 架构

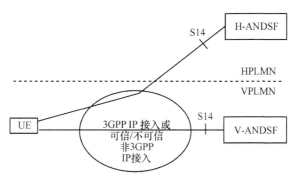

图 5-6　漫游 ANDSF 架构

ANDSF 提供给终端的信息类型可分为以下几方面。

- 系统间移动策略：描述了终端在同一时刻只能接入一种接入网时，终端选择使用哪种接入网进行数据业务传送的策略。ANDSF 向用户提供的详细策略信息包括规则优先级、优先接入网络信息、有效区域信息、漫游信息、公共陆地移动网络（public land mobile network，PLMN）代码等。

- 接入网发现信息：提供终端位置附近的可用接入网信息，包括接入技术类型（如 WLAN、WiMAX 等）、无线接入网 ID（如 WLAN 的 SSID（service set identifier，服务集标识等））、频率和有效条件（如位置信息）等。

- 系统间路由策略：终端在同一时刻可以接入多种接入网时，数据分组在不同接入网上路由的策略。如当终端同时接入 WLAN 和蜂窝网时，ANDSF 建议 FTP 下载业务通过 WLAN 进行路由，HTTP 浏览业务通过蜂窝网进行路由。

- APN 间路由策略。

- WLAN 选择策略：一系列 WLAN 网络选择的规则，UE 可能从多个 PLMN 中得到 WLAN 选择策略。每条 WLAN 选择策略包括有效条件，如策略的有效时间、有效地理位置、网络位置等；一系列被排除的 SSID 列表；WLAN 网络选择策略。

- VPLMN 偏好的 WLAN 选择策略。

- 偏好的业务提供商列表。

对于以上几种策略，ANDSF 根据运营商的需求或漫游协议决定为终端提供所有的策略还是其中一种。更新终端策略的方法有两种：一是网络侧触发方法，即网络侧在条件满足后，触发 ANDSF 网元下发相应的策略给终端，对终端的策略进行更新；二是终端侧主动请求策略，即终端主动向 ANDSF 请求进行策略更新，ANDSF 再向终端下发新的策略。

ANDSF 下的 3GPP 和非 3GPP 无线接入间的切换流程示例如图 5-7 所示。

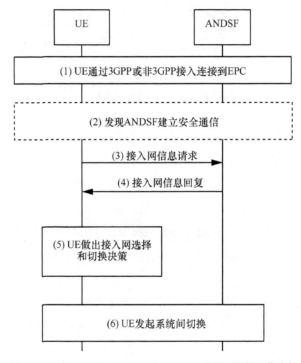

图 5-7　ANDSF 下的 3GPP 和非 3GPP 无线接入间的切换流程

ANDSF 的系统间移动或路由策略未考虑无线网络的负载状况。ANDSF 根据终端上报的用户选网偏好信息下发相应的策略，使用户选择并接入自己偏好的网络。该功能未考虑无线网络的负载状况制定选网策略，因此，容易导致网络负载不均衡，用户业务体验降低。

ANDSF 提供的接入网信息颗粒度较粗且实时性较低，较难满足未来 5G 用户的业务需求。目前协议中 ANDSF 可以根据终端上报的位置信息，下发终端附近可用的接入网信息。例如 ANDSF 可以根据终端上报的小区 ID，查询 ANDSF 数据库，将数据库里该小区 ID 覆盖范围内的所有 WLAN SSID 和 BSSID 下发给终端，以提示终端附近的可用接入网信息。但是一个蜂窝网小区中有多个 WLAN，ANDSF 提供的接入网信息仅能体现蜂窝网和 WLAN 之间的一种粗略的部署关系，不能精确地体现 UE 当前位置周围可用的 WLAN 接入网信息，从而不能有针对性地向 UE 提供网络选择策略。同时 ANDSF 不一定能够清楚知道终端所在的小区 ID，也有可能是 TAID（tracking area identity，跟踪区标识），这样一来接入网信息列表就更加粗略。此外 ANDSF 的更新周期是否满足终端的实时移动性要求，也需要根据运营商的部署策略进行评估。为了解决以上问题，需要在无线侧进行 WLAN 和蜂窝网络的深度融合。

5.2.2 相关研究

移动网络与 WLAN 互操作很早就在 3GPP 中进行讨论，从 3GPP R6 定义了 6 种 WLAN 网络与移动网络互联互通的场景开始到 R11[7]，LTE/WLAN 协作与融合技术主要体现在核心网侧互操作方面。LTE/WLAN 核心网协作与融合技术标准化进展如图 5-8 所示。

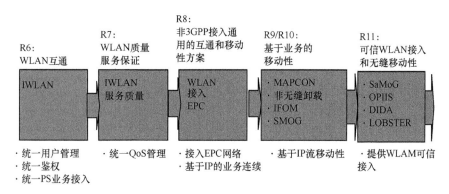

图 5-8 LTE/WLAN 核心网协作与融合技术标准化进展[7]

R8 在 LTE 系统中引入多接入的概念，不同接入系统可以接入同一个核心网上。ANDSF 从 R8 提出，一直发展到 R12。

R9 提出在接入系统间基于业务粒度进行接入网络选择，对单个 IP 流进行移动性管理。R9 阶段进行了 MAPIM（multi access PDN connectivity and IP flow mobility，多接入分组数据网络和 IP 流移动性）立项，SI 阶段研究成果体现在 TR23.861 中，进入正式标准阶段之后，分别使用定义 MAPCON 和 IFOM 两种无缝接入方式。基于 TS23.327 提出的 DSMIPv6（dual-stack MIPv6，DSMIPv6）方案对 WLAN 及 EPC 的网络架构进行功能更新，在 EPC 中实现了基于 IP 流的移动性管理和无缝的业务连续性。

R10 研究成果包括 MAPCON、IFOM、非无缝卸载（non-seamless offload）等多种技术方案。TS23.402 中体现了 MAPCON 和非无缝卸载方案，TS23.261 中体现了 IFOM 方案。

R11 阶段提出基于 S2a 接口的可信 WLAN 接入方式（GTP-S2a and WLAN access to EPC，SaMOG），基于应用识别的 ANDSF（data identification in ANDSF，DIDA）策略，用于 IP 接口选择的运营商策略（operator policies for IP interface selection，OPPIIS），基于位置的 WLAN 网关选择（location-based selection of gateway，LOBSTER）。SaMOG 研究基于 S2a GTP 的可信 WLAN 接入方式，在 SI 阶段研究成果体现在 TR23.852 中，标准化阶段把方案输出到 TS23.402 中。DIDA 研究如何对 ANDSF 功能进行增强，使得运营商对网络中的每个应用或 IP 流的使用都能进行资源控制，SI 阶段研究成果输出到 TR23.855 中，并将部分内容输出到 TS23.402 中。OPPIIS 基于 APN 的粒度，对 ANDSF 功能进行增强，在 SI 阶段的研究成果体现在 TR23.853 中，但在 R11 阶段没有完成相关的标准化工作。LOBSTER 研究在 S2b/S2c 的 WLAN 接入的情况下，如何基于 UE 的位置，选择合适的 ePDG（evolves packet data gateway，演进分组数据网关）和 PDN GW（packet data network gateway，分组数据网关），以保证数据路由的最优化，研究成果输出到 TS23.402 中。

| 5.3 移动网络与 WLAN 无线网侧互操作 |

5.3.1 网络场景

移动网络与 WLAN 无线网侧协作的应用场景如图 5-9 所示。单个 UTRAN/E-UTRAN 小区覆盖下可以有多个 WLAN 接入点（access point，AP）。eNB/RNC 可能知道地址或其他 WLAN AP 参数，也应当支持这些信息不可得的场景。

场景 a：终端在 3GPP 网络覆盖范围内，正在使用 3GPP 网络，然后进入 WLAN 覆盖范围。

场景 b：终端在 3GPP 网络和 WLAN 覆盖范围内，正在使用 WLAN，然后离开 WLAN 覆盖范围。

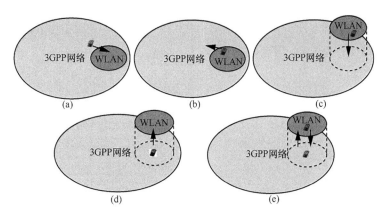

图 5-9　移动网络与 WLAN 无线网侧协作的应用场景

场景 c：终端在 3GPP 网络和 WLAN 覆盖范围内，正在使用 WLAN，一部分或者全部业务应该被分流到 3GPP 网络。

场景 d：终端在 3GPP 网络和 WLAN 覆盖范围内，正在使用 3GPP 网络，一部分或者全部业务应该被分流到 WLAN。

场景 e：终端在 3GPP 网络和 WLAN 覆盖范围内，正在同时使用 3GPP 网络和 WLAN，终端应该只连接到一种接入技术，或者将一部分业务分流到另外一种接入技术。

5.3.2　技术方案

移动网络与 WLAN 侧协作主要指移动网络与 WLAN 侧互操作，在 RRC 层进行信令流程的重新定义，实现网络选择和 APN 级别分流。技术方案应当满足以下要求。

- 移动网络和 WLAN 双向负载均衡。
- 能区分每个目标 WLAN 系统。
- 能控制每个 UE 的业务分流。
- 应确保接入选择决策不会导致 UTRAN/E-UTRAN 和 WLAN 间的乒乓切换。
- 兼容所有现有的 CN 的 WLAN 有关功能，例如无缝和非无缝卸载、MAPCON 和 IFOM 等；兼容现有的 3GPP 和 WLAN 标准；基于现存 WLAN 功能，避免对 IEEE 和 WFA 标准的改动。
- 促进 WLAN 的使用率。

• 降低或保持电池消耗，例如由于 WLAN 扫描/发现导致的电量消耗。

移动网络与 WLAN 侧互操作的技术方案主要包括以下 3 种。

（1）方案一

eNB/RNC 通过广播信令或者专用信令发送辅助信息给 UE，UE 使用测量到的 RAN 辅助信息和 WLAN 提供的信息，依据通过 ANDSF 或 OMA-DM 得到的策略或在 UE 预先配置的策略，选择切换到 3GPP 或 WLAN。方案一适用于 E-UTRAN 的 RRC idle 态和 RRC connected 态，UTRAN 中的 UE idle 态、cell_DCH、cell_FACH、cell_PCH、URA_PCH 态。方案一的信令流程如图 5-10 所示，具体实现流程如图 5-11 所示，RAN 侧提供的辅助信息将取代 ANDSF 策略中的对应信息，这种利用 RAN 侧辅助信息的 ANDSF 策略被称为增强的 ANDSF，即 eANDSF。

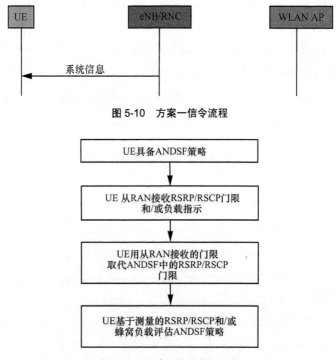

图 5-10　方案一信令流程

图 5-11　方案一实现流程示意

（2）方案二

RAN 提供网络选择和业务分流规则，并通过专用或者公共信道提供规则中需要使用的门限。eNB/RNC 通过广播信令或者专用信令发送参数给 UE，UE 根据 ANDSF

或 RAN 规则，进行 WLAN 和 3GPP 间的双向切换。应首先考虑用户偏好。当存在
ANDSF 时，ANDSF 规则优先于 RAN 规则。方案二适用于 E-UTRAN 的 RRC idle
态和 RRC connected 态，UTRAN 中 UE idle 态、cell_DCH、cell_FACH、cell_PCH、
URA_PCH 态。方案二信令流程如图 5-12 所示。从 3GPP 切换到 WLAN 的实现流
程如图 5-13 所示，从 WLAN 切换到 3GPP 的实现流程如图 5-14 所示。

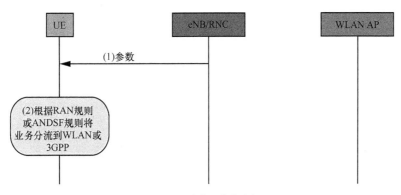

图 5-12　方案二信令流程

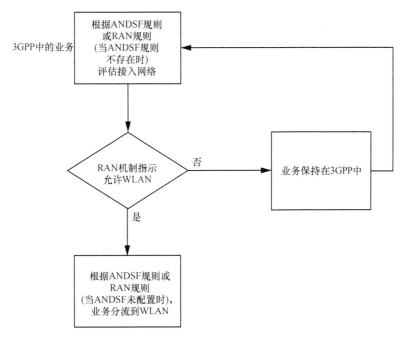

图 5-13　方案二切换实现流程示意：从 3GPP 切换到 WLAN

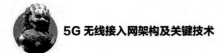

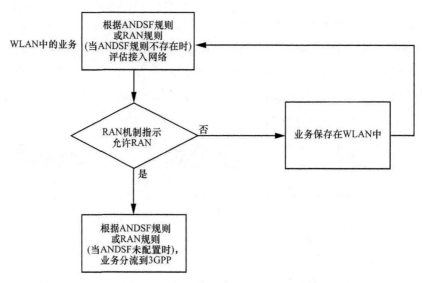

图 5-14　方案二切换实现流程示意：从 WLAN 切换到 3GPP

（3）方案三

当 UE 处于 RRC connected 态或 cell_DCH 态时，RAN 通过专用信令对 UE 进行负载均衡。当 UE 处于空闲状态时，参考方案一和方案二。eNB/RNC 对 UE 进行测量控制，配置 UE 测量过程，包括要测量的目标 WLAN 的 ID。UE 被触发，按照测量控制中设置的规则发送测量报告。eNB/RNC 向 UE 发送分流命令，使 UE 基于测量报告向 WLAN 或从 WLAN 进行业务分流。方案三信令流程如图 5-15 所示。

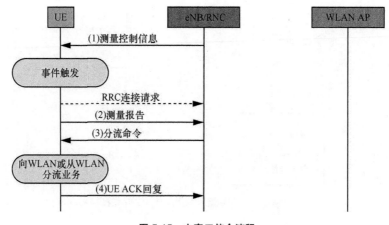

图 5-15　方案三信令流程

从以上 3 种方案来看，方案一和方案二均为网络侧辅助终端主导的方式，方案三为网络侧主导的方式，运营商对于网络控制更强。与方案一而相比，方案三增加了更多的网络测量功能，实现更复杂但是性能最优。

3GPP/WLAN 无线互操作提升了用户 QoE 和网络效用，为运营商提供了更多控制，从而加强了基于核心网的 WLAN 分流。但虽然 R12 定义了一系列 RAN 侧的接入网选择和业务分流规则以及辅助参数，这种基于规则的触发分流机制只能做到网络选择和 APN 级别分流，粒度仍较粗。

5.3.3　相关研究

5.3.3.1　WLAN/3GPP 无线侧互操作

为了改善用户业务体验，充分利用运营商已经部署的 WLAN，更好地进行无线网络负载均衡，减少网络建设和运维支出，3GPP 在 R12 启动了 WLAN 与 3GPP 无线网络互操作的研究，RAN2 成立了 WLAN/3GPP 无线互操作（WLAN/3GPP Radio Interworking）SI 进行相关研究工作。研究的主要目标是明确无线接入网侧对 WLAN/3GPP 互操作的需求及应用场景，研究能够增强运营商对 WLAN 控制的方案，包括 WLAN 不过载时提高 WLAN 的利用率，考虑终端无线链路质量、负载等因素的影响，进行蜂窝网络和 WLAN 之间的网络选择和双向负载均衡方法，并评估对现有标准机制的影响。WLAN/3GPP 无线互操作 SI 立项在 RAN# 58 次会议通过，于 2013 年 12 月完成该研究项目的工作，形成研究报告 TR37.834。RAN# 62 次会议通过 SI 研究报告，并通过 WI 立项，启动后续 WI 开始正式的标准制定工作。到 2015 年 3 月，RAN#67 会议时标准化工作已经完成[8]，对 RAN 辅助参数、RAN 规则、WLAN 参数等达成了一致，见表 5-1。并对一系列规范 TR25.133/TR25.300/TR25.304/TR25.331/ TR36.201/TR36.300/TR36.304/TR36.306/TR36.331 进行修改，以支持 WLAN 与 3GPP 无线侧的互操作。之后的 WI 研究阶段工作主要集中在 WLAN 与 3GPP 无线网络选择和业务分流机制的标准化，包括选择 RAN 通过系统广播和/或专用信令下发的接入网选择和业务分流辅助参数以及 ANDSF 没有部署或者终端不支持情况下，RAN 下发的接入网选择和业务分流规则，RAN 下发的辅助的 WLAN ID 信息、业务分流信息等。

表 5-1　WLAN 与 3GPP 无线侧的互操作标准化进展汇总

原则及参数	说明		备注
通用原则	接入网发现和选择功能规则优先，无线接入网参数配合使用。在 ANDSF 没有部署，或者规则失效的情况下，参考 RAN 下发的规则，并配合 RAN 的参数适用		TR25.300/TR36.300
RAN 规则	在无 ANDSF 的情况下，RAN 规则只支持颗粒度为 APN 级别的业务分流，通过非接入层信令告知用户设备。在 RAN 共享的情况下，支持不同的公共陆地移动网络使用不同的辅助参数。当多个 WLAN 均满足准则时，由终端实现决定选择哪个 WLAN 或者遵循上层信令给出的优先级		TR25.304/TR36.304
RAN 辅助参数	3GPP 参数	LTE RSRP/UMTS CPICH RSCP 门限 LTE RSRQ/UMTS CPICH E_c/N_0 门限 分流偏好指示（offload preference indicator, OPI）	通过 SIB 或者专用信令告知；在 TR25.304/TR36.304 中定义的 RAN 接入网选择和业务分流规则中使用，或在 TR24.312 中定义的 ANDSF 策略中使用。其中 OPI 只在 ANDSF 策略中使用，WLAN ID 只在 RAN 规则中使用
	WLAN 参数	WLAN 信标信道 RSSI 门限	
		WLAN 信道利用率门限	
		WLAN 上下行回传速率门限	
		WLAN 标识 SSID/BSSID/HESSID	

5.3.3.2　接入网控制的 LTE/WLAN 互操作增强

3GPP R12 的 WLAN/3GPP 无线互操作主要采取 UE 主导的方式。R13 阶段的 WI 项目 LTE-WLAN Radio Level Integration and Interworking Enhancement（LTE-WLAN 无线侧融合和互操作增强），除 LTE/WLAN 无线侧融合外，还研究 LTE/WLAN 无线侧互操作增强。

LTE-WLAN Radio Level Integration and Interworking Enhancement 项目在会议报告中提出，互操作增强方案应当满足以下要求。

- 互操作增强基于 R12 研究的 LTE/WLAN 互操作；
- 与其他 3GPP/WLAN 互操作措施共存；
- 避免 IEEE 802.11 标准的影响；
- 互操作增强措施不应要求针对 WLAN 的 CN 节点、CN 接口、增加的 CN 信令；
- 在最小化 CN 信令的同时，促进 LTE 向/从 WLAN 切换；
- 促进对 WLAN 分流的网络控制；
- 通过使用蜂窝和 WLAN 接入提高整体 UE 吞吐量。

LTE/WLAN 无线侧互操作增强基于 3GPP/WLAN 无线侧互操作的方案三，输出方案接入网控制的 LTE/WLAN 互操作（RAN controlled LTE/WLAN interworking，RCLWI），标准化成果输出在 TS36.300。RCLWI 支持在 E-UTRAN 和 WLAN 之间的双向业务分流，适用于 UE 的 RRC connected 态。E-UTRAN 发送分流命令到 UE，接收到分流命令后 UE 高层决定哪些业务可分流到 WLAN。

| 5.4　移动网络与 WLAN 无线网侧 PDCP 层融合 |

5.4.1　网络场景

移动网络与 WLAN 在无线网侧 PDCP 层融合的场景按照 LTE 和 WLAN 之间的回传场景，分为 LTE/WLAN 共站部署场景（即 collocated 场景）和 LTE/WLAN 不共站部署场景（即 non-collocated 场景），如图 5-16 所示。考虑到 WLAN 节点的演变和表达惯例，将 WLAN 网络节点定义为 WLAN 终端（WLAN termination，WT）。

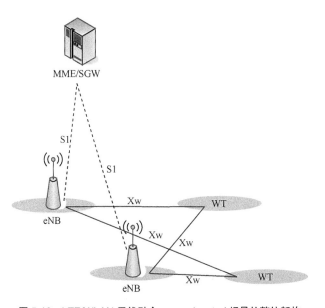

图 5-16　LTE/WLAN 无线融合 non-colocated 场景的整体架构

（1）LTE/WLAN 共站部署场景

LTE/WLAN 共站部署场景，即 collocated 场景中，LTE eNB 和 WLAN AP/AC 物理上集成，通过内部接口连接，eNB 和 WT 之间视为理想回传或内部回传。RAN 逻辑节点具备 LTE eNB 和 WLAN AP 功能。该场景类似 LTE 载波聚合（carrier aggregation）。

（2）LTE/WLAN 不共站部署场景

LTE/WLAN 不共站部署场景，即 non-collocated 场景中，连接 eNB。LTE eNB 和 WT 通过外部接口连接，eNB 和 WT 之间是非理想回传。该场景类似 LTE 双连接（dual connectivity，DC）。

eNB 和 WT 之间的接口定义为 Xw 接口。一个 eNB 可以连接到多个 WT，一个 WT 可以连接到多个 eNB。

5.4.2　共站部署技术方案

在 LTE/WLAN 共站部署场景中，LTE eNB 和 WLAN AP/AC 物理上集成，通过内部接口连接，eNB 和 WT 之间视为理想回传或内部回传。RAN 逻辑节点具备 LTE eNB 和 WLAN AP 功能。例如，图 5-17 中给出了一种融合了 LTE 与 Wi-Fi 两种不同无线接入技术的移动基站，称为融合基站（converged base station，CBS）。网络中的每个移动终端（mobile node，MN）可以同时与一个 CBS 进行两种无线接入技术的通信，CBS 将统一协调控制两种无线技术之间的数据分割和组合拼装，终端侧则由 MN 来进行多种数据源的协同处理。上述方案的优点是网络有统一整体规划与设计，可以保证多种无线技术的良好协作和网络使用体验效果。但是，由于各种无线接入技术针对的应用场景不尽相同，例如，LTE 主要针对移动网络，而 Wi-Fi 主要针对局部热点，使用的频率资源也存在差异，LTE 使用授权运营频率，Wi-Fi 使用非授权频率资源，所以将有差异的各种无线网络节点部署于相同位置，可能会导致无法充分发挥各种无线接入技术的最优化性能。

共站部署场景类似 LTE 载波聚合。采用载波聚合技术的 LTE/WLAN 协作与融合技术，如 LAA，是一种可以扩展 LTE 兼容频谱至未授权频段上的技术，用于增强 LTE 和 LTE-A，为 LTE 网络运营商提供补充接入。LAA 采用载波聚合技术、聚合授权频谱和免授权频谱，关键问题是 LAA 和 Wi-Fi 的共存。LAA 将在本书频谱共享技术章节具体阐述。

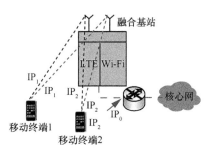

图 5-17　基于 LTE 基站支持多种无线接入技术的网络架构

5.4.3　不共站部署技术方案

移动网络与 WLAN 无线网侧 PDCP 层融合的技术方案为 LTE/WLAN 聚合
（LTE/WLAN aggregation，LWA）[9]。LWA 适用于 UE 的 RRC connected 态。该技
术方案的优势包括以下几个方面。

- WLAN 接入对核心网是透明的，这样不要求针对具体 WLAN 的核心网
节点和接口。运营商统一控制和管理 3GPP 网络和 WLAN，而不是分别
管理。
- 无线级别的深度融合，允许 WLAN 和 LTE 间基于实时信道和负载的 RRM，
提供明显的容量和 QoE 进步。
- 可靠的 LTE 网络被用作控制和移动锚点，以提供 QoE 提升，最小化业务干
扰，增强运营商控制。
- 不需要新的 WLAN 相关的核心网信令，减小核心网负担。

5.4.3.1　协议架构

LTE/WLAN 无线侧融合措施基于 R12 双连接（dual connectivity，DC）[10]措施
2C 和 3C。由 LTE eNB 进行数据流的分发与控制，WLAN 的存在对于核心网来说是
透明、无影响的。

本节对 R12 的双连接方案进行简单回顾。如本书前述双连接技术内容，在双
连接方案中，包含一个主基站（master eNB，MeNB）和至少一个从基站（secondary
eNB，SeNB），提供了 3 种可能的备选方案。为了便于叙述，将备选方案重画如
图 5-18 所示。

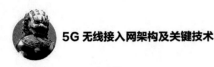

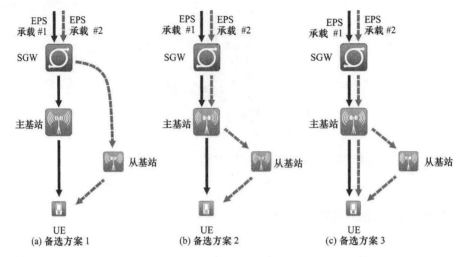

图 5-18 双连接用户面备选方案示意

备选方案 1 的思想是在核心网进行分流,即在核心网将终端的多个承载分割在不同的接入网基站中传输,针对单个承载不进行分割。备选方案 1 的优点是:卸载能力增强,当工作在双连接模式下时相比于切换,可直接将终端的一部分业务承载卸载到从基站中,减少了时延,且更容易实现业务的 QoS 需求;减小了 MeNB 的负担,在核心网就将终端业务的一部分转换到 SeNB 中去,而取代了将终端所有的业务缓存到 MeNB 中。备选方案 1 的缺点是:节点间资源聚合能力带来系统增益受限;核心网复杂度增加,部分 EPS 承载需要在核心网进行路径转换,相比在接入网分流,这种方案对核心网造成负担要大;安全性降低,在 MeNB 和 SeNB 都需要对数据进行加密,UE 需要支持多个安全密钥。相比于一个只在一个节点进行加密,数据安全性受到影响。

备选方案 2 的思想是在 eNB 侧进行分流,即接收所有承载数据,然后将部分承载分流到 SeNB 中进行传输。备选方案 2 的优点是:卸载能力增强;减小对核心网的影响,接入网的移动性对核心网是透明的。备选方案 2 的缺点是:没有减轻 MeNB 的负担,需要将所有的业务数据缓存到 MeNB 中;节点间资源聚合能力带来系统增益受限,同备选方案 1,备选方案 2 也没有实现一个 EPS 承载被分割在多个 eNB 中传输,使得此方案给系统带来增益受限。

备选方案 3 的思想也是在接入网进行分流,与备选方案 2 的不同之处是添加了 EPS 分割功能,即一个承载的一部分 IP 分组通过 MeNB 发送给 UE,另一部分通过 SeNB

发送给 UE。除了具备备选方案 2 的优点外，备选方案 3 还具备如下优势：节点无线资源利用率高，备选方案 3 添加了承载分割功能，使得 eNB 侧可以实现更加灵活的负载均衡，更加能够充分利用节点的无线资源。相较于备选方案 2，备选方案 3 也同样存在没有减轻 MeNB 存储负担的缺点，此外还存在 MeNB 流控制功能不足的缺点。

在具体协议栈设计方面，关键是要确定在哪一层进行数据的分割与聚合。双连接技术采用非理想回传，较大的时延不允许双连接技术在 MAC 层进行数据的分割与聚合，而必须在更高层实现，即 RLC 层或者 PDCP 层。根据 MeNB 和 SeNB 中是否存在独立的 PDCP 层或 RLC 层，将以上 3 种备选方案又细分为 9 种候选方案：1A/2A/2B/2C/2D/3A/3B/3C/3D。其中 2C 和 3C 协议架构如图 5-19 所示。

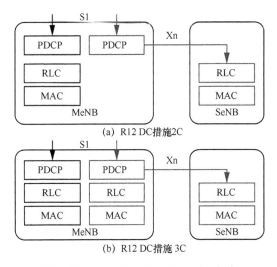

图 5-19   R12 DC 措施 2C 和 3C 协议架构

LWA 无线协议架构基于 DC 方案 2C 和 3C 发展演进，如图 5-20 和图 5-21 所示。LWA 承载（bearer）分为两种类型：分流 LWA 承载（split LWA bearer）和切换 LWA 承载（switched LWA bearer）。在 PDCP 层进行 LTE/WLAN 融合，适用于分流 LWA 承载和切换 LWA 承载及共站场景和不共站场景。特定承载使用的无线协议架构取决于 LWA 回传场景和该承载如何配置。

LWA 操作中，下行 PDCP PDU 由 eNB PDCP 实体产生，经 LTE RLC/MAC 和/或 WLAN 转发到 UE。对于通过 WLAN 发送的 PDU，LWA AP 生成包含 DRB（data radio bearer，数据无线承载）标识的 LWA PDU，WT 使用 LWA 以太网类型以通过

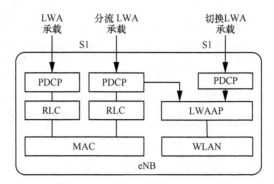

图 5-20 collocated 场景无线协议架构

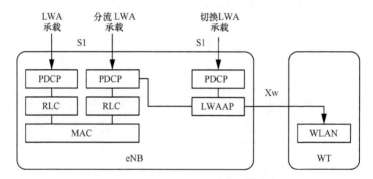

图 5-21 non-collocated 场景无线协议架构

WLAN 向 UE 转发数据。LWA 支持每个 UE 经 WLAN 的多载波传输。为了使接收端区分属于不同承载的 PDCP PDU，使用不受 WLAN MAC 标准化影响的机制。UE 根据 LWA 以太网类型判断接收到的 PDU 属于 LWA 承载，根据 DRB 标识判断该 PDU 属于哪个 LWA 承载。

在下行，LWA 支持分流承载操作，UE 的 PDCP 子层支持上层 PDU 按序传送（in-sequence delivery）。在上行，PDCP PDU 只通过 LTE 发送。

5.4.3.2 网络接口

LWA 中，LTE 和 WLAN 的接口更多考虑不共站场景，eNB 和 WT 之间定义为 Xw 接口。一个 eNB 可以连接到多个 WT，一个 WT 可以连接到多个 eNB。collocated 场景中，LTE 和 WLAN 的接口取决于具体实现。

LWA 唯一的核心网接口是 eNB 与 CN 之间的 S1 接口。WLAN 不需要 CN 接口。

不共站场景用户面接口如图 5-22 所示，eNB 通过 S1-U 连接到 SGW，eNB 和 WT 通过 Xw-U 接口连接。Xw-U 接口用于传送 eNB 和 WT 间的 LWA PDU。Xw-U 接口支持基于 WT 反馈的流控制。用户面 Xw-U 协议栈为 GTP-U/UDP/IP，如图 5-23 所示。

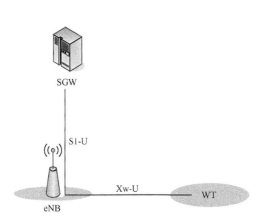

图 5-22　LWA 中 eNB 和 WT 的用户面连接

图 5-23　Xw-U 用户面协议

不共站场景控制面接口如图 5-24 所示，eNB 通过 S1-MME 连接到 MME，eNB 和 WT 通过 Xw-C 接口连接。eNB 和 WT 为 LWA 操作的控制面信令通过 Xw-C 接口信令实现，定义应用层信令协议为 Xw-AP（Xw application protocol）[11]，控制面 Xw-C 协议栈为 Xw-AP/SCTP/IP，如图 5-25 所示。

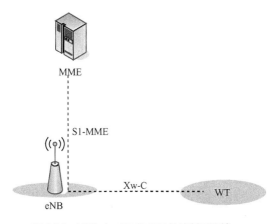

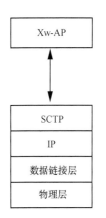

图 5-24　LWA 中 eNB 和 WT 的控制面连接

图 5-25　Xw-C 控制面协议

5.4.3.3 移动性

定义 WLAN 移动性集合, 包括一个或多个 WLAN 接入节点(access point, AP), 用 BSSID/HESSID/SSID 标识各 AP。一个 UE 最多同时连接到一个 WLAN 移动性集合。所有属于一个移动性集合的 WLAN AP, 分享一个共同的 WT, 一个 WT 内可能有多个移动性集合。

UE 在 WLAN 移动性集合内部的 WLAN AP 的切换, 不通知 eNB。UE 在不属于同一 WLAN 移动性集合的 WLAN AP 的切换, 由 eNB 基于 UE 提供的测量报告控制。

5.4.3.4 操作流程

LWA 操作包括 WT 加入(addition)、WT 修改(modification)、WT 释放(release)、WT 变更(change) 等, 分别描述如下。

（1）WT 加入

WT 加入过程由 eNB 发起, 用于在 WT 建立 UE 上下文（ context ）, 以向 UE 提供 WLAN 资源。WT 加入过程如图 5-26 所示。图 5-26 中虚线代表该步骤是可选的。

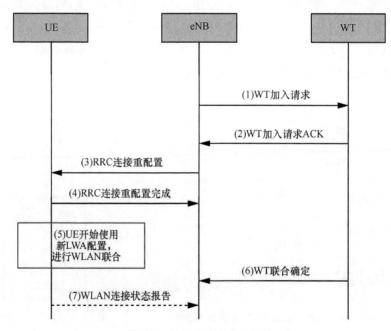

图 5-26 LWA 中 WT 加入过程

（2）WT 修改

WT 修改过程由 eNB 或 WT 发起，用于修改、建立或释放承载上下文，或修改同一 WT 内 UE 上下文的其他属性。eNB 发起的 WT 修改过程如图 5-27 所示。WT 发起的 WT 修改过程如图 5-28 所示。

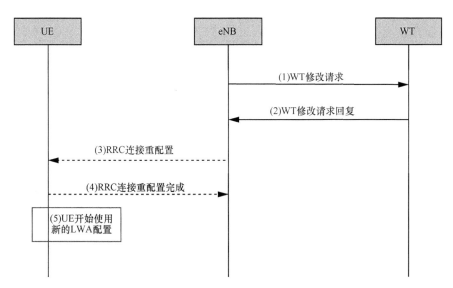

图 5-27　LWA 中 eNB 发起的 WT 修改过程

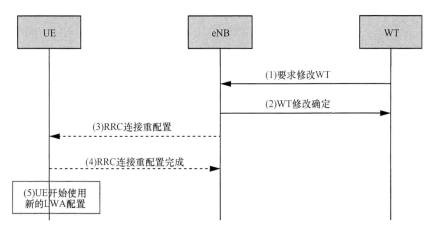

图 5-28　LWA 中 WT 发起的 WT 修改过程

（3）WT 释放

WT 释放过程由 eNB 或 WT 发起，用于发起在 WT 的 UE 上下文释放。接收到

5G 无线接入网架构及关键技术

释放请求的节点不能拒绝。eNB 发起的 WT 释放过程如图 5-29 所示。WT 发起的
WT 释放过程如图 5-30 所示。

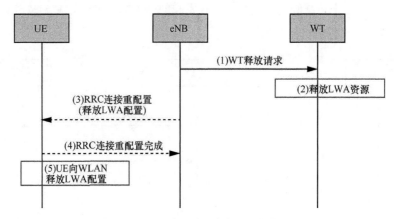

图 5-29　LWA 中 eNB 发起的 WT 释放过程

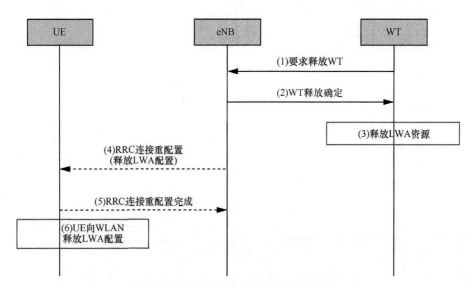

图 5-30　LWA 中 WT 发起的 WT 释放过程

（4）WT 变更

WT 变更过程由 eNB 发起，用于将 UE 上下文从源 WT 转移到目标 WT。WT
变更过程可以通过 WT 释放和加入过程实现。

5.4.4　相关研究

在 R13 阶段，WLAN 与 3GPP 无线深度融合成为业界的研究重点。2015 年 3 月召开的 3GPP TSG RAN Meeting #67 次全会通过了立项 LTE-WLAN Radio Level Integration and Interworking Enhancement，研究 LTE/WLAN 无线侧融合和互操作增强，针对运营商及其合作者部署的 WLAN，目标是定义 LTE-WLAN 融合和互操作增强措施，使 WLAN 和 LTE 在 RAN 侧融合得更加紧密，网络对二者融合具有更强的话语权和控制力。到 2016 年 3 月 RAN#71 会议该项目已完成，研究成果输出到 TS36.300。

3GPP 下一步继续对 LWA 进行研究和标准化，在 R14 立项 eLWA Work Item Description[12]，对预期开展的工作描述如下。

- 基于 LTE 双连接解决方案 2C 和 3C，在 UE 侧和网络侧，具体化 LTE-WLAN 融合的 RAN 和 WLAN 协议架构。
- 基于 R12 DC 具体化 PDCP 层的用户面融合措施，允许每个分组（即双连接分流承载中的 PDCP PDU）和每个承载的卸载。
- 具体化 RRC 增强和业务分流指示。
- 具体化连接到同一 eNB 的 WLAN 链路的增加、删除和改变的措施。
- 具体化 UE 的 WLAN 测量报告。
- 具体化在非共站场景下，eNB 和 WLAN 终端节点之间基于双连接措施 2C、3C 融合要求的信令和接口。

| 5.5　基于 IPSec 隧道的 LTE/WLAN 无线集成 |

5.5.1　网络场景

考虑到低层聚合修改幅度较大，为了快速面向市场，充分利用传统 WLAN 基础设备，移动网络与 WLAN 无线侧协作与融合技术对 IP 层进行修改。移动网络与 WLAN 无线侧 IP 层协作与融合的技术方案为基于 IPSec 隧道的 LTE/WLAN 无线集成（LTE/WLAN radio level integration with IPSec tunnel，LWIP）。LWIP 适用于 RRC connected 态 UE，eNB 配置 UE 通过 IPSec 隧道使用 WLAN 资源，定义了新的网络节点 LWIP-SeGW，如图 5-31 所示。WLAN 除鉴权外对核心网透明，IPSec 隧道对 WLAN 基础设施透明。考虑到安全原因，IPSec 隧道终止于 eNB 处 LWIP-SeGW。

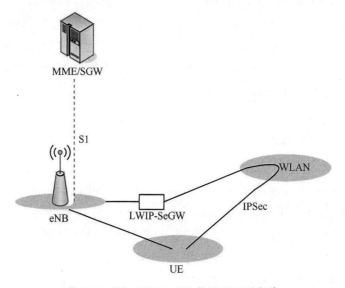

图 5-31 引入 LWIP-SeGW 的 LWIP 网络架构

5.5.2 技术方案

5.5.2.1 协议架构

LWIP 协议架构如图 5-32 所示。在数据面，UE 和 eNB 之间的 IPSec 隧道用于传输通过 WLAN 的 PDCP SDU（service data unit，服务数据单元）。UE 对于所有配置为通过 WLAN 收发数据的上下行数据承载，使用单个 IPSec 隧道。

对于数据承载的下行，从 IPSec 隧道接收到的数据直接转发到 UE 高层。对于上行，eNB 配置 UE 以路由上行数据通过 LTE 或 WLAN。如果通过 WLAN 路由，则该 DRB 的全部 UL 业务都分流到 WLAN。LWIP 不支持数据承载同时通过 LTE 和 WLAN 发送数据。

在控制面，LWIP 基于 UE 的测量报告，由 eNB 控制。LWIP 激活和去激活都

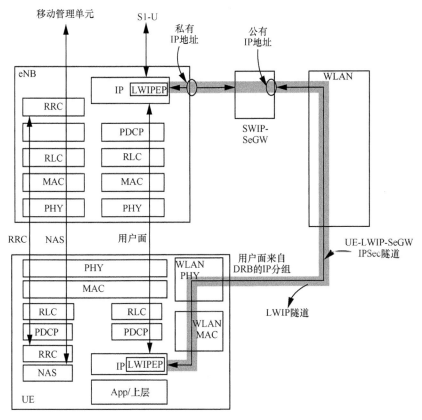

图 5-32　LWIP 协议架构

由 eNB 控制。当 LWIP 激活时，eNB 发送 WLAN 移动性集合（WLAN mobility set）、承载信息和 LWIP-SeGW 的 IP 地址。WLAN 协作和 EAP/AKA 鉴权后，UE 建立与 LWIP-SeGW 的 IPSec 连接。LWIP 使用与 LWA 类似的 WLAN 测量报告框架和 WLAN 移动性概念，注意 LWIP 中没有 LWA 中的 WT 网络节点，因此与 WT 相关的描述不适用。

5.5.2.2　操作流程

（1）IPSec 隧道建立和承载配置

承载通过 IPSec 隧道传输的配置过程如图 5-33 所示。

（2）删除 DRB 的 WLAN 资源的承载重配置

重配置承载，从 DRB 删除 WLAN 无线资源的过程如图 5-34 所示。

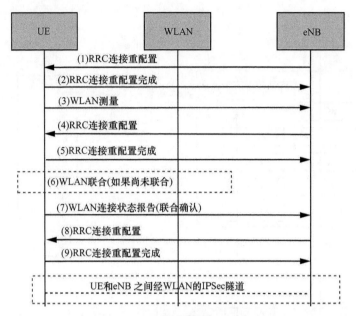

图 5-33　IPSec 隧道建立和承载配置

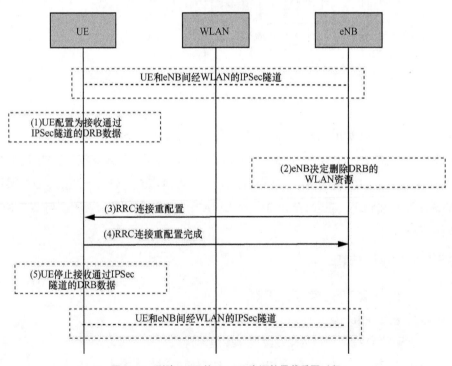

图 5-34　删除 DRB 的 WLAN 资源的承载重配过程

（3）IPSec 隧道释放

eNB 触发 IPSec 隧道释放过程如图 5-35 所示。

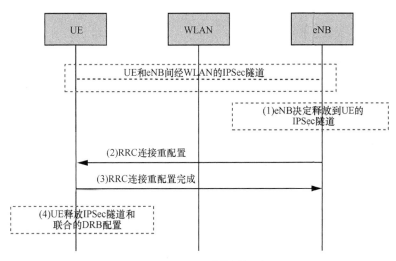

图 5-35　IPSec 隧道释放过程

5.5.3　相关研究

在 R13 阶段的同期立项还包括 LTE-WLAN RAN Level Integration supporting legacy WLAN，到 2016 年 3 月 RAN#71 次会议该项目已完成，研究成果 LWIP 方案输出到 TS36.300 中。

从发展驱动来看，LWIP 有利于快速市场化，并能充分利用原有 WLAN 基础设施。从技术实现来看，将 LWIP 与 LWA 做一个简单比较，见表 5-2。UE 不能同时配置 LWA 和 LWIP。

表 5-2　LWA 与 LWIP 比较

	eNB 控制	WLAN 测量	卸载粒度	WLAN 业务方向	反馈/流控制	快速 WLAN 鉴权	WLAN基础设施影响	新网络节点
LWA	是	是	分流承载	只 DL	是	是	是	WT
LWIP	是	是	承载	DL+ UL	否	否	否	LWIP-SeGW

| 5.6　基于 MP-TCP 的多连接技术 |

5.6.1　网络场景

TCP 作为当前网络的基础性协议也在不断发展，图 5-36 展示了 TCP 的功能扩展历程。多路径 TCP（multi-path TCP，MP-TCP）在 2011 年就被提出，并逐步发展和完善，当前已经有了较为成熟的协议规定。目前，各种多制式协作与融合技术中，也存在一种基于 MP-TCP 技术的多种无线接入技术融合方案。

图 5-36　TCP 发展进程

早期的 MP-TCP 主要是针对 IP 网络设计的，通过在服务器与终端节点之间建立多个路由通路来提升网络 IP 路由的灵活性和可靠性。随着智能终端处理能力与功能的增强，一些著名终端公司都在智能手机中引入了 MP-TCP 的支持能力，例如苹果公司的 iPhone 和三星公司 Galaxy 手机。通过 MP-TCP，手机与服务器之间可以建立多个通道，每一个通道可以基于一种无线接入技术，这样就通过 TCP 层汇聚不同无线制式，如图 5-37 所示。

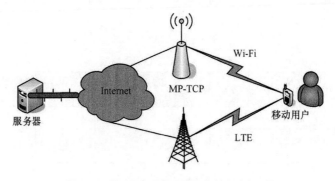

图 5-37　移动网与无线局域网多制式融合场景

5.6.2　技术方案

5.6.2.1　协议架构

　　为了进一步说明 MP-TCP 与传统 TCP 的区别，图 5-38 给出了 MP-TCP 的协议栈结构。从图 5-38 中可以看出，MP-TCP 技术将传统 TCP 协议层分为两个子层，由 MP-TCP 子层和 Subflow（TCP）子层构成。MP-TCP 子层负责各个 Subflow 子层之间的数据汇聚和分段功能，而 Subflow 子层则分别对应一个 IP 层来完成传统 TCP/IP 协议处理功能，所以从 MP-TCP 协议栈结构来看，支持 MP-TCP 的终端和服务器都将同时支持多个 IP 地址，并能够完成多个 TCP/IP 流的协同处理，保证数据传输的完整性。如果将 MP-TCP 中的每一个 Subflow 子层都映射到一种无线接入技术，则相当于在 TCP 层中完成了多种无线接入技术的协作与融合。而且基于 MP-TCP 的多制式协作与融合技术，并不限定各种无线接入网络的部署方式与部署位置。例如，LTE 仍然由移动运营商独立规划与建设，Wi-Fi 无线网络也仍然可以由企业或者个人根据业务需要灵活部署，两个网络各自规划，相互之间没有限制。对于未来 5G 网络，可以基于 MP-TCP 技术，有效地将 3G、4G、5G、Wi-Fi 等无线网络技术有效融合，并且不改变原有网络的架构与设备。因此，基于 MP-TCP 技术的多制式协作系统，每一种无线网络都可以单独进行部署，每一种都可以拥有单独的无线网络运营方。例如，对于 LTE 系统和 Wi-Fi 系统，可以将运营商的 LTE 网络与用户家庭部署的 Wi-Fi 网络一起为用户提供无线服务。同时，智能终端处理能力的增强，也从软硬件上完全可以支持基于 MP-TCP 技术的多制式协议与融合方案。

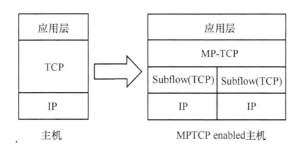

图 5-38　MP-TCP 协议栈

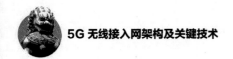
5.6.2.2 技术特性

基于 MP-TCP 技术的多连接网络协作与融合系统，网络部署上具有高度灵活性，多种无线接入技术可以同时为一个终端用户提供服务，这样如果有某一种或者几种无线系统出现问题，只要保证其中有一个无线系统可以接入，就可以保证用户业务的使用，提高了未来无线及移动网络服务的可用性。但是，基于 MP-TCP 的多制式技术在实际部署中也有一些自身特有的问题需要解决[13]。

从 MP-TCP 技术特性本身而言，是一种性能最大化的资源策略，因此 MP-TCP 技术将会最大化利用多种无线连接，这也就是所谓的"贪婪"原则。但是，从用户实际使用习惯而言，终端上多种无线接入模块优先使用哪一个或者哪几个，这个问题需要考虑很多方面因素。例如，从终端节电角度出发，由于每一种无线接入技术耗电特性不一样，终端位于各种无线网络中的位置和信号强度不同，甚至是用户使用业务的特性和场景等，都会导致终端电池可用时长的变化[14]。同时，从用户使用网络的资费成本角度出发，也会因为运营商 3G、4G、未来 5G 网络资费策略不同而影响终端对于各种无线接入技术的选择，甚至选择策略还要随着资费策略的变化而调整[15]。目前，这些 MP-TCP 实际使用问题，都已经引起了学术界和产业界的关注，并正在开展相关研究。

采用 MP-TCP 技术可以拥有多个无线技术来保证数据传输的可靠性，但是也存在着多个链路协调的复杂性。研究表明，如果采用 MP-TCP 多连接协作传输协议，一旦有某一个无线链路质量恶化，则会导致 MP-TCP 传输效率大大下降，这主要是因为接收端需要等待所有无线链路数据都被完整接收后，才可以结束一个数据接收任务。因此，在每一种无线接入技术都稳定可靠的场景下，MP-TCP 技术性能优异；但是对于各种无线连接质量不一致场景下，则性能受到严重影响[16]。对于 MP-TCP 技术的这个问题，学术界和产业界也提出了多种解决方案，例如在 MP-TCP 系统中引入喷泉编码技术[17]。当采用喷泉码后，则 MP-TCP 中的每条路径都不需要互相等待，大家一起接收随机产生的信息，一旦接收到足够的随机信息，即可完成译码，这样就避免了因为信道差的无线链路而导致的各个链路相互协调和等待的问题。目前，该领域还在继续深入研究，图 5-39 是引入喷泉码的 MP-TCP 数据发送机制示意。

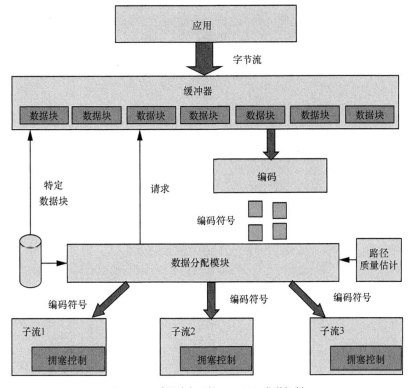

图 5-39　采用喷泉码的 MP-TCP 发送机制

从图 5-39 可以看出，数据从应用层下来，经过分段处理之后，再经过喷泉编码处理过程，转化成编码符号。数据分配模块根据路径质量初步估计，分配各个子流到各个无线连接路径中，各个无线传输链路中的拥塞控制都各自独立运行。研究结果表明，对于 MP-TCP 中各个无线连接不均衡和数据等待等问题，在引入喷泉码后得到了很好的改善，特别是在突发分组丢失场景下有较稳定的性能，特别适合于多媒体和实时业务传输。

研究表明，MP-TCP 对于长时间数据流传输是有好处的，但是对于短数据分组的数据流就表现较差[18]。因为当数据量较小时，特别是大量互联网业务的数据量都很小，本来采用一个无线链路就可以很快传输完成，而对于 MP-TCP 技术需要分别启动多个无线链路来传输数据，就会有一部分数据被分到性能较差的无线链路上，这反而导致了传输效率的降低。研究还表明，MP-TCP 启动另一个流的时延和不同无线链路的环回时间（round trip time，RTT）将会影响 MP-TCP 的性能。

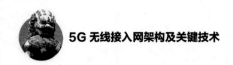

针对 MP-TCP 这方面的问题，目前有学者已经建议了一种 MP-TCP 调度算法，当快速路径与慢速路径之间的时延差异较大时，暂时冻结慢速路径，这样小数据分组能够在时延低的快速路径中迅速发送出去，试验证明有较好的效果，进一步的解决方案还在研究和讨论中[19]。

| 参考文献 |

[1] 尤肖虎, 潘志文, 高西奇, 等. 5G 移动通信发展趋势与若干关键技术[J]. 中国科学: 信息科学, 2014, 44(5): 551-563。

[2] 3GPP. WLAN/3GPP radio interworking: RP122038 [S]. 2012.

[3] 3GPP. Further network-controlled WLAN/3GPP radio interworking: RP142241 [S]. 2014.

[4] CUI Q, SHI Y L, TAO X F, et al. A unified protocol stack solution for LTE and WLAN in future mobile converged networks [J]. IEEE Wireless Communications, 2014, 21(6): 24-33.

[5] 3GPP. Access network discovery and selection function (ANDSF) management object (MO): TS24.312[S]. 2012.

[6] 3GPP. Architecture enhancements for non-3GPP accesses: TS23.402 [S]. 2016.

[7] 姜怡华, 许慕, 习建德, 等. 3GPP 系统架构演进(SAE)原理与设计[M]. 北京: 人民邮电出版社, 2013: 346-375。

[8] 3GPP. Report of 3GPP TSG RAN meeting #66: RP-150060[S]. 2015.

[9] 3GPP. Evolved universal terrestrial radio access (E-UTRA) and evolved universal terrestrial radio access network (E-UTRAN); overall description stage 2: TS36.300 [S]. 2016.

[10] 3GPP. Study on small cell enhancements for E-UTRA and E-UTRAN - higher layer aspects (Release 12): TR36.842[S]. 2013.

[11] 3GPP. X2 application protocol (X2AP): TS36.423[S]. 2016.

[12] 3GPP. R14 eLWA work Item description: RP-160600[S]. 2016.

[13] KOSTOPOULOS A, WARMA H, LEVÄ T, et al. Towards multipath TCP adoption: challenges and opportunities [C]// EURO-NF Conference on Next Generation Internet (NGI), June 2-4, 2010, Paris, France. Piscataway: IEEE Press, 2010: 1-8.

[14] CHEN S, YUAN Z H, MUNTEAN G M. An energy-aware multipath-TCP-based content delivery scheme in heterogeneous wireless networks[C]//IEEE WCNC, April 7-10, 2013, Shanghai, China. Piscataway: IEEE Press, 2013: 1291-1296.

[15] SECCI S, PUJOLLE M G, NGUYEN TMT, et al. Performance–cost trade-off strategic evaluation of multipath TCP communications [J]. IEEE Transactions on Network and Service Management, 2014, 11(2): 250-263.

[16] NGUYEN S C, ZHANG S C, NGUYEN TMT, et al. Evaluation of throughput optimization

and load sharing of multipath TCP in heterogeneous networks [C]// Wireless and Optical Communications Networks (WOCN), May 24-26, 2011, Paris, France. Piscataway: IEEE Press, 2011: 1-5.

[17] CUI Y, WANG L, WANG X, et al. FMTCP: A fountain code-based multipath transmission control protocol [J]. IEEE/ACM Transactions on Networking, 2015, 23(2): 465-478.

[18] CHEN Y C, TOWSLEY D. On bufferbloat and delay analysis of multiPath TCP in wireless networks[C]//Networking Conference (IFIP), June 2-4, 2014, Trondheim, Norway. Piscataway: IEEE Press, 2014: 1-9.

第6章

5G 无线接入网网络资源管理

资源管理是移动通信系统的一个经典而又常新的主题。5G 接入网的资源管理需要应对很多新的挑战，包括：新的干扰场景，如 UDN、D2D 通信以及 UL/DL 跨链路的干扰；新的通信模式，如自回传网络、D2D、移动中继等；差异化、苛刻的应用需求，如大规模机器通信和低时延高可靠通信。

资源管理是蜂窝网络通信系统的一个经典而又常新的主题，该研究领域已得到广泛研究，学术界和工业界都发表了大量相关的研究成果[1-6]。但是，如第 3 章所述，5G 接入网需要应对很多新的挑战，包括以下几个方面。

- 新的干扰场景。例如 UDN、D2D 通信以及 UL/DL 跨链路的干扰。
- 新的通信模式。例如自回传网络、D2D、移动中继等。
- 更加差异化和苛刻的应用需求。例如大连接物联网应用以及低时延高可靠应用。

因此，5G 接入网需要设计一种天然地支持上述新的干扰场景与通信模式，并能满足差异化需求的资源管理框架和机制。为此，首先需要讨论、明确 5G 资源管理的内涵与研究范畴。

|6.1 5G 无线接入网总体资源管理|

为了全面地描述 5G 网络的资源管理，需要从网络的整体架构出发。图 6-1 给出了 5G 网络的示意，由图 6-1 可见，5G 网络使用一个支持 D2D 通信（device-to-device communication，终端直接通信）、UDN（ultra-dense network，超密集网络）部署和现有通信系统演进的系统架构来为用户和机器终端提供更好的用户服务质量和可靠性，并且高效集成了以下几个方面。

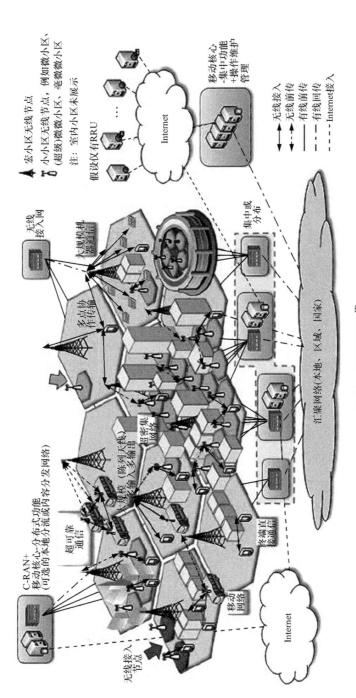

图 6-1　5G 网络示意[1]

- 对 MMC（massive machine communication，大规模机器通信）、MN（moving network，移动网络）和 URC（ultra-reliable communication，超可靠通信）业务的支撑能力。
- 对可扩展数据速率的支撑能力。
- 对极低时延分组传输的支撑能力。

因此，5G 网络可由 5 个水平概念进行描述，分别是大规模机器通信、超密集网络、移动网络、超可靠通信和终端直接通信。其中，MMC 和 URC 是更多地面向业务的概念，D2D 和 UDN 则是基于技术方案的概念，MN 是业务与技术的结合概念。然而尽管这些 5G 概念的出发点不同，但每一个 5G 水平概念都为解决 5G 网络的关键挑战提供了新的网络能力。整个 5G 系统概念是通过有机综合这些 5G 水平概念，并辅以一些补充性的技术，最终满足 5G 网络的各项关键指标。

终端直接通信是指网络中设备器件之间在没有核心网参与的情况下的直接连接通信。在蜂窝网络中引入 D2D 通信技术可以带来如下优势：增强网络覆盖能力，降低回传链路负载，提供 fall-back 能力，提高频谱利用率以及提高单位面积内用户数据速率和网络容量，支持低时延高可靠的 V2X（vehicle to anything，车联网）业务连接等。

MMC 将无线连接能力从人扩展至机器设备，这也将是未来无线通信系统的一个最重要的改变。MMC 需要为网络提供百亿级的连接能力，且机器相关的通信与传统的以人类为中心的通信的特性与需求（速率、时延、成本、功耗、可用性和可靠性等）都存在着巨大的差异。

MN 强调的是网络基础设施的移动性，传统的移动通信网络中只有用户终端具备移动性，而在未来网络中，具备通信能力的车辆和运输系统可以成为蜂窝网络基础设施的一部分，以改善网络的覆盖、容量和部署。这允许基于网络覆盖、容量和业务需求的车辆网络基础设施灵活部署。

5G 网络将为用户提供数千倍与当前网络速率的用户体验，UDN 将是实现这一目标的重要部署方式。据预测，在未来无线网络中，在宏基站覆盖的区域中，小功率基站的部署密度将达到现有站点密度的 10 倍以上，形成超密集的异构网络。小区微型化和部署密集化将极大提升频谱效率和接入网系统容量，从而为高速用户体验提供基础。

URC 是业务和技术综合得到的概念。未来 5G 网络的某些新型业务对可靠性和可用性的要求极高，远远超出了现有系统的能力。相应地，5G 网络需要能够以一种可扩展、高效的方式来支撑这些特殊业务。

本节中,将会按照"水平概念"的维度分析阐述 5G 网络资源管理的研究范畴与内容,并对不同水平概念中的资源管理内容进行具体研究和分析。

在开展上述工作之前,为了更清晰地描述本章的主要研究内容,明确本章与其他章节之间的关系,首先从资源管理功能的角度出发,按照"垂直功能"维度简单梳理一下 5G 网络资源管理。本章中,使用了"水平概念"与"垂直功能"这两个描述,是为了体现分析 5G 资源管理的两个不同维度,从而给出对 5G 接入网资源管理更加立体的理解。

6.1.1　资源管理与垂直功能

5G 网络资源管理的功能主要分为 3 个大的功能模块,分别是切片资源管理功能、网络集中管理功能和无线节点管理功能,如图 6-2 所示。

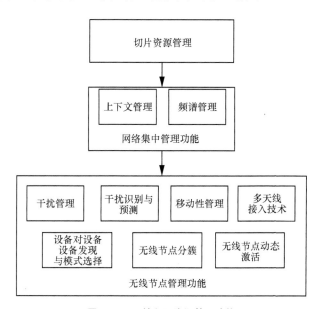

图 6-2　5G 接入网资源管理功能

切片资源管理负责网络切片资源的管理。

网络集中管理功能负责网络的编排功能,这些功能都是通用功能,并不局限于某个具体的水平概念,而且主要是集中部署,也可根据具体的应用场景进行部分功能的分布式部署。集中管理实体的功能主要包括上下文管理和频谱管理。

无线节点管理功能负责网络中多个无线节点的资源协调，其中大部分功能是通用的，如干扰管理、干扰识别与预测、移动性管理、RAT 选择等；同时也有个别功能是针对具体水平概念的，如 D2D 设备发现和模式选择、游牧节点管理等。

6.1.1.1 切片资源管理

5G 网络中的"资源"并不仅仅指传统的无线资源管理上下文中定义的频率功率时域等资源，而是进行了一定扩展的广义资源，其中还包括硬件资源，如天线的数量、类型和配置，移动中继，游牧节点，甚至服务器的运算、存储资源等；此外还包括软资源，即网元和用户的软件能力。"资源"内涵的扩展是 5G 差异化业务需求以及网络切片技术的自然结果。

数据速率和容量需求的爆发式增长以及大规模、超可靠的机器类型通信带来的差异化需求是 5G 网络开发的主要驱动力。差异化业务及其定制化的需求对 5G 接入网的设计提出了以下两个要求。

业务差异化：5G 接入网需要支持比传统网络更加复杂的业务差异化机制，从而对不同的业务进行定制化处理，进而满足不同业务的苛刻需求。

资源重用/复用：只有当基础设施资源（如无线资源、硬件和软件平台资源）能够在不同业务之间实现深度复用时，5G 网络才能以一种经济的、可持续的方式来服务前述差异化业务。

为了能够高效地利用基础设施资源并为不同业务提供定制化的服务，5G 网络需要支持网络切片。对于接入网，为了能够协调切片内不同业务的或切片间的资源需求，网络切片（或者切片的某种抽象，如一组特殊的业务流或者承载）要求对接入网是可见的。例如，接入网需要保证一个切片内全部服务所占用的基础资源不能够超过一定的门限，而公共资源应能够在不同切片之间实现普遍共享。这种切片感知的需求与能力，使 5G 接入网的资源管理与传统网络相比更为复杂。从逻辑上讲，5G 接入网的资源管理将会分为两类：切片间资源管理和切片内资源管理。

切片间资源管理的目标是实现基础资源共享与隔离。首先，切片管理要求能够高效地进行切片操作，包括切片的建立、修改和删除等，其次，还需要支持切片隔离，即提供相关的切片保护机制，从而使一个切片内的事件（如拥塞）不会影响其他切片。

切片内资源管理是指面向某个定制化网络切片的资源管理，它是本章的主要研究内容。

6.1.1.2　网络集中管理功能

（1）上下文管理

上下文管理从网络的不同位置收集相关信息，并对需要使用上下文信息的网元或者网络功能提供输入。上下文管理可以是集中式管理，也可以是分布式实现的。这些上下文信息可以是由网络集中实体提供的，也可以是局部的本地信息，这与信息更新的时延需求有关。

（2）频谱管理

频谱管理负责不同类型的频谱授权，例如专用频谱占用、非授权频谱共享等。具体地，例如，MMC 中为低复杂度终端提供灵活频谱接入，包括如下。

- 保证服务质量的授权频谱。
- 低成本的非授权频谱。

抑或，为了满足 MN 需求，频谱管理需要保障。

- 接入足够数量的频谱（超过已分配给道路安全的 5.9 GHz 频段的 10 MHz；低于 6 GHz 甚至 1 GHz 的额外频谱）。
- 针对移动 D2D 的运营商间频谱管理等。

频谱管理为 D2D 通信选择合适的频谱能够显著改善整个系统的性能。例如，如果采用带内频谱共享机制，即 D2D 通信与蜂窝通信共享相同的频谱资源，则需要研究如何最优地分割频谱。

UDN 中频谱管理功能包括：不同频段上运行 UDN（如毫米波（millimeter wave，mmW））、快速的频谱聚合以及频谱资源间的切换、高效的频谱共享机制（如运营商间的频谱共享）。

URC 中通过灵活的分配频谱资源，可以实现如下：

- 频谱间负载均衡（当用户增多、可靠性降低时）；
- 在干扰较小的频谱中运行（当干扰增强、可靠性降低时）；
- 在专用频段内运行来满足某个特殊的 KPI（key performance indicator，关键绩效指标），如低时延 D2D 通信、低频段大覆盖范围 MMC。

频谱管理的相关内容将会在第 9 章进行详细介绍。

6.1.1.3　无线节点管理功能

上下文管理从网络的不同位置收集相关信息，并对需要使用上下文信息的网元或者网络功能提供输入。上下文管理可以是集中式管理的，也可以是分布式实现的。这些上下文信息可以是由网络集中实体提供的，也可以是局部的本地信息，这与信息更新的时延需求有关。

表 6-1 给出了无线节点管理功能的概括描述。

表 6-1　无线节点管理功能描述

功能	描述	涉及的"水平概念"
干扰管理	无线资源的最优分配	所有
干扰识别与预测	挖掘测量数据和上下文信息来预测干扰	所有
移动性管理	不同"小区"之间的切换	所有
多 RAT	根据特定指标选择合适的 RAT	MMC, MN, UDN, URC
无线节点分簇	智能分簇	MMC, MN, UDN, URC
无线节点动态激活	动态开关节点来节约能耗	MMC, MN, UDN, URC
游牧节点管理	动态激活游牧节点	MN
D2D 设备发现和模式选择	邻近设备发现、发现局部链路机会并选择合适的 D2D 模式	D2D

（1）干扰管理是 5G 资源管理的核心技术之一

5G 接入网在支持差异化业务的同时，也要为用户提供快速、无缝、一致的连接性。为了满足这种容量和覆盖的巨大需求，5G 接入网将会是一个多层多制式的异构网络。小区间干扰将是 5G 接入网面临的最为复杂的挑战之一，大量不同的同信道部署的干扰源会极大地恶化用户 QoS。特别地，5G 接入网使用 UDN 组网，并引入了游牧节点、D2D 以及自组织小小区等新型通信模式，由于这些节点的回传条件和周围环境的动态变化，使得相应的干扰协调机制变得更为复杂。

以 D2D 为例，干扰管理是 D2D 与蜂窝网络共存的核心技术。由于大多数情况下，终端与基站之间、终端与终端之间的路径损耗是存在显著差异的，此时功率控制是 D2D 与蜂窝网络共存的关键因素，尤其是在 D2D 通信发生在蜂窝网络覆盖范围内的场景中。D2D 中的干扰管理主要包括基于干扰测量结果（集中式或分布式地）合理地资源分配、功率控制、接收机的干扰抑制以及 D2D 与蜂窝网络的频谱共享等。

（2）干扰管理需要干扰识别与预测提供的输入信息

（3）移动性管理是蜂窝网络提供无缝连接的核心技术

对于 D2D，移动性管理的具体功能需求主要是 D2D 通信与蜂窝网络通信之间的切换，也包括 D2D 中继以及中继 D2D。

对于汇聚模式下的 MMC，移动性管理负责汇聚节点的移动性，并在某些特定场景下，移动性管理应能够将某个设备从汇聚节点切换至具备基站功能的接入节点，这种切换可基于上下文管理和干扰预测提供的输入信息。

对于 MN，移动性管理负责：切换预测和优化，保证移动用户和移动小区回传链路的无缝连接和优化的服务质量；针对移动小区、游牧小区密集化以及高速移动用户的小区重选与切换管理。

UDN 移动性主要是使用控制与承载分流技术，通过 UDN 层与宏小区层的紧密互动实现同一覆盖区域的控制与管理。

移动性管理的相关内容在第 4 章进行详细介绍。

（4）多 RAT 功能是 5G 网络为了充分利用多 RAT 资源而提出的关键技术

多 RAT 能够显著提升用户体验速率和系统吞吐量，并且通过多 RAT 间的负载均衡增强链路的可靠性，还能够实现智能的 RAT 与终端/业务匹配，提升用户体验。

5G 接入网将会是一个异构多层网络。网络中的接入节点具备不同等级的能力，例如具备大规模 MIMO、宽频工作能力甚至是针对不同业务场景优化后的空口能力。因此，某些流量被指定通过特定的节点进行传输可能获得更高的效率或者更好的性能，这里被指定的特定节点不一定是离用户终端最近的节点或者链路质量最好的节点。业务操纵能够获得更好的系统吞吐量性能或者实现异构网络不同节点间的负载均衡。此外，业务操纵不仅局限于 5G 接入网内部，也适用于不同 RAT 组成的异构网络，如 5G 接入网与 LTE 之间的业务分流。

多 RAT 相关内容在第 5 章进行了详细讨论。

（5）无线节点分簇是 5G 网络实现灵活网络架构的关键技术之一

对于汇聚模式 MMC，无线节点需要实现灵活分簇。根据场景的具体要求，无线节点分簇功能需要将多个节点聚为一簇。作为汇聚节点的簇头能够控制和管理终端间的链路。汇聚节点可以分为以下两类。

• 透传汇聚节点：终端之间在互联网上进行直接通信。
• 非透传汇聚节点：汇聚节点作为代理，终端之间在互联网上通过汇聚节点进行通信。此时，终端寻址是非常重要的。

对于 MN，针对高移动性设备的设备和服务发现机制，智能分簇需要考虑终端发现的时间、能覆盖的设备数量等。

（6）动态激活是 5G 网络节约能耗的关键技术

动态激活是 MMC 的一项基本管理功能。动态激活的一个基本出发点是为了优化终端电池的使用时长，空口的低能耗以及较少的信令开销是动态激活的关键。

UDN 节点很可能会经历较大的业务量波动，使网络设备的利用率下降、能耗增加。因此，需要动态开关网络节点来适配网络业务量，继而提升能耗效率。

6.1.2 资源管理与水平概念

6.1.2.1 UDN

5G 网络将为用户提供数千倍于当前网络速率的用户体验，超密集组网（UDN）将是实现这一目标的重要部署方式。据预测，在未来无线网络中，在宏基站覆盖的区域中，小功率基站的部署密度将达到现有站点密度的 10 倍以上，形成超密集的异构网络。小区微型化和部署密集化将极大提升频谱效率和接入网系统容量，从而为高速用户体验提供基础。

然而，在实际网络中，容量并没有随着节点数的增加而线性增长，这是因为小区间干扰会随着节点密集化而急剧增大，导致频谱效率下降。同时，密集化小区部署下，移动用户将会产生更多的切换，继而导致严重的移动性信令开销。此外，如果没有有效的能耗管理技术，小区密集化部署将会大幅增加系统能耗。最后，UDN 也对网络回传资源提出了更高的要求。

UDN 需要无线节点间进行无线资源协调来减小干扰以及通过小区间协作实现小区的快速动态激活。UDN 小区的互动与协作首先需要基于先进的邻区发现技术通过动态节点分簇来得到最优的协作小区组。最优协作小区组通过无线资源管理、干扰管理、RAT 选择和运营商间频谱共享算法来增强网络性能。

UDN 无线节点的动态激活使得网络对拓扑/业务量的快速变化产生迅速的响应，从而减少 UDN 中的切换失败次数（移动性优化），并能减少 UDN 的能耗。辅以无线自回传技术，UDN 的运营成本则能够通过简单的网络规划和参数自动调整实现显著减小。

本章中，UDN 主要讨论的资源管理问题包括以下 3 个方面。

• 干扰/资源管理。网络需要监测业务量需求和干扰水平，从而能够针对性地进行资源管理。

- 能耗管理。UDN 节点很可能会经历较大的业务量波动，使网络设备的利用率下降、能耗增加。因此，需要动态开关网络节点来适配网络业务量，继而提升能耗效率。

- 回传资源管理。UDN 部署的另一个难题是缺少足够的回传资源，为了解决问题，可以使用无线回传技术。

6.1.2.2　D2D

终端直接通信（D2D）技术是指网络中设备器件之间在没有核心网参与情况下的直接连接通信。在蜂窝网络中引入 D2D 通信技术可以带来如下优势：增强网络覆盖能力，降低回传链路负载，提供回传能力，提高频谱利用率以及单位面积内用户数据速率和网络容量，支持低时延高可靠的 V2X 业务连接等。

D2D 作为 5G 系统引入的一种新的通信模式，对系统设计和资源管理提出了很多新的挑战。例如，如何发现邻近的 D2D 终端、如何为终端选择合适的通信模式（传统蜂窝网络通信模式或 D2D 通信）、D2D 用户之间以及 D2D 用户与蜂窝用户之间的资源分配机制、高速移动用户的 D2D 通信机制、D2D 通信的能耗管理机制等。

本章讨论的 D2D 通信的资源管理问题包括以下 3 方面。

（1）D2D 设备发现

网络辅助的 D2D 发现，即确定能够建立直接 D2D 链路的邻近设备，是 D2D 通信的关键技术。

（2）通信模式选择

在设备发现潜在 D2D 通信对象后，设备需要决定是否与该对象建立 D2D 连接。模式选择指的是设备选择与通信对象的通信模式，即直接 D2D 通信模式还是常规的蜂窝通信模式。备选的技术包括基于分布式信道状态信息和基于位置信息的模式选择机制。

（3）干扰管理

D2D 通信用户之间以及 D2D 链路与蜂窝链路之间均可能产生干扰。显然，最直接的消除干扰的方式是给通信对象分配完全正交的频谱资源，这种信道分配机制可以是集中式的，也可以是分布式的。功率控制也是一种潜在的干扰管理手段。此外，先进的干扰抑制接收技术，例如 MIMO IRC/MMSE 接收器也可被用于减少干扰。

6.1.2.3　MMC

MMC 将无线连接能力从人扩展至机器设备，这也将是未来无线通信系统的一个最重要的改变。MMC 需要为网络提供百亿级的连接能力，且机器相关的通信与传统的以人类为中心的通信的特性与需求（速率、时延、成本、功耗、可用性和可靠性等）都存在着巨大的差异。

MMC 资源管理问题包括以下两方面。

（1）接入机制

接入机制可以分为两类。

第一类的目的是降低碰撞风险。MMC 网络中存在大量需要接入的设备器件。在直接接入方式下，一种数据传输方式是基于竞争的数据传输，另一种是采用基于随机接入过程的发送请求的数据传输方式。这两种方式都会存在用户碰撞风险。

第二类接入方式的设计目标是降低信令负荷。来自于机器类型设备节点的业务通常具备一定的拓扑规则和时间相关性。因此，可以利用机器类型通信业务的触发性以及通过限制或压缩发送消息中的多余信息的方式有效降低消息冗余。

（2）覆盖增强机制

对于 MMC，网络的覆盖能力是另一个需要关注的方面。在增强覆盖能力方面，采用 M2M 中继方式，基于聚合接入点的方式可以扩展网络的覆盖能力。

6.1.2.4　MN

在未来网络中，车辆进一步与网络设备相融合，且提供更多的通信能力。车辆和运输系统在未来的无线网络中将发挥更关键的作用。实际上，具备通信能力的车辆和运输系统可以成为蜂窝网络基础设施的一部分，以改善网络的覆盖、容量和部署。这允许基于网络覆盖、容量和业务需求的车辆网络基础设施灵活部署。

MN 描述了一组移动节点或终端（如具备通信和组网能力的车辆等）形成了一种网络以支持这些移动节点间的通信。

移动网络对系统设计和资源管理提出了很多新的挑战，包括以下 3 方面。

（1）切换和小区重选

通过切换预测和优化，保证无缝连接性、改善移动用户的服务质量和移动小区的回传链路质量。通过小区重选和切换管理解决移动小区、游牧小区密集化后高速移动用户带来的挑战。

（2）游牧小区、移动小区的管理

通过动态地开关游牧（移动）小区来节约能耗和实现网络负载均衡，激活策略通常基于用户的覆盖和容量需求；通过干扰管理和先进协调策略，释放游牧节点带来的容量提升潜力，先进的协作机制和干扰管理机制是基于游牧节点优化网络覆盖与容量的关键技术。

（3）V2X 的资源管理

V2X 作为 MN 的一个重要应用，本章中将会讨论相关无线资源管理技术。

6.1.2.5　URC

尽管商用移动通信系统在过去 20 年间得到了巨大的发展，但是仍然没有达到能够接近 100%保证无线连接的阶段。随着无线技术试图进入一些新领域，一些对无线链路的可用性和可靠性要求极高的业务开始出现。例如：

- 具有最小速率和最大时延要求的云计算服务；
- 大规模分布式机器在线系统，如工业控制；
- 车联网，即车辆之间以及车辆与路边设施之间的通信业务；
- 紧急场景下最小通信需求，例如在一定时间内发送的最小字节数。

商业通信系统的 URC 目标并不能通过简单调整一个参数实现，而是需要对系统进行小心设计，并部署一些关键技术。显然，URC 是一个需要与合适业务和商业模式紧耦合的、新的无线连接特征。

URC 中可靠性定义为固定数量的数据在一个预设的时间内被成功传输的概率。

URC 需要解决 5 个可靠性方面（reliability aspect，RLA）的隐患。

- RLA1，减小的有用信号功率；
- RLA2，增大的不可控干扰；
- RLA3，设备竞争导致的资源耗尽；
- RLA4，协议可靠性不匹配；
- RLA5，设备失败。

基于定义中的时延需求，URC 中需要解决的问题可以分为以下三大类。

- 长期 URC（URC-L）：在较长周期（大于 10 ms）上有最小速率需求的问题，例如紧急通信场景下的最小连接、密集人群区域的最小公有云连接服务。

- 短期 URC（URC-S）：时延需求苛刻（最多 10 ms）的问题，如车联网、工业控制等。
- 紧急情况 URC（URC-E）：在紧急情况或基础设施遭到破坏时的最小连接问题，URC-E 逻辑上属于 URC-L，这里区别对待是因为其应用场景的特殊性。

URC 为未来无线通信引入了新的特征和性能指标，而该指标在现有主流系统中并没有得到关注。例如，云服务利用高可靠性的无线连接来最优化存储、计算资源，而 URC-L 能够用于支撑云服务；URC-S 能够用于未来智能可靠的车辆间通信，或者提供关键基础设施的传感器/激励器的可靠有保障的连接。将 URC-E 作为系统的一种运行模式能够在自然灾害或基础设施遭到破坏时提供广泛而可靠的无线连接能力。

由于 3 种 URC 簇之间存在较为明显的差异，因此与其相适应的技术也会不同。其中，URC-E 非常特殊，即遭到破坏的基础设施是其主要的可靠性问题，而 URC-L 和 URC-S 则都需要解决不同可靠性问题的技术手段。

URC 可能需要的技术手段具体包括以下几种。

①频谱分配和管理。

- URC 分流至另一个频段，当用户数增长而可靠性受到 RLA3 威胁；
- URC 分配至干扰较少的频段上运行，当干扰很强而可靠性受到 RLA2 威胁；
- URC 运行在专用频段上满足某个特定 KPI，例如低时延的 D2D 运行模式或运行在低频段来获得广覆盖。

②多 RAT 技术可以在层 2 以上引入分集能力，是增强可靠性和可用性的核心技术手段。现有系统已实现了 RAT 之间的切换，进一步的多 RAT 集成和协作能够带来巨大的可靠性增益，特别是对于 URC-E。

③可靠服务分层。从业务的角度出发，可靠性可以是软判决，即当前可靠性不能得到满足时，可以适当降低业务性能需求，从而保持业务的可用性和可靠性，而不是硬判决为"服务不可用"。

6.1.3　小结

本节尝试从垂直功能和水平概念两个维度梳理 5G 接入网资源管理的主要研究范畴和内容，并在此基础上给出了本章将重点讨论的相关内容。

|6.2　UDN 资源管理|

6.2.1　UDN 概述

5G 网络将为用户提供数千倍于当前网络速率的用户体验，超密集组网（ultra dense deployment，UDN）将是实现这一目标的重要部署方式。据预测，在未来无线网络中，在宏基站覆盖的区域中，各种无线接入技术的小功率基站的部署密度将达到现有站点密度的 10 倍以上，形成超密集的异构网络。小区微型化和部署密集化将极大提升频谱效率和接入网系统容量，从而为高速用户体验提供基础。

UDN 的部署具有以下特点。

- 站址选择多元化：大量小功率微型基站密集部署在特定区域，相比于传统宏蜂窝部署而言，其中相当一部分站址未经过严格规划，通常选择在方便部署的位置。

- 站间距较小：密集部署是通过小区微型化提高频谱效率，为了提供连续覆盖，相比于当前部署而言，站间距显著减小。

UDN 的出现使得无线资源管理变得更为复杂。这种复杂性主要体现在以下 3 个方面。

- 不断缩小的小区覆盖范围（远小于 100 m），每个小区仅服务很小数量的用户。这将会导致小区行为变得更加不稳定，继而对小区间干扰动态产生更大的影响。

- 动态时分双工空口[8]。这种双工方式提供了针对实时业务量需求而进行动态调整的潜力，但是另一方面也会产生严重的干扰，这是因为小区间的 UL/DL 时隙分配是解耦的、无关的。例如，小区 1 中用户 1 的上行数据传输能够对临近小区 2 中用户 2 的下行数据接收产生严重干扰。

- 5G 网络不断增加的异构性。未来 5G 网络不仅仅由覆盖范围不同、发射功率存在差异的各种小区（如宏小区、微小区、微微小区以及毫微微小区）构成，也会包括新的游牧节点。

这些复杂性为 UDN 的资源管理带来了很多新的技术挑战，如干扰、移动、传输资源以及能耗成本。如何解决这些问题，成为 UDN 能够成功部署的关键。本章中将主要介绍业界在 UDN 无线资源管理技术上的研究进展，首先介绍用于干扰识

别的不同方法，接着会讨论通过合理的无线资源分配进行干扰管理的不同解决方案，然后将梳理已有的回传资源管理技术，最后将关注 UDN 中的能耗管理技术。

6.2.2　干扰识别

干扰识别是指获取指定地点处的期望/预计干扰信息，它被认为是通过更好地利用稀缺的无线资源来改善用户服务质量（quality of service，QoS）的关键技术方向。不论是主动网络重配置，还是 D2D 通信都需要利用空间/时间干扰模式信息，而干扰模式的一个基本组成是二维的路径损耗地图。

本节首先介绍参考文献[9]中给出的解决方案，其目标是从时间维度上稀疏的测量中重新生成前述的路径损耗地图。

在无线信道互易性假设的前提下，基于无线设备的地理位置信息和信道测量信息，可以估计得到长期时变信道增益矩阵。估计采用的是基于集论的方法，即使用测量信息和先验知识（包括地理位置信息和路径损耗信息）来构建闭凸集。当前的信道增益矩阵的估计值则在这些闭凸集的交集中，而这些闭凸集会在新的测量达到时进行更新。

用适应投影梯度法（adaptive projected sub-gradient method，APSM）进行路径损耗估计的应用已在实际的密集市区场景中进行了评估。图 6-3(a)和图 6-3(b)分别给出的是实际的路径损耗地图和基于大约 1 000 个测量估计得到的路径损耗地图。图 6-3 中，（x_1，x_2）为地图的坐标，颜色的深浅表示路径损耗值。通过定量分析可以发现，估计得到的路径损耗地图与实际的路径损耗地图具有显著的相似性。

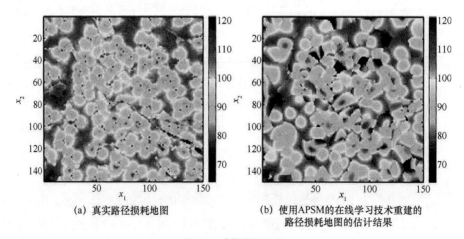

(a) 真实路径损耗地图　　　　(b) 使用APSM的在线学习技术重建的路径损耗地图的估计结果

图 6-3　路径损耗地图

参考文献[9]介绍了一种无线通信环境中基于多核心（multi kernel）的干扰模式（空间/时间路径损耗信息）识别方法。准确地讲，这种方法是一种自适应的、基于核心的算法，它能够基于不同时间上得到的路径损耗测量结果来重建路径损耗地图。这种方法的主要优点包括：由于具备稀疏感知能力而使得复杂度很低；在线自适应性；顽健性，即测量值存在误差时也有很好的性能。

为了评估路径损耗地图估计的准确性，这里将比较该基于多核心的方法以及前面介绍的 APSM 方法，比较的性能指标为时间维度上的均方误差（mean square error，MSE）。均方误差是基于每个像素上路径损耗估计值与其对应实际值之间的差异计算得到的。图 6-4 给出了这两种方法的相关性能比较结果。由图 6-4 可见，两种方法的均方误差都表现出了急速减小的特征。APSM 方法的初始性能更好，它能够在短时间内获得比多核心方法更好的 MSE 性能。然而，多核心方法在 100 s 以后表现出更好的性能，即得到更小的 MSE 值。进一步地，由图 6-4(b)可见，多核心方法的字典（用于调整核心权重值的测量次数）远小于 APSM 的字典。由于多核心方法的字典大小仅为 APSM 字典的 10%左右，因此它的计算复杂度更低，可用于实际系统的在线实现。

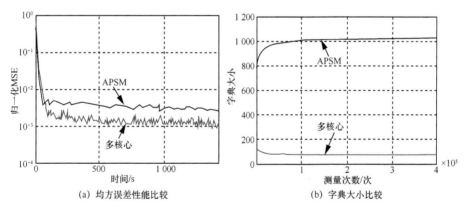

（a）均方误差性能比较　　　　（b）字典大小比较

图 6-4　两种方法性能比较

本节中，介绍两种干扰识别方法，其中多核心方法被认为最有应用前景。它能够仅使用有限的测量和迭代次数实现高精度的路径损耗模型重构。

6.2.3　干扰管理

为了解决由 XMBB 业务带来的不断增长的容量需求，5G 接入网将会通过小小区的超密集部署实现更大限度的频谱复用。这种密集化的网络部署方式意味着很低的平均网络利用率以及基站和用户之间的邻近性。UDN 被认为是解决未来容量需求的关键技术，特别地，受益于视距传输条件、相近的基站和用户传输功率和墙壁的防护效果，动态 TDD 被认为是室内 UDN 场景的重要解决技术方案。对于采用了动态 TDD 的系统，可通过灵活设置上下行转换点将时隙资源适配动态变化的业务需求。同时，动态 TDD 也能够在短时间实现高效的资源分配，从而更好地应对移动宽带数据业务的突发性。但是，动态 TDD 会引入基站之间以及用户之间的干扰（当下行和上行传输发生在相同的时隙资源上时）。对于小区边缘的用户，用户间干扰可能会严重影响用户 QoS，因为此时干扰用户和被干扰用户的位置可能非常接近。干扰管理是动态 TDD 需要解决的一个关键技术问题。因此，首先给出了动态 TDD 条件下不同干扰管理机制效果的评估。

5G 接入网在支持差异化业务的同时，也要为用户提供快速、无缝、一致的连接性。为了解决这种容量和覆盖的巨大需求，5G 接入网将会是一个多层多制式的异构网络。小区间干扰将是 5G 接入网面临的最为复杂的挑战之一，大量不同的同信道部署的干扰源会极大地恶化用户 QoS。特别地，5G 接入网引入了游牧节点、D2D 以及自组织小小区等新型通信模式，由于这些节点的回传条件和周围环境的动态变化，相应的干扰协调机制变得更为复杂。因此，本节将会重点关注具备 5G 接入网架构特征的干扰管理的解决方案，例如控制与承载分离或虚拟小区场景下的集中式干扰管理，基于 X2 接口的分布式干扰管理以及 UDN 场景中移动网络的干扰管理。

6.2.3.1　UDN 动态 TDD 的干扰管理

针对 5G 的 UDN 场景，METIS 提出了网络节点的密集化和灵活 UL（uplink，上行链路）/DL（downlink，下行链路）时分双工空口，这些新的技术方案为未来 5G 网络的部署提出了很多新的挑战。

图 6-5 给出了随机密集部署小小区接入节点时的评估结果[9]。无线链路数据分组时延被选为性能评估指标，这是因为低时延是 5G 网络的一项基本需求，它能够减少基带成本（特别是缓存成本），并且可激活新的业务应用，如触觉互联网[10]。图 6-5 中给出了 LTE-A 空口（固定 UL/DL 时隙分配，分布式的无线资源管理机制）、5G UDN 空口（灵活 UL/DL 时隙分配）分别使用分布式和集中式无线资源管理机制时的性能对比。

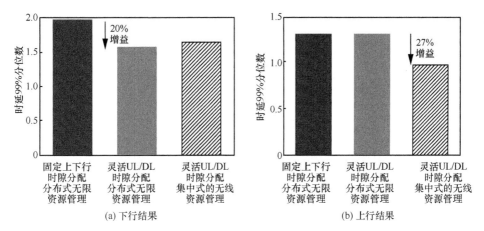

图 6-5　不同无线资源管理机制下数据分组时延分布的 99% 分位数

　　基于在室内部署的 METIS 测试场景 2（密集城区信息社会场景[11]）中的仿真结果，可以发现，与 LTE-A 系统相比，集中式调度能够显著提升性能（上下行数据分组时延分别减少了 20% 和 25%）。在没有经过细致规划的小小区部署场景中，这种性能增益体现得更为明显。然而，集中式的无线资源管理机制需要更多的信令开销用于报告信道状态信息以及中心节点发送或从中心节点接收调度指令，而且也会引入更多的由调度决策过程带来的时延。此外，也可以发现，与固定 UL/DL 时隙配比相比，灵活 UL/DL 空口能够获得更低的数据分组时延。

6.2.3.2　UDN 基于控制与承载分离框架的无线资源管理

　　本节介绍的技术使用了集中式的无线资源管理机制，关注于通过联合蜂窝网络传输和网络协助的 D2D 通信来优化整个系统的性能和效率。未来 5G 网络中的 UDN 部署，很有可能伴随着不同质量的回程连接，这可能会限制某些集中式的、需要节点间进行可靠信令交互的无线资源管理机制的性能。为了解决该问题，控制平面与用户平面分离的方案被提出，该方案中，中心节点（如宏基站）使用无线信令来协调其覆盖范围内的小小区的操作行为。

　　在图 6-6 描述的方法中，用户向其连接的小小区报告信道状态信息（CSI）和缓存状态信息。这些信息由小小区进一步地转发至中心宏基站，宏基站将会根据所有从经过协调的小小区中收集得到的相关信息进行无线资源管理决策。在回传链路质量较差时，宏小区和小小区之间的交互是使用具有极低时延和极高可靠性的空口信令进行的。在该方法中，控制与用户平面的分离有两种不同的实现方法。第一种，除了物理层相关的信令，控制面完全由宏小区和用户来负责。第二种，假设与用户交互的控制平面由小小区负责，而宏小区负责指导小小区如何使用可用无线资源（如图 6-6 所示）。

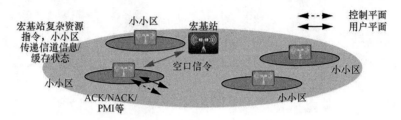

图 6-6　异构网络中的控制平面与用户平面分离示意

6.2.3.3　基于虚拟小区（virtual cell）的资源协调

蜂窝通信系统中，移动中的用户会经过多个小区的覆盖范围。因此，不同小区能提供的服务质量取决于基站与用户之间的即时信道质量或者干扰状态。给定编码速率，用户 QoS 会随着用户移动经过不同小区而发生变动，符号重传也会发生得更加频繁。本节介绍的虚拟小区中的资源协调方法，其想法是联合利用无线信道的广播特性和喷泉码[12]。喷泉码的特性是接收端只需要接收到任意 N 个发送端发送的数据分组即可解码得到大小为 K 的原始数据。这里，N 只需要比 K 稍微大一些，而且数据分组的接收顺序也不重要。该方法的具体通信机制为：上行方向，用户广播使用喷泉码编码的符号，这些符号可能会被多个基站接收到，这些基站形成一个虚拟小区，从而联合收集、解码接收到的符号；同样地，下行方向上虚拟小区所涉及的多个基站发送不同的使用喷泉码进行编码后的符号给用户，用户将这些从不同基站接收到的符号合并继而解码得到完整的消息。

该方法有两个主要的优点。第一个优点是，喷泉码的使用使数据传输不再需要接收端对每一个接收到的数据分组都发送相应的 ACK（acknowledgement）消息来确认，同时也消除了数据重传的必要性。第二个优点是虚拟小区中多个基站接收编码符号能够带来空间增益。图 6-7 给出了该方法的上行数据传输中的实现示意。图 6-7 中，用户发送使用喷泉码编码的数据符号（使用带颜色的方块表示）至多个基站，这些基站形成一个虚拟小区。一旦任何一个基站成功解码得到完整的消息（本例中的 5 个颜色方块），该基站将会广播 ACK 消息，其他所有的基站接收到 ACK 消息后则会停止解码。

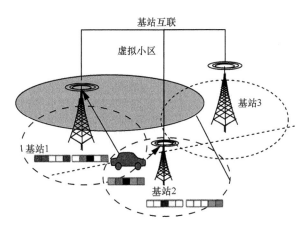

图 6-7　虚拟小区中使用喷泉码的资源协调示意

6.2.3.4　毫微微组网下基于 X2 接口的分布式干扰管理

该方法目标是改善小区边缘用户的数据速率同时减少功率消耗。小区间将会交互协调信息，这使网络能够实施分布式的、自适应的部分频率复用。所有小区将会分成若干簇，对于簇中的每一个小区，与簇中的其他小区相比，都有一部分资源可供该小区优先使用。使用这些优先资源的用户必须基于网络测量进行精心地挑选。一个小区中已被使用的优先资源，将会在其相邻小区中实施屏蔽，即相邻小区不能复用这些资源，这样不仅能够减小簇内干扰，并且也可以减小网络中的功率消耗。

网络中需要交互的信息量要尽量少，且对时延不敏感。此外，聚类技术与干扰管理机制是独立的，因此可以适用于任何网络拓扑。

图 6-8 展示了上述方法在保持其余用户获得的吞吐量不变的同时，如何改善小区边缘的用户吞吐量。由图 6-8 可见，小区边缘用户的吞吐量得到了明显改善，这是因为通过使用该小区的优先资源，小区边缘用户受到的干扰将大大减小。另外，对于小区中心用户，由于干扰状态没有发生变化，因此这些用户的吞吐量性能没有受到影响。对于仿真中给定的异构网络，该方法能够获得 12%的总吞吐量增益，并能节约 10%的功耗。

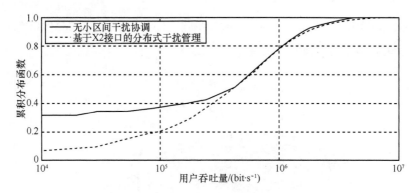

图 6-8　每个用户平均吞吐量的 CDF 曲线

6.2.3.5　UDN 场景中移动网络的干扰管理

移动中继节点（mobile relay node，MRN）和 MN 使用空口与宏小区进行通信，同时在公共交通车辆内部形成它们自己的小区来服务车上的用户终端（vehicle user equipment，VUE）。然而，在这些研究中回传链路和接入链路被假设为使用相同的频段，因此 MRN 只能工作在半双工状态。在 METIS 的 5G 愿景中，更多的频谱资源能被用于小小区的部署。这样的话，回传链路和接入链路使用不同频段的全双工 MN 在 5G 系统中就变得可行。为了进一步理解在 UDN 场景下部署 MN 的效果，我们进行了更多的调研。在参考文献[13]中，经过初步的分析发现，在全双工 MN 中，限制密集市区部署场景中 VUE 性能的因素不仅有移动穿透损耗（vehicular penetration loss，VPL），还包括复杂的小区间干扰。因此，在参考文献[13]中，为宏小区和小小区都研究了不同的干扰管理机制来减轻小区间干扰。结果表明，与直接使用基站来服务 VUE，通过部署一种新的网络节点（即 MRN 或游牧节点 NN）能够显著改善 VUE 的性能，同时引入新的节点不会对常规室外用户的性能产生明显影响。

图 6-9 给出了使用不同的干扰协调或干扰消除机制时，VUE 和宏小区用户的吞吐量 5% 分位数值和 90% 分位数值。由图 6-9 可见，如果在 MN 的回传链路上使用干扰抑制合并（interference rejection combining，IRC）技术，能够显著改善 VUE 的吞吐量性能。其他干扰协调或干扰消除机制，或通过增强期望信号的强度（例如，在 MN 的回传链路上使用最大比合并（maximum ratio combining，MRC）技术），或通过减小干扰（例如在宏小区侧配置几乎空白子帧（almost blank subframe，ABS））

来改善 VUE 的 5%分位数吞吐量性能。进一步地，从图 6-9 中可以发现，不论 MN 采用 IRC 或 MRC，宏小区用户的性能都不会受到明显影响，而由于宏小区使用 ABS 技术需要消耗宏小区的无线资源，因此会对宏小区用户的吞吐量性能产生一定的影响。

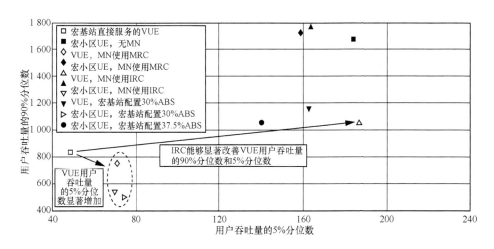

图 6-9　VUE 和宏小区用户吞吐量的 5%分位数和 90%分位数（VPL 为 30 dB）

　　本节论述了通过使用 MN 来服务公共交通车辆上的移动用户能够显著改善这些用户的服务质量，而且对室外普通用户性能的影响也很有限。也就是说，在干扰受限的超密集市区场景中，部署 MN 将会产生明显的系统增益。因此，MN 被认为是 5G 系统中用来满足车载用户需求[14]的有效解决方案。

6.2.3.6　小结

　　为了能够获得最好的系统性能，特别是在使用灵活 UL/DL 时分双工模式、未经过仔细规划的超密集网络中获得令人满意的性能，5G 系统需要集中式的无线资源管理。集中式无线资源管理带来的增益在最为不利的复杂干扰网络环境中（例如，相邻小区的 TDD 时隙分配不匹配而引起的严重小区间干扰）更能得到明显的体现。一种集中的无线资源管理机制是将宏小区作为其覆盖范围内所有小小区的协调者。异构网络天然地支持通过广播宏小区调度决策来协调小区间资源分配，以便小小区能够使用宏小区的空闲无线资源避免小区间干扰。

　　除了上述提到的集中式的无线资源管理解决方案，本节也介绍了一种能够改善现有分布式无线资源管理机制的可能的技术方案。例如，通过使用一种简单的、基于节点间交换低负载信息的协调机制能够改善小区边缘用户的吞吐量，同时也能显著减小功率消耗。

在 UDN 与移动中继节点结合的场景中，用户可能会经历具有特殊图样的、尚未解决的干扰。移动中继节点通常用于服务车载用户，这些用户不仅受到车辆穿透损耗的限制，更会很大程度上受到剧烈干扰环境的影响。针对这种场景，最有潜力的解决方法是干扰抑制合并接收机[15]。

6.2.4 回传资源管理

UDN 在带来频谱效率和接入网系统容量提升的同时，也给数据回传带来以下极大挑战。

- 回传链路部署增多：基站部署数量的增多会带来回传链路部署的增多，从网络建设和维护成本的角度考虑，超密集网络部署不适宜为所有的小型基站铺设光纤等高速有线回传。
- 回传能力多样化：当传统宏蜂窝部署时，站址选择和建设是网络部署的重要工作，经过精确设计和选址使宏基站具备强大的覆盖处理能力和回传设施，回传通过高速有线线路与传输网络相连接。然而，在 UDN 部署方式下，微型基站的位置通常难以预设站址，而是选择在便于部署的位置（如房屋顶和沿街灯柱），此类位置通常无法铺设有线线路，或者就近获取有线线路（如家庭 ADSL）。对于无法铺设有线线路的站点，需要使用无线回传传输。另外，从建设和维护成本角度，UDN 部署也不适宜为所有微型基站铺设高速有线线路。当网络中存在多种不同能力的回传方式时，如何有效管理和优化回传资源的使用，从而有效支撑用户与核心网之间的大容量数据传输，是 UDN 成功部署和运营的关键因素之一。
- 业务类型和业务分布复杂化：未来 5G 将需要支持各种不同特性的业务，如时延敏感的 M2M 数据传输业务、高带宽的视频传输业务等。为适应多种业务类型的服务质量要求，需要对回传传输进行控制和优化，以提供不同时延、速率等性能的服务质量。另外，由于小区覆盖范围比较小，用户移动性引起小区负载动态性增大，动态管理小区回传资源，在保证传输质量的同时，提高回传资源使用效率，是提升 UDN 的网络效率和可靠性的重要挑战之一。

由于 UDN 中一部分小区具有有线回传能力，另一部分小区具有无线回传能力，如果将所有小区的回传链路组成一个网络，通过管理和优化这个回传网络，可以为回传传输控制和保障提供优化空间，有效应对 5G UDN 的数据回传挑战。

现有无线回传技术主要是在视距（line of sight，LOS）传播环境下工作，主要工作在微波频段和毫米波频段，传输速率可达 10 Gbit/s。当前无线回传技术与现有的无线空口接入技术使用的技术方式和资源是分开的。而且在现有的网络架构中，基站和基站之间很难做到快速、高效、低时延的横向通信；基站和基站之间的交流内容也非常有限，比如 X2 接口的时延在十几毫秒的量级，X2 接口支持的功能和协调也非常有限。此外，基站不能实现理想的即插即用，部署和维护成本高昂，一方面是由于基站本身的限制，另一方面底层的回传网络也不支持。5G UDN 既是解决高热点覆盖的重要技术，也是最终实现以用户为中心的重要技术，这就要求基站和基站间的通信需要进行超低时延、超高效率的协调，这当中包括 HetNet（heterogeneous network，异构网络）场景下宏基站与小基站间的通信以及小基站与小基站之间的通信。随着小基站的增加，能够工作在 NLOS 传播环境下的无线回传技术也会得到越来越多的关注。

为了提高节点部署的灵活性，降低部署成本，利用和接入链路相同的频谱和技术进行无线回传传输，是解决这个问题的一个重要方向。无线回传方式中，无线资源不仅为终端服务，而且为节点提供中继服务，使无线回传组网技术非常复杂，因此无线回传组网关键技术包括组网方式、无线资源管理等重要的研究内容。

UDN 回传类型分为自回传和混合分层回传。

6.2.4.1　自回传技术

在 UDN 部署场景中，需要考虑不同回传技术的适用性。对于有线回传，在大量 TP 密集部署的场景下（如密集街区），考虑到电缆或光纤的部署或租赁成本、站址的选择及维护成本等，可能使有线回传的成本高得难以接受。即便铺设了有线回传，由于密集部署场景下，每个节点服务的用户数少，负载波动大，或由于节能/干扰控制，一些节点会被动态打开或关闭，很多时候回传链路处于空闲状态，而使用内容预测及缓存技术也会增加回传链路资源需求的波动范围，因此会导致有线回传的使用效率低，浪费投资成本。对于微波回传，也存在增加硬件成本，增加额外的频谱成本（如果使用非授权频谱，传输质量得不到保证），传输节点的天线高度相对较低，微波更容易被遮挡，导致回传链路质量的剧烈波动等缺陷。

自回传技术是避免上述问题、减少 CAPEX（capital expenditure，资本性支出）

的重要技术选择之一。自回传技术是指回传链路和接入链路使用相同的无线传输技术，共用同一频带，通过时分或频分方式复用资源。在超密集网络中使用自回传技术具有如下优势。

- 不需要有线连接，支持无规划或半规划的灵活的传输节点部署，有效降低部署成本；
- 与接入链路共享频谱和无线传输技术，减少频谱及硬件成本；
- 通过接入链路与回传链路的联合优化，系统可以根据网络负载情况，自适应地调整资源分配比例，提高资源使用效率；
- 由于使用授权频谱，通过与接入链路的联合优化，无线自回传的链路质量可以得到有效保证，大大提高了传输可靠性。

UDN 中采用自回传技术，面临的主要增强需求在于链路容量的提升以及灵活的资源分配和路径选择，因此主要的研究方向包括回传链路的链路增强以及接入链路和回传链路的联合优化。

6.2.4.2　混合分层回传

超密集小基站部署对站址要求较高，其中主要体现在传输资源的要求上，若沿用宏基站有线回传的部署结构，超密集组网网络部署需要具备大量的光纤资源，这在运营商部分部署地区是无法达到的。同时，小基站的即插即用要求使得易于灵活部署的无线回传成为解决传输资源受限的有效途径。结合两种回传条件，可以设计一种混合分层回传架构，如图 6-10 所示。

混合分层回传主要应用于有线传输资源受限的密集住宅、密集街区、大型集会等典型应用场景。该架构中将不同基站分层标识，宏基站以及其他享有有线回传资源的小基站属于一级回传层，二级回传层的小基站以一跳形式与一级回传层基站相连接，三级及以下回传层的小基站与上一级回传层以一跳形式连接、以两跳/多跳形式与一级回传层基站相连接。在实际网络部署时，小基站只需要与上一级回传层基站建立回传链路连接，能够做到即插即用。

这种混合分层回传的好处在于可以分阶段部署小基站，例如第一阶段利用有线光纤资源做回传链路部署小基站，即一级回传层小基站；当流量需求增大，即有密集小基站部署需求的时候可以部署二级回传层小基站，通过无线回传的方式与一级回传层相连，做到即插即用；当小基站密度还需要增大时，还可以部署三级回传层小基站与二级回传层小基站即插即用相连。

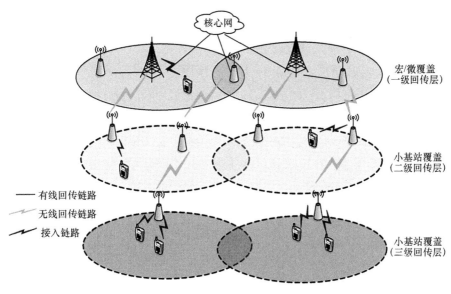

图 6-10　混合分层回传架构

6.2.5　能耗管理

网络密集化是解决未来网络不断增长的容量需求的关键技术手段，同时确保超密集化网络的能耗控制在合理范围内也是非常重要的，这是因为 UDN 的引入将会导致网络静态（空闲状态）和动态（数据传输状态）能耗的大幅提升[16-17]。现如今电信业耗能已占到全球能耗的 1%[18]，考虑到未来蜂窝网络通信将会得到更为广泛的应用，电信业能耗必然会持续增长。这不仅会影响蜂窝网络的生态效应，例如二氧化碳排放，也会增加运营商的运营成本。

移动网络的能耗已经得到了大量的研究，5G 网络中的数据传输节点应能够根据其服务的业务量来动态调整其需要消耗的能量，而且该机制需要比传统网络更加高效。例如，当激活的业务量并没有达到峰值，那么动态地关闭某些特定的小区或者关闭这些小区传输的信号，从而使得很多节点可以应用非连续传输机制或者引入节点的睡眠模式来关闭没有业务传输需求的节点来减小能耗。

6.2.5.1　UDN 中小小区激活与去激活

本节将介绍一种 UDN 中小小区动态激活与去激活的方法。该方法根据用户不断变化的业务量和必要的服务质量需求，对系统可用资源进行动态重组织。该方法的目标是为所有需要服务的地理位置提供网络覆盖和足够的带宽以满足用户的通信需求，以提高网络资源的利用率、降低能耗。小小区的动态激活与去激活是基于小小区和与其关联的用户的实时监视报告来进行的，监视报告包括了已使用的 UL/DL 资源（如保留的 RB 资源和系统可提供的容量）以及无线网络图。无线网络图描述的是由小小区和用户发射范围的重叠区域构成的图。基于上述监视报告可以计算得到每个小区的容量使用比例（也就是容量指示符）和小区的重叠覆盖因子（即覆盖指示符），并用于小小区激活与去激活的决策制定。这里，重叠覆盖因子提供了一种度量相邻小区信号覆盖范围重叠区域的方法与参数，是使用图论计算得到的。当覆盖重叠程度很高而容量使用因子很小时，该小小区将执行去激活操作。而当重叠覆盖因子较小、信道质量指示（channel quality indicator，CQI）较小甚至出现较高阻塞率时，一个或者多个小小区需要被激活来为有需求的地理区域提供更多的资源。小小区的激活和去激活都将引起一部分用户的切换操作。

与现有的其他方法不同，上述方法还考虑到了额外的上下文信息以及已形成的网络图来选择合适的小小区进行激活或去激活。为了验证该方法的性能，仿真部署了 1 个由 20 个小小区和 10 个用户组成的网络，并且分别评估了该网络使用和不使用上述小小区激活/去激活机制时的网络性能。仿真结果表明，小小区的去激活机制能够大大降低网络功耗。图 6-11 给出了仿真过程中，处于睡眠状态（小小区去激活）和处于工作状态（小小区激活）的所有小区的总能耗以及整个网络的总能耗。网络中所有处于睡眠状态的小区的总能耗随着越来越多的小区去激活而逐渐增加，而工作状态小区的总能耗则逐渐减小。整个网络的总能耗则持续在下降。

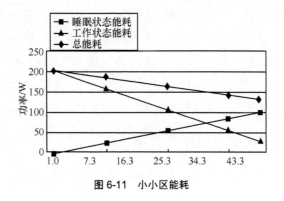

图 6-11　小小区能耗

6.2.5.2　虚拟小区的节能机制

虚拟小区（virtual cell）指的是一种用户以双连接的方式与一个宏小区和一个小小区同时连接的网络架构，如图 6-12(a)所示。这种双连接特征使灵活地将未使用的小小区设置为睡眠模式成为可能，处于睡眠模式的小小区消耗的能量更少但是不能服务任何用户[19]。但是，在该过程中，用户与蜂窝网络的连接并没有中断，这是因为用户与宏小区之间保持着连接。进一步地，与小小区之间的连接可以用一种宏小区协助的方式来实现，即宏小区集中管理用户与小小区的连接，从而能够优化小小区资源的利用。该技术共评估了 3 种宏小区协助的小小区节能机制：基于下行信令的机制、基于上行信令的机制以及数据库辅助的机制。

目前 3GPP 讨论的小小区的节能机制主要关注宏小区和小小区独立工作的网络情况。而对于宏小区协助的小小区节能机制，即宏小区与小小区之间存在着主从关系时的节能机制关注的并不多。由于宏小区协助小小区连接的方式天然具有集中性，因此与传统的连接机制相比，该方法具有很多优势。例如，除了用户测量得到的小小区信道状态信息，宏小区还能通过回传链路接收小小区发送的其他有用信息（如每个小小区的负载情况），从而能够为用户选择最优的小小区进行接入。图 6-12(b)给出了 3 种节能机制的性能仿真结果。仿真中，将所有小区总是全部处于工作状态时的网络能耗作为基准，比较上述 3 种节能机制节约的能耗。由图 6-12 可见，当网络中用户数目较少时，采用基于下行信令的机制或者数据库辅助的机制能够最多减少 45%的能耗。

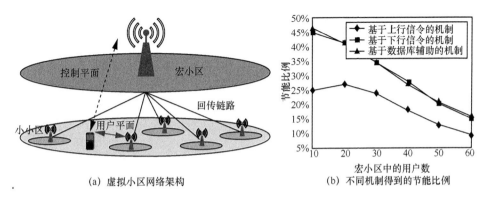

(a) 虚拟小区网络架构　　　　(b) 不同机制得到的节能比例

图 6-12　宏小区中的用户数

6.2.5.3 游牧小区的激活和去激活

本节将介绍一种激活和去激活游牧中继的机制和算法。游牧中继网络是指网络中存在具备中继功能的车载中继，它通过引入一种位置随机、非运营商部署的中继节点实现了对传统网络的扩展。与传统中继节点不同的是，游牧节点并不需要基站租赁，因此也不需要详细规划。相反地，大量未经规划的游牧节点需要进行大量的协调与管理。本节介绍的方法即是从架构设计的角度来解决游牧节点的激活与去激活。作为设计的一部分，提出了一种优化算法来满足网络中所有用户的最小服务质量需求。进一步地，集中式的算法[20-21]与分布式的算法[22]都被提出以用于节约网络能耗。

在游牧网络管理的架构中，一个中心控制节点负责基于信道状态反馈信息、用户和游牧中继配置情况来分配基站、中继和用户之间的连接。若网络中没有中心控制节点，则用户和游牧中继将基于它们自己的测量结果自动进行连接和断开连接的操作。连接分配结果将会由基站发送给用户和游牧节点，游牧小区和用户基于接收到的分配结果发送相应的连接和切换请求，接着基站和游牧小区将会执行接入控制来判断是否接受连接或切换请求。

基于收集到的信道信息和用户 QoS 信息，将网络分配结果作为输入参数，可以得到一个用公式表达的优化问题。基于最优分配结果，可以制定激活或去激活的决策，例如如果没有用户或者中继分配给某小区，则该小区可去激活。在网络优化的整个过程中，有两个基本的要求：所有节点必须连接至网络；无线资源数量是有限的。基于这两个约束，可以用公式表达出一个普适的优化问题，其优化目标可以是节约的能耗或者其他吞吐量或 SINR 的效用函数。图 6-13 给出了评估节能性能的仿真结果，其中包括了 3 种连接分配机制，包括一个传统算法（CCS）、参考文献[20]提出的两种考虑最坏干扰的算法（IBU、SRR）以及参考文献[21]中提出的两种考虑动态干扰的算法（SLR、LB-SLR）。观察图 6-13 可以发现，游牧网络具有巨大的能耗节约潜力，其是在平均速率需求较小的情况下（人类活动较少，例如夜晚或者人口稀疏的区域）。

6.2.5.4 小结

网络密集化带来了诸多新的挑战，其中最重要的挑战之一是网络节能。为了实现 UDN 节能，需要基于即时业务需求动态地激活和去激活接入节点。首先介绍了 UDN 中由宏小区负责集中控制的节能机制的研究进展。其次，又详细讨论了一种基于虚拟小区架构和宏小区辅助的小小区节能机制，该机制能够在不影响

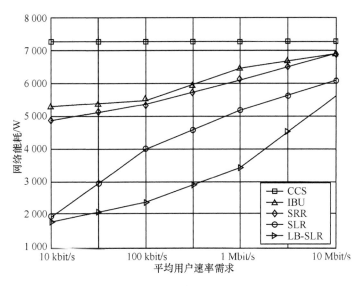

图 6-13　节能性能

用户连接性的前提下将大量的小小区设置为睡眠模式,继而能够显著减少网络能耗,并且由于减少了小区间干扰而能为用户提供更好的服务质量。此外,本节也介绍了移动网络中游牧节点的动态激活和去激活机制。

6.3　D2D 无线资源管理

6.3.1　D2D 技术概述

D2D(终端直接)通信技术是指网络中设备器件之间在没有核心网参与情况下的直接连接通信。

图 6-14 为传统蜂窝网络中的 D2D 通信及其应用场景示意[23]。

D2D 技术的特点,一方面表现为系统中地理位置邻近的两个用户直接实现短距离通信;另一方面表现为 D2D 通信可以重用蜂窝系统频谱,并且可以在现有蜂窝网络的监控下进行通信。在蜂窝网络中引入 D2D 通信技术可以带来如下优势[24-25]:增强网络覆盖能力,降低回传链路负载,提供回传能力,提高频谱利用率以及单位面积内用户数据速率和网络容量,支持低时延高可靠的 V2X 业务连接等。

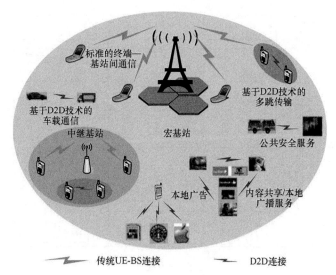

图 6-14　传统蜂窝网络中的 D2D 通信及其应用场景示意

3GPP 于 2012 年的 R12 版本启动了 LTE 网络作为邻近服务（proximity service）的 D2D 技术标准化研究[26-29]。3GPP 对 D2D 技术的研究，主要应用于公共安全领域（也包含部分的商业应用领域），对基站覆盖内（in-coverage）和基站覆盖外（out-of-coverage）两种场景下的 D2D 设备发现（D2D discovery）和 D2D 通信（D2D communication）技术开展研究[30]。为了简化评估，3GPP 基于网络覆盖条件划分了 D2D 技术应用场景[31]。在网络覆盖内场景，所有的 D2D 设备处于 LTE 网络基站覆盖范围之内；在网络覆盖外场景，所有的 D2D 设备都在 LTE 网络基站覆盖范围之外；还有一种介于两者之间的部分覆盖（partial-coverage）场景，在这种场景下，部分 D2D 设备处于 LTE 网络基站覆盖范围内，而部分 D2D 设备位于基站覆盖范围之外。3GPP 定义的 D2D 技术应用场景示意如图 6-15 所示。

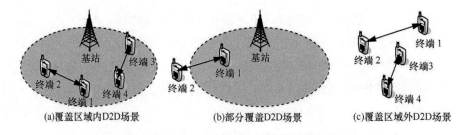

图 6-15　3GPP 定义的 D2D 技术应用场景示意

D2D 通信技术的诸多优势，使其成为未来 5G 网络中的一项基本架构元素和关键技术，D2D 技术使得网络中设备间或器件间的本地信息传输成为可能。在 eMBB 场景下，D2D 技术可以有效卸载蜂窝网络业务数据并提高频谱利用率；在 mMTC 场景下，D2D 技术作为关键的基础技术，在簇化聚合接入和延伸网络覆盖范围方面发挥巨大作用，同时极大限度地降低该场景下设备的功率消耗；在 uMTC 场景下，D2D 技术更是被作为支撑时延敏感、数据速率高的高可靠通信（ultra-reliable communication，URC）的关键技术，最典型就是对车联网 V2X 的支持。

6.3.2　分簇化集中控制的 5G 网络 D2D 通信

基于 D2D 终端设备间通信是否有集中节点参与控制，D2D 通信类型分为集中式 D2D 通信和分布式 D2D 通信。图 6-16 为集中式和分布式 D2D 通信示意。

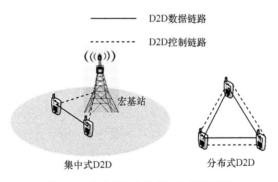

图 6-16　集中式和分布式 D2D 通信示意

在集中式 D2D 通信中，在蜂窝网络基站覆盖区域内的 D2D 设备终端，基站控制 D2D 设备终端连接建立，但是源终端和目的终端间的数据交互不再通过基站进行。由于有基站参与 D2D 终端间的通信建立过程，D2D 通信中的模式选择、功率控制、资源分配等资源管理过程可以由基站来集中控制与实现。这种同时考虑 D2D 通信和蜂窝网通信的集中控制方式，可以相对方便地实现 D2D 通信中高质量的资源管理过程，且最大程度保证蜂窝网络的性能不受影响。虽然集中式 D2D 通信可以获得更好的网络性能，但是由于基站控制节点参与 D2D 通信过程，将会增加一定的 D2D 通信处理时延。

在分布式 D2D 通信中，D2D 设备终端位于蜂窝网络边缘，或者没有蜂窝网络覆盖的区域，设备终端间采用基于 Ad Hoc 方式的 D2D 通信方式，其通信过程完全由终端自主控制。分布式 D2D 通信由于缺少集中节点的控制，可以降低通信时延。但是通常需要额外考虑与蜂窝网络间的干扰问题，一般基于异频实现。

因此，基于网络控制的集中式 D2D 技术，与 Ad Hoc 技术的分布式 D2D 技术应该结合使用，以保证 D2D 技术在 5G 网络的任何地点（有覆盖和无覆盖）都可以应用。

正如前文所述，分簇化的集中控制是未来 5G 无线网络的重要技术特征之一。对于不同的网络覆盖场景(如宏—宏覆盖场景、宏—微覆盖场景和微—微覆盖场景)，5G 无线接入网集中控制器的功能实体和布放位置有所不同。在传统的宏—宏覆盖场景下，传统蜂窝网络基站充当相同基站下不同小区间的集中控制器，而不同基站下不同小区间的集中控制器则需要由更高层面的控制器来担当。在宏—微覆盖场景下，宏基站负责网络的覆盖以及微基站间的资源协同管理，微基站负责业务容量。此种场景下，通常由宏基站充当网络的集中控制器，从而实现微基站之间的干扰协调与资源协同管理。在微—微覆盖场景下，通常会采用分簇化的方式，将部分微基站按照特定的规则形成不同的基站簇。簇化后的集中控制器，可以由簇内的某个特定微基站来担当，或者独立于微基站单独部署。

因此，在传统蜂窝网络中由基站为 D2D 通信提供的集中控制能力，在未来的分簇化集中控制的 5G 无线网络架构中，将由不同部署的集中控制器来提供。不同网络覆盖场景下的集中控制器将代替传统蜂窝网络中的基站，实现对其网络中 D2D 通信的无线资源分配与管理的控制。5G 网络不同覆盖场景下 D2D 通信示意如图 6-17 所示。

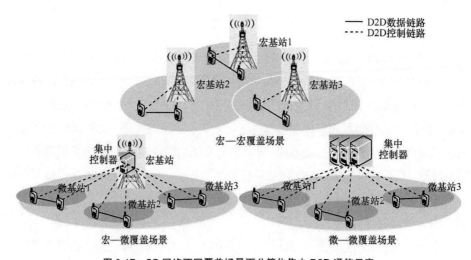

图 6-17　5G 网络不同覆盖场景下分簇化集中 D2D 通信示意

6.3.3　集中控制的 5G 网络 D2D 通信无线资源管理研究

高效的 D2D 通信很大程度上依赖于网络的资源分配和干扰管理。

蜂窝网络或未来 5G 网络中 D2D 通信无线资源的集中控制与管理，在 D2D 通信终端自主管理的同时，还通过蜂窝网络中的基站，或者 5G 网络中的集中控制器对 D2D 通信终端的模式选择、功率控制、资源调度等过程的控制与管理，提高 D2D 通信效率，降低 D2D 终端与蜂窝网络或 5G 网络间的干扰，提高整体通信网络的系统性能[32-33]。

下面以蜂窝网络下 D2D 通信主要的无线资源集中控制与管理为例，说明集中控制 5G 网络下的 D2D 通信无线资源管理，主要包括 D2D 通信设备发现、模式选择、功率控制和资源分配等过程。

6.3.3.1　D2D 设备发现

网络中设备间可以采用直接方式，D2D 通信的前提是高效的网络辅助 D2D 设备发现、识别以及建立连接。只有两个设备间建立起这样的直接连接后，才可以在设备间传输数据。D2D 设备发现就是用于判断设备之间的邻近性以及在设备间建立 D2D 通信链路的可能性。

文献[34]给出了同时可以用于有网络覆盖和没有网络覆盖两种场景下的 D2D 设备发现过程的资源分配架构。在网络控制的 D2D 通信方案中，网络中的基站具有 D2D 设备发现的资源，可以在两种覆盖场景下高效地管理和分配这些用于 D2D 设备发现资源。该方法的一个关键思路是在缺乏网络覆盖的区域引入了簇头的概念。簇头是一类特殊的器件，在缺乏网络覆盖的区域内，簇头承担了部分的网络功能和为附属于该簇头的一组器件分配资源的控制能力。当网络覆盖恢复后，作为簇头的器件可以平滑地恢复为普通器件。

对于 D2D 设备发现过程，一个高效系统的特征是将尽可能少的器件作为簇头，同时将尽可能多的器件划分为附属于一个簇头的簇，从而降低器件的能量消耗以及同步信号发送和检测时的干扰。当没有簇概念时，网络中的所有器件以一种全部或者部分同步的方式，自动在已知的资源池中选择设备发现资源并直接进行相互器件间的发现。

相比于没有网络辅助控制的 D2D 设备发现过程，文献中提出的基于网络辅助和簇头概念的 D2D 设备发现自由分配架构提供了更高的功率效率、更短的设备发现时间和更高效的资源利用。该方法还可以在两种场景间无缝切换,同时可以利用网络辅助 D2D 通信下的其他功率控制和无线资源管理机制。

评估了 3 种不同选择簇头方式下的 D2D 设备发现率和发现时间。仿真结果如图 6-18 所示。基于基站辅助的簇化方式的 D2D 设备发现,可以达到 99.9% 的 D2D 设备发现率,并且降低了 5 s 的 D2D 发现时间。基于门限方式的仿真结果表明,通过考虑器件间的信号强度和信道质量,可以在覆盖比例、发现时间和能量消耗间获得折中的效果。

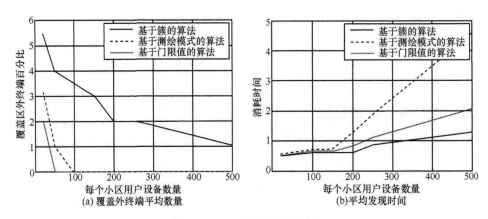

图 6-18 D2D 设备发现评估结果

6.3.3.2 模式选择

在 D2D 设备发现两个邻近设备后,接下来需要考虑是否要在这两个设备间建立 D2D 连接。

蜂窝网络中的 D2D 通信根据资源分配方式的不同,主要有 3 种通信模式[35]。

(1)复用模式(reuse mode)

也称为非正交模式(non-orthogonal mode)或者 underlay 模式。在复用模式下,D2D 用户直接在与蜂窝网络复用的频谱资源上传输数据,可以最大化地提升整体网络频谱效率。但需要额外关注 D2D 用户与蜂窝网络之间的干扰。

(2)专用模式(dedicated mode)

也称为正交模式(orthogonal mode)或者 overlay 模式。在正交模式下,蜂窝网络为 D2D 通信分配专用的频谱资源,而其余的频谱资源为蜂窝网络使用。由于使用专有频谱,正交模式避免了 D2D 用户和蜂窝网络之间的干扰,但是整体网络的频谱资源利用率有所下降。

（3）蜂窝模式（cellular mode）

也称为基站中继模式。在蜂窝模式下,D2D 用户利用蜂窝网络的基站作为中继进行通信。此时的 D2D 通信与传统蜂窝网络下的通信方式相同。

在上述 3 种通信模式中,复用模式可以提升网络的频谱效率,但是会在蜂窝系统和 D2D 系统间引入干扰;专用模式和蜂窝模式方便解决蜂窝系统和 D2D 系统间的干扰问题,而且可以通过增加发射功率最大化整体提升网络性能,然而在专用模式和蜂窝模式下无法最大化利用网络资源来实现整体网络的最高吞吐率。因此,需要考虑如何选择最优的 D2D 通信模式以实现整体网络的最高吞吐率和满足业务的 QoS 需求。

在众多的模式选择算法中,可以基于 D2D 通信终端之间的距离[36],或者 D2D 终端与基站之间的距离[37]进行模式选择,也可以基于对每种模式下的系统性能进行评估,选择系统容量最大的 D2D 模式[38]。

文献[39]给出了基于信道状态的和基于位置的 D2D 模式选择方法。在基于信道状态的 D2D 模式选择方法中,假设 D2D 发射机和接收机间以及 D2D 发射机和基站之间的大尺度衰落已知,同时模式选择算法从单跳的 D2D 通信扩展到双跳 D2D 通信（分为双跳 D2D 邻近通信模式和双跳 D2D 覆盖扩展模式两种）。单跳多跳 D2D 通信示意如图 6-19 所示。

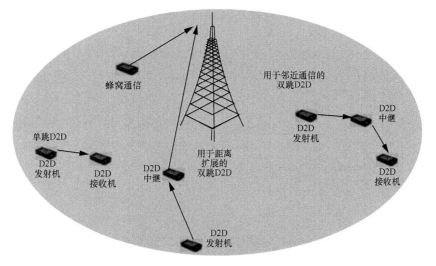

图 6-19　网络辅助的单跳多跳 D2D 通信示意

仿真结果如图 6-20 所示。通过对覆盖扩展模式下的仿真，基于信道状态的双跳 D2D 通信模式选择算法相对于蜂窝通信和单跳 D2D 通信获得了更优的性能。更详细的评估结果可以参照文献[40]。

文献[41]评估了基于信道状态模式选择算法的网络性能。评估结果表明，在两个设备距离小于 50 m 的情况下，相对于 3GPP R11 网络，系统的平均速率提升了 150%，同时功率降低了 50%。

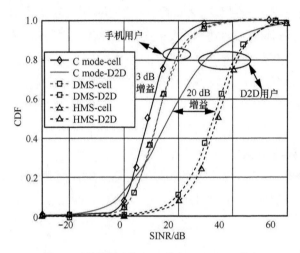

图 6-20　蜂窝用户和 D2D 用户 SINR CDF 分布

6.3.3.3　功率控制

功率控制技术是在蜂窝网络中引入 D2D 通信技术后抑制干扰的一项关键技术。D2D 终端功率的分配必须满足网络中业务的 QoS 需求（如 SINR）。为 D2D 终端分配适当的发射功率，更多数量的 D2D 通信可以共享相同的频谱资源，有利于进一步提升网络的频谱利用率。另外，由于移动器件的电量有限，D2D 通信中终端能量消耗也是一个需要考虑的重要因素。通常 D2D 终端能量效率需要在电池节省与所要达到的 QoS 要求间折中。

位于蜂窝网络中的 D2D 通信系统，利用蜂窝网络中的基站来对 D2D 发射功率进行控制是最直接的功率控制方法。文献[42]给出了一种简单的功率控制过程。通过考虑路径损耗、D2D 用户间的相对位置以及对于蜂窝网络中用户潜在的干扰，控制 D2D 发射功率的大小，以降低对蜂窝网络的干扰，保障蜂窝网络用户可以进行正常的通信。

在文献[43]中通过仿真分析了 D2D 用户分别采用固定发射功率、固定信噪比门限（SINR）、开环分数功率控制和闭环分数功率控制策略下的 D2D 通信性能和蜂窝网络用户性能。仿真结果显示，闭环分数功率控制具有较好的表现，同时也指出用户的模式选择和信道分配对用户性能有很大影响。

D2D 通信中的功率控制，通常与模式选择和信道分配联合使用。METIS Test Case 2[44-45]对基于 D2D 终端位置的功率控制和模式选择算法进行了评估。基站估计 D2D 通信用户间的距离以及 D2D 用户与基站间的距离，然后将距离与路径损耗模型相结合后映射的到接收信号强度。基于距离和估计的信号强度，由基站决定采用何种通信模式。D2D 设备发射功率 CDF 如图 6-21 所示。根据仿真结果，相对于开环功率控制，基于位置的 D2D 功率控制算法可以有效降低发射功率。

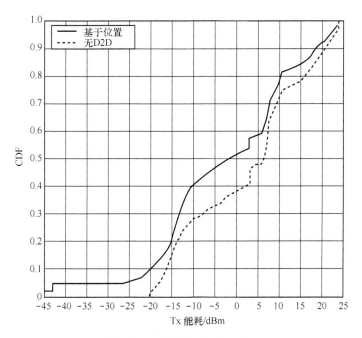

图 6-21　设备发射功率 CDF 分布

从对蜂窝网络中 D2D 通信功率控制机制的多种研究中可以看出，D2D 通信功率控制机制正由基于路径损耗、相对位置等简单的判决条件，向面向整体网络性能、

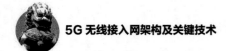

多 D2D 用户和多蜂窝网络用户等复杂的判决条件转变；在众多的功率控制机制中，除了单纯地优化 D2D 用户发射功率外,有更多的功率控制机制与模式选择和各种资源分配相结合，以获得更优的网络综合性能。

6.3.3.4 信道分配

D2D 通信的信道分配对应着 D2D 通信模式选择。相比于模式选择，D2D 信道分配更加具体。特别是在用户选择了复用模式时，如何为 D2D 用户分配信道对 D2D 用户和蜂窝网络用户的性能都有很大的影响。当 D2D 用户与蜂窝用户之间的信道衰落较小时,选择复用模式的 D2D 用户将会对蜂窝用户产生较大的同频干扰影响；相反，当 D2D 用户与蜂窝用户之间的信道衰落较大时，选择复用模式的 D2D 用户对蜂窝用户的同频干扰较小。D2D 通信信道分配的目的就是合理地选择 D2D 信道，减小 D2D 用户对蜂窝网络用户的影响，提供整体网络的性能。通常，D2D 信道分配通常会结合模式选择和功率控制共同来改善网络性能[46]。

1. 基于规划的 D2D 信道分配方法

D2D 通信信道分配实际是一个典型的规划问题，通常以提高频谱效率、能量效率等为目标，将信道分配问题建模为规划问题，并进行求解。在考虑基于规划思想的 D2D 信道分配方法时，通常都与功率控制相结合[24]。

为了应对 5G 网络中的自动驾驶服务，文献[47]给出了一种 D2D 通信的资源分配机制。在高速移动场景下的 D2D 通信系统中，干扰管理是一项巨大的挑战；且这种场景下信道状态的获取将耗费极大代价，或者在自动驾驶领域根本无法实现。文献给出的算法基于小区的分裂和区域的概念，提前对区域的大小、形状和数量进行规划，并且为每一个区域预留用于 V2X 的专用资源，同时限制在特定区域蜂窝网络通信对资源的复用。在这种情况下，获得了一种相对简单且高效的 D2D 通信无线资源管理和信令机制，可以基于粗略的位置信息决定资源的调度，而无需考虑复杂的信道状态测量。基于仿真结果，与其他 D2D 解决方案相比，该算法在传输 1 600 byte 数据分组和到达间隔为 1.5 s 的情况下，D2D 数据分组时延可以做到 99%的数据分组时延小于 17 ms，而参照系统相同时延下只能做到 50%的数据分组。图 6-22 为 D2D 数据分组时延 CDF 分布。

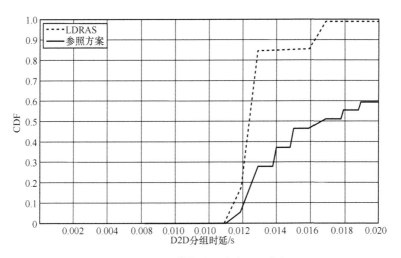

图 6-22　D2D 数据分组时延 CDF 分布

2. 基于地理位置的信道分配方法

正如前文所说，D2D 用户与蜂窝用户复用同频信道的前提是它们之间的信道衰减足够大。在无线通信中，以距离为表征的大尺度衰落是无线信号衰减的重要因素。因此，当 D2D 用户与复用同频信道的蜂窝用户在距离上保持一定的范围时，其间的相关干扰即可降低到一定的范围之内。因此，可以基于用户的地理位置设计信道分配方法[48-49]。

由于无须考虑信道状态，这种基于距离的信道分配模式相对简单。通过集中分配 D2D 通信资源，实现了对 D2D 通信更多的控制和资源复用，也更好地控制了 D2D 通信给系统带来的干扰，从而获得了系统更好的整体性能。最佳的资源复用基于距离的最大化，增加的距离可以降低干扰，提升系统整体性能。根据 METIS 提供的仿真评估结果，通过与现有的 D2D 解决方案仿真对比，基于距离的资源复用方式，可以有效改善频谱利用率。图 6-23 为频谱利用率仿真结果。更详细的内容请参考文献[45]。

在低移动性场景下，基于位置信息的信道分配方法，可以在统计意义上保证用户的 QoS 要求。相比于基于规划的和分布式的信道分配方法，基于地理位置信息的信道分配方法对信道状态信息需求少，计算复杂度低，同时可以保证一定的服务质量。但此类信道分配方法也存在两个关键问题。第一，获取用户的二维位置信息需要额外的定位上的开销；第二，该类方法是统计意义上的 QoS 保障，无法保证瞬时 QoS，也不具备全局优化的意义。然而，考虑到现实条件，相比规划方法和分布式算法，此类方法具备更好的可实施性。

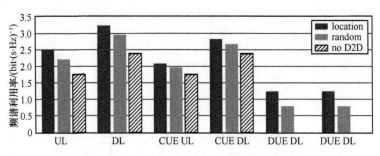

图 6-23 基于位置的信道分配算法频谱利用率仿真结果

D2D 通信复用模式下的信道分配方法，通常与模式选择、功率控制方法相结合，是一种考虑全面的有效提升整体网络性能的关键技术，也是 D2D 技术中被广泛研究的关键技术。

|6.4 MMC 无线资源管理|

MMC（massive machine communication，超大规模机器通信），其概念包含了具有支持数量空前巨大器件能力的无线接入技术[50]。MMC 将传统的人与人之间的无线连接，扩展到机器器件间的无线连接，这是未来无线通信系统最重要的变化之一。机器相关的通信与传统通信有着完全不同的特性和需求（如数据速率、时延、成本、功耗、可用性和可靠性）。MMC 说明示意如图 6-24 所示。

图 6-24 MMC 说明示意

在 MMC 面临的挑战中，除了数量空前巨大的接入器件，器件的低成本和低功耗以外，另一个需要考虑的因素是 MMC 器件接入无线网络的方式。因此，设备间的直接连接（direct D2D）和多跳（multi-hop）连接将发挥重要作用。

MMC 包含 3 类无线接入方式，如图 6-25 所示。

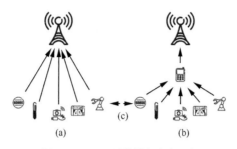

图 6-25　MMC 无线接入方式示意

（a）直接接入。在这种接入方式下，器件直接与接入点连接。直接接入的优势在于部署前无需对器件部署位置进行规划，且其在对器件移动性管理方面具备更好的灵活性。直接接入的缺陷也十分明显，器件的低成本设计容易造成上行链路的覆盖受限。

（b）通过聚合接入点接入。在这种接入方式下，邻近器件的业务数据在发送到宏接入节点前，先在本地节点进行汇聚。本地汇聚节点可以是中继节点、专属的服务网关、个人的智能终端等。通过汇聚节点，传统损耗较高的室内场景下的器件可以很方便接入宏网络，适用于覆盖受限下机器类型设备的接入。

（c）器件间机器类型通信。在这种方式下，器件间传输的是低速率和对时延容忍的业务，而 D2D 通信中器件间传输的通常是高速率和对时延有苛刻要求的业务。除此以外，MMC 器件间通信与 D2D 通信不同的一点在于，MMC 器件间通信通常要求具备更高的协议效率（及更低的信令开销）以及更长的电池寿命。

不同的场景和应用可以使用不同的接入方式，以获得更好的 MMC 性能。

6.4.1　降低碰撞风险的 MMC 高效接入方式

在 mMTC 场景下，网络中存在大量需要接入的设备器件。在直接接入方式下，一种数据传输方式是基于竞争的数据传输，另一种是采用基于随机接入过程的发送请求的数据传输方式。基于竞争的数据传输方式通常应用于非实时连接场景。在此种数据传输方式下，数据分组和控制信令通常结合在一起同时传输，且数据传输方式存在与其他用户数据传输碰撞的风险，因此无法为数据传输预留资源。对于mMTC 场景小数据分组传输的特征，基于竞争方式的数据传输在降低控制信令负荷和降低能量消耗方面存在增益。基于随机接入过程的数据传输方式通常应用于实时保持连接的场景。在这种数据传输方式下，通常接入信令在数据分组之前传输，且同样存在用户碰撞风险，同时也存在对随机接入信道的竞争。同时，基于随机接入过程的发送请求的数据传输方式增加了处理时延，提高了对接收机能力的需求，也会增加设备器件的功率消耗。

另一种降低接入碰撞风险的方式是对不同业务采用不同的接入方式，以降低采用竞争性接入的数量，从而降低了接入碰撞的风险。

M2M 设备爆发式的增长需要提供高效的多址接入方案，用以降低分组丢失率和减少碰撞。M2M 通信多样化的需求（如小尺寸数据分组、周期性或者零散的接入等）可以被用来在 5G 网络中设计新的多种接入协议。根据 M2M 业务历史和特性以及如何接受时延等其他属性，M2M 多址接入管理器（M2M access manager, MAM）被分为两类：基于竞争的接入方式和非竞争接入方式。对于时延/差错容忍的业务，设备特性允许 MAM 一定程度的自治。对应这两种类型机器类型设备，设置两种正交的信道。基于竞争的接入信道对于没有（或者有限）接入保障流程的分散传输是高效的，而非竞争接入信道对于具有网络控制的周期性传输是高效的。一种基于不同业务特性采用不同的接入方式的 M2M 接入管理方案[51]，可以根据业务最近请求的到达间隔次数（inter-arrival time, IAT）和设置的计数门限来为设备确定相应的接入方式。如果设备在门限设置次数内的 IAT 都保持不变，则认为该设备的业务是周期性的，采用可协调接入信道处理；否则，采用非可协调信道处理。图 6-26 为基于此 MMC 接入方案的分组率和吞吐率仿真结果。仿真结果表明，与分段式 ALOHA 协议相比，提出的 MAM 方案丢失率降低了约 20%，吞吐率提升了约 40%。然而，

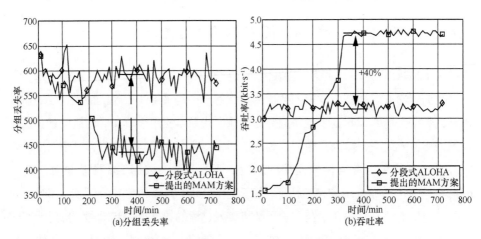

图 6-26　大规模机器通信接入方式分组丢失率和吞吐率仿真结果

由于 MAM 方案需要对设备发起业务的历史进行统计，并对设备进行分类，所以引入了处理时延，进而在方案开始阶段增加了业务的端到端时延（约 38%）。随着设备分类的逐步完成，系统进入稳定阶段，无须再进行设备分类，将不会再增加时延。

6.4.2　MMC 类型的 D2D 连接

对于 mMTC 场景，网络的覆盖能力是另一个需要关注的方面。在增强覆盖能力方面，采用 M2M relay 方式，基于聚合接入点的方式可以扩展网络的覆盖能力。直接方式的设备间通信 D2D 技术为基于聚合接入点的接入方式提供了支持。与传统的直接方式 D2D 通信方式不同的是，在 mMTC 场景下，D2D 通信的模式选择和资源分配等方法需要充分考虑设备器件的功率消耗问题，必须将设备的发射和接收时间减至最小。因此，在基于聚合接入点的接入方式中，如果设备与聚合接入点之间的每一次数据交换都需要重新建立连接，则需要消耗设备器件一定的电池电量，这无法满足 mMTC 场景设备器件低功耗的要求。因此，设备器件与聚合接入点之间不能每一次 D2D 传输都要建立连接。

另外，由于中继设备需要接收来自蜂窝网络中基站的数据，同时也需要接收来自 mMTC 场景中远端设备的数据。由于这两类的数据接收功率存在差别（从 mMTC 场景远端设备接收的信号功率很低，从蜂窝网络中基站接收的功率可以调整，且相对于从 mMTC 场景远端设备接收的功率大很多），因此可以基于这种差别区分两类信号，从而复用网络无线资源，规避彼此间的干扰，增强 mMTC 场景远端设备的覆盖能力。可以通过设置基站到聚合接入点数据速率上限的方式，减少其对远端设备与聚合接入点数据连接的干扰，从而保证远端接入点可以在与蜂窝网络叠加的情况下正常接入网络[52]。

6.4.3　降低信令负荷的 MMC 接入方式

来自于机器类型设备节点的业务通常是具备一定的拓扑规则（如设备部分在相同，或距离较近，或相似的位置等）和时间相关性。因此，可以利用机器类型通信业务的触发性以及通过限制或压缩发送消息中的多余信息的方式有限降低消息冗余。进一步，对于基于事件不存在冗余的消息，可以采用相互协调的方式调度和传输。这样，即使是在存在极大数量机器类型终端的情况下，通过减少传输冗余信息，减少随机接入尝试过程的方式，可以降低 MMC 接入时延，并提高接入成功率[45]。图 6-27 为上行链路信令开销的仿真结果。根据仿真结果，即使是在每个宏基站覆盖范围内存在 30 000 个机器类型设备节点时，该方案也可以极大限度地降低接入信令开销，从而降低网络的拥挤状态。

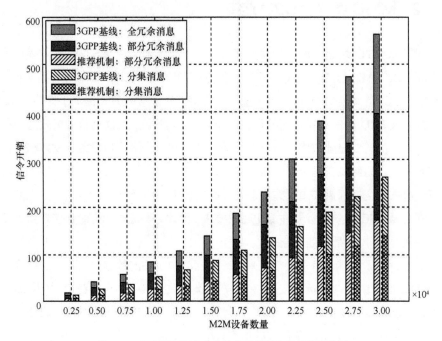

图 6-27 机器类型设备节点上行链路信令开销仿真结果

|6.5 MN 无线资源管理|

未来 5G 网络中的业务多种多样，不但对高数据速率和高数据流量有要求，而且还对低时延，特别是在终端高速移动情况下的低时延有要求。更进一步，在未来网络中，车辆进一步与网络设备相融合，且提供更多的通信能力。车辆和运输系统在未来的无线网络中将发挥更关键的作用。实际上，具备通信能力的车辆和运输系统可以成为蜂窝网络基础设施的一部分，以改善网络的覆盖、容量和部署。这允许基于网络覆盖、容量和业务需求的车辆网络基础设施灵活部署。车辆与其他交通运输参与者之间通信链路可靠性的提高，保障了基于蜂窝网络通信的可以改善道路安全和运输效率的各种 V2X 服务。

移动网络（moving network，MN）描述了一组移动节点或终端（如具备通信和组网能力的车辆等）形成了一种网络以支持这些移动节点间的通信[50]。游牧网络节点（nomadic network node）是 MN 中重要的概念，它是指一类可以提供类似于中继通信能力的网络节点，这些节点提供的服务具备暂时性和不确定性。游牧通信节点可以随时中断服务，改变其地理位置，然后重新提供服务。

根据网络特性和业务需求，MN 主要分为 3 类。

- MN-M，用于保障高数据速率和实时业务通信连接的移动顽健性；
- MN-N，用于支持游牧网络节点，以满足灵活和业务驱动的网络部署；
- MN-V，用于支持类似于 V2X 这一类的低时延高可靠业务。

其中，MN-V 与 D2D 技术关系紧密。在具备蜂窝网络覆盖的场景下，可以采用基于网络辅助的 D2D 技术来支持 V2X 业务；在蜂窝网络覆盖不足的场景下，可以采用基于分布式 Ad Hoc 的 D2D 技术来支持 V2X 业务。在网络辅助的 D2D 技术中，存在一个中心实体（如蜂窝网络中的基站）来实现 D2D 技术的资源分配和干扰管理，从而获得比基于分布式 Ad Hoc 的 D2D 技术更好的业务性能。

uMTC 场景的最典型应用之一就是基于机器类型通信的车联网 V2V 通信。V2V 业务的典型特征是通信的高可靠性和对时延的高敏感性。

目前的车联网通信是基于由 IEEE 的车辆通信环境下无线接入（wireless access in vehicular environments，WAVE）工作组与 IEEE 1609 工作组制定的 IEEE 802.11p 系列和 IEEE 1609 系列协议[53]，采用 MANET 技术实现的，具备分布式、自组织、多跳传输等网络特性。移动自组织网络可以最大限度地降低车联网端到端的通信时延，但是在扩展性和可靠性方面也存在弊端[54]。图 6-28 为车联网示意。

图 6-28　车联网示意

车联网中车辆节点间的通信也属于 D2D 通信类型，可以借鉴 D2D 通信的研究成果[55]。一方面，车辆间的直接连接，减少了对网络上下行链路资源的占用，同时与蜂窝网络复用了无线资源，提升了频谱利用率；另一方面，D2D 通信也使得在蜂窝网络覆盖不足区域内的设备间可以进行数据交互。基于前文所述，基于分簇化集中控制的 5G 网络，可以实现更加高效的 D2D 通信无线资源控制与管理，包括功率控制、信道分配等。

3GPP 对 V2X 业务也开展了相应的研究[56-57]。

3GPP 针对 V2X 业务定了 3 种场景[56]。在场景一中，仅利用 PC5 接口（边缘链路接口，即 SL 接口）来实现 V2X 业务；在场景二中，仅利用 Uu 接口来实现 V2X 业务；在场景三中，利用 PC5 接口和 Uu 接口实现 V2X 业务。3 种场景下 V2X 业务实现示意如图 6-29~图 6-31 所示。

图 6-29　3GPP V2X 业务场景一示意

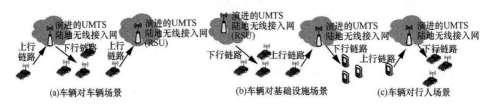

图 6-30　3GPP V2X 业务场景二示意

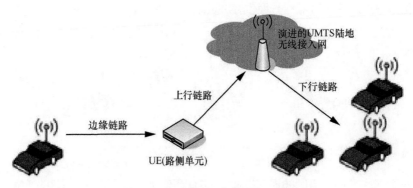

图 6-31　3GPP V2X 业务场景三示意

根据基于 PC5 接口 V2X 业务的实现方式,资源分配相关的以下几个方面需要增强。

- 对于 V2X 业务,提出了基于资源池的概念,为 V2V 业务预留一部分专属时频资源。关于资源池的数量、属性和配置方式,还有待于继续深入研究。

- 对于 V2I 业务,传输载频的配置以及与 V2V 业务资源复用方式需要进一步研究与增强。

- 对于 V2P 业务,传输载频的配置,与 V2V 业务资源复用方式以及个人业务重点的功率传输模式,需要进一步研究与增强。

另外,3GPP 针对 V2V 业务的网络容量和时延进行了仿真评估[56]。

为了保障 V2V 业务,在 uMTC 场景下,网络辅助的 D2D 通信和基于 Ad Hoc 的 D2D 通信互为补充,需结合使用。通过利用模式选择、功率控制和资源分配等机制,基于网络辅助的 D2D 通信可以高效地应用于 V2V 业务之中,可以有效降低设备与网络基站间的信令开销。

6.5.1　基于 D2D 方式 V2V 通信中的资源分配和功率控制

考虑到 D2D 通信低时延特性以及叠加于蜂窝网络的 D2D 通信可以提高其可靠性,可以将 D2D 通信方式应用于车联网的资源分配与功率控制机制[58-59]。在满足车联网用户严格的时延和可靠性的需求的条件下,该资源管理机制将同时考虑公平性情况下的蜂窝网络用户和速率最大化作为优化目标。为了达到这一目标,该资源管理机制需要同时考虑长期和短期的资源分配和功率控制结果。相比于基于蜂窝网络的车联网通信通过基站转发数据方法,这种基于 D2D 通信的车联网解决方案可以有效降低端到端时延。另外,基于 IEEE 802.11p 协议自组织网络技术的车联网方案,主要面向低速移动场景进行优化,且具有扩展性差的问题。通过仿真分析,提出的算法的 V2X 业务中断率满足 METIS 提出的要求。更进一步,通过对比分析蜂窝用户的和速率,该算法的性能都优于其他算法。图 6-32 为仿真评估结果。

6.5.2　基于网络辅助资源分配方式的直接 V2V 通信

为了提高车联网中信息传输的可靠性,将基站集中控制的 D2D 通信无线资源管理方法引入车联网之中。首先将车辆节点分簇,并在每一个簇中形成一个簇首节点。

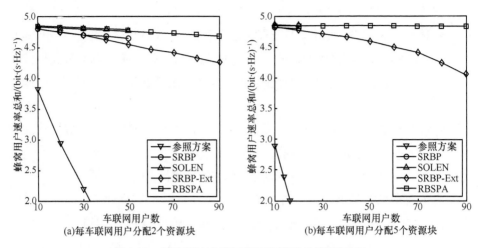

(a)每车联网用户分配2个资源块 (b)每车联网用户分配5个资源块

图 6-32　车联网设备分配不同资源时网络性能评估结果

簇首节点的作用是与网络中的基站进行通信，承载并管理基站发送来的与本簇相关的资源分配消息，并负责将基站分配的资源分配给本簇中的其他车辆节点。而基站作为集中控制单元，根据网络中车辆节点的位置信息、车辆移动速度和密度、簇的大小等信息可以预测网络负荷变化情况，从而调整分配给各个簇首节点的网络资源，从而实现高效的网络资源分配。相比于基于 MANET 自组织的分布式方法，这种集中式的资源管理方法，可以基于网络的实时信息来调整资源的分配，从而实现公平和高效的资源分配。另外，车联网中集中式的控制消息管理，可以降低自组织分布式方法中消息碰撞的概率，从而降低车联网端到端通信的时延，同时可以提高车联网通信的可靠性。最终的系统仿真结果也表明，相比于自组织分布式的传统车联网解决方案，集中控制式的方案在结合网络信息预测后提高了信息传输的可靠性，并且网络资源分配更加高效。

　　在仿真评估中，V2V 信息传输的可靠性由车辆成功接收 CAM（cooperative awareness message，合作意识信息）的比例衡量。图 6-33 给出了 4 种不同 CAM 配置情况下的平均投递成功率仿真结果。根据仿真结果，随着传输范围的增加，V2V 信息投递成功率降低；但是对于较低的 CAM 发送频率和较小的消息大小（如 5 Hz，200 byte），网络辅助的 V2V 通信可以获得很高的消息投递成功率。在固定的传输范围（如 400 m）的情况下，在靠近发送消息车辆的范围（如 100~300 m）内，也可以获得足够高的信息投递成功率。

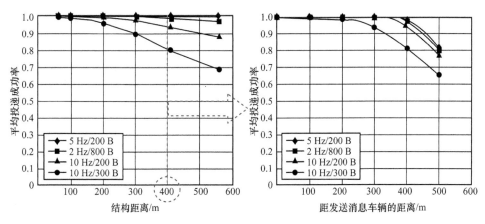

图 6-33　V2V 信息投递成功率仿真结果

通过与 IEEE 802.11p 和 STDMA 标准相比较,网络辅助的 V2V 通信 CAM 投递成功率也要有明显优势，见表 6-2。

表 6-2　基于不同方法的 V2V 信息投递成功率对比

CAM 配置	网络辅助的 V2V 通信	IEEE 802.11p	STDMA
2 Hz/800 byte	0.98	0.78	0.82
10 Hz/300 byte	0.8	0.73	0.77

详细情况可以参阅 METIS 研究报告[45]。

|6.6　Ad Hoc 网络|

作为网络辅助 D2D 技术的有力补充，分布式的 Ad Hoc 网络在未来 5G 网络中也发挥着重要的作用。

Ad Hoc 网络[60]，即自组织网络，是由一系列希望通信的器件或节点组成的，这些器件或节点并没有固定可用的网络基础设施和预先设计好的可用的链路架构承载。自组织网络中的每一个单独节点都搜索可以与之直接通信的其他节点。并不是所有节点都可以与其他节点直接通信，因此节点需要通过其他的节点转发数据。由于节点的移动和功率控制机制，节点之间的连接和链路特性的快速变化，是自组织网络的一个重要特征。

MANET（mobile Ad Hoc network，移动自组织网络）[61-62]是 Ad Hoc 自组织网络的拓展和延续，其中的节点具备移动性。与自组织网络相同，移动自组织网络是

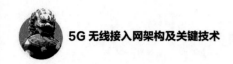

由可移动的节点任意互联组成的具有临时性拓扑结构的自组织网络。其最大特点是网络组成过程中，没有固定的网络基础设施，也不用网络提供中央控制单元，所有的网络节点均是以自发形式进行连接并构成动态的拓扑结构。网络中每个节点都有发送数据、接收数据和转发数据的功能。

与 D2D 技术相比，Ad Hoc 网络和 MANET 缺乏集中控制，属于分布式网络。而 D2D 技术可以依赖于网络设备（如蜂窝网络中的基站设备，或者 5G 网络中的集中控制器等）提供的集中控制能力，很方便地实现诸如同步、链路建立、资源分配、路由等过程。而 Ad Hoc 网络和 MANET 实现上述能力较为困难。

尽管 Ad Hoc 网络和 MANET 缺乏集中控制，但是在缺少蜂窝网络覆盖，或者蜂窝网络覆盖不佳的场景下，D2D 通信必将是基于 Ad Hoc 分布式的。分布式 D2D 可以与网络辅助集中式 D2D 相互补充，使在网络的任何地方都可以实现 D2D 通信以及保障基于 D2D 技术的车联网正常开展[63, 64]。

在基于 Ad Hoc 网络的车联网中，路由协议设计是其有别于网络辅助 D2D 网络的关键技术。基于 Ad Hoc 网络的车联网路由协议通常分为 5 类[65]：

- 基于拓扑结构的路由协议（topology-based routing protocol）；
- 基于位置的路由协议（position-based routing protocol）；
- 基于分簇的路由协议（cluster-based routing protocol）；
- 基于广播的路由协议（broadcast-based routing protocol）；
- 基于地理区域的多播路由协议（geocast-based routing protocol）。

其中，基于拓扑结构、基于位置和基于分簇的路由协议属于单播路由协议，是端到端/点到点路由，主要研究如何将数据从源节点发送到单一的目的节点。广播路由协议是一对多路由，源节点周边的所有节点都是目的节点，源节点需要将数据发送到周边所有的目的节点。基于地理区域的多播路由协议同样是一对多路由，与广播路由协议不同的是，基于地理区域的多播路由协议根据具体业务需求，将源节点周边一定地理区域内的所有节点作为目的节点，源节点需要将数据发送到其周边一定区域内的所有目的节点。相比之下，单播路由协议应用场景更为广泛。

参考文献

[1] ANDREWS J. Interference cancellation for cellular systems: a contemporary overview[J].

IEEE Wireless Communications, 2005, 12(2): 19-29.

[2]　ELLENBECK J, HARTMANN C, BERLEMANN L. Decentralized inter-cell interference coordination by autonomous spectral reuse decisions[C]// European Wireless Conference, June 22-25, 2008, Prague, Czechia. Piscataway: IEEE Press, 2008: 1-7.

[3]　GARICA L G U, COSTA G W O, CATTONI A F. Self-organising coalitions for conflict evaluation and resolution in femtocells[C]//GLOBECOM 2010, December 6-10, 2010, Miami, Florida, USA. Piscataway: IEEE Press, 2010: 1-6.

[4]　LIU W, HU C J, WEI D Y, et at. An overload indicator & high interference indicator hybrid scheme for inter-cell interference coordination in LTE system[C]// IEEE International Conference on Broadband Network and Multimedia Technology (IC-BNMT), October 26-28, 2010, Beijing, China. Piscataway: IEEE Press, 2010: 514-518.

[5]　LV S, ZHUANG W, WANG X, et al. Context-aware scheduling in wireless networks with successive interference cancellation[C]//IEEE International Conference on Communications (ICC 2011), June 5-9, 2011, Kyoto, Japan. Piscataway: IEEE Press, 2011: 1-5.

[6]　SCHUBERT M, BOCHE H. Interference calculus-a general framework for interference management and network utility optimization[J]. Springer, 2012(7): 17-38.

[7]　METIS. Initial report on horizontal topics, first results and 5G system concept: deliverable 6.2 version 1[S]. 2014.

[8]　METIS. Proposed solutions for new radio access: deliverable 2.4 version 1 [S]. 2015.

[9]　METIS. Final report on network-level solutions: deliverable 4.3 version 1[S]. 2015.

[10]　FETTWEISS G P. the tactile internet: applications and challenges[J]. IEEE Vehicular Technology Magazine, 2014, 9(1):64-70.

[11]　METIS. Scenarios, requirements and KPIs for 5G mobile and wireless system: deliverable 1.1 Version 1[S]. 2013.

[12]　MACKAY D J C. Fountain codes[J]. IEE Proceedings-Communications, 2005, 152(6): 1062-1068.

[13]　METIS. Intermediate system evaluation results: deliverable 6.3 version 1[S]. 2014.

[14]　SUI Y, GUVENC I, SVENSSON T. Interference management for moving networks in ultra-dense urban scenarios[J]. EURASIP Journal on Wireless Communications and Networking, 2015(1):1-32.

[15]　TAVARES F M L, BERARDINELLI G, MAHMOOD N H, et al. On the potential of interference rejection combining in B4G networks[C]// VTC Fall, Sept 2-5, 2013, Las Vegas, NV, USA. Piscataway: IEEE Press, 2013:1-5.

[16]　MARSAN M A, CHIARAVIGLIO L, CIULLO D, et al. Optimal energy savings in cellular access networks[C]// IEEE International Conference on Communications Workshops, June 14-18, 2009, Dresden, Germany. New Tersey: IEEE Press, 2009: 1-5.

[17]　OLSEN M. Final integrated concept[J]. ICT-247733 EARTH, 2012.

[18] ROY S. Energy logic: a road wap to reducing energy consumption in for telecommunications networks et al. [J]. INTELEC 2008, Sept 14-18, 2008, San Diego, CA, USA. Piscataway: IEEE Press, 2008: 1-9.

[19] YE Q, SHALASH M, CARAMANIS C. On/off macrocells and load balancing in heterogeneous cellular networks[C]// IEEE GLOBECOM, Dec 9-13, 2013, Atlanta, GA, USA. Piscataway: IEEE Press, 2013: 3814-3819.

[20] TERNON E, AGYAPONG P, HU L, et al. Database-aided energy savings in next generation dual connectivity heterogeneous networks[C]// Wireless Communications and Networking Conference (WCNC), April 6-9, 2014, Istanbul, Turkey. Piscataway: IEEE Press, 2014: 2811-2816.

[21] REN Z, STANCZAK S, FERTL P, et al. Energy-aware activation of nomadic relays for performance enhancement in cellular networks[C]//IEEE International Conference on Communications (ICC), June 10-14, 2014, Sydney, Australia. Piscataway: IEEE Press, 2014: 1-6.

[22] REN Z, STANCZAK S, FERTL P. Activation of nomadic relays in dynamic Interference environment for energy savings[C]//IEEE Global Conference on Communications (GLOBECOM), December 8-12, 2014, Austin, Texas, USA. Piscataway: IEEE Press, 2014: 1-6.

[23] REN Z, STANCZAK S, SHABEEB M, et al. A distributed algorithm for energy saving in nomadic relaying networks[C]// Asilomar Conference on Signals, Systems, and Computers, November 2-5, 2014. Pacific Grove, CA, USA. Piscataway: IEEE Press, 2014: 1-5.

[24] FENG D Q, LU L, Y-W Y I, et al. Device-to-device communications in cellular networks[J]. IEEE Communications Magazine, 2014, 52(4): 49-55.

[25] FENG D, LU L, WU Y. Device-to-device communication underlaying cellular communications system[J]. IEEE Transactions on Communications, 2014, 61(8): 3541-3551.

[26] DOPPLER K, RINNE M, WIJTING C, et al. Device-to-device communication as an underlay to LTE-advanced networks[J]. IEEE Communications Magazine, 2009, 47(12): 42–49.

[27] 3GPP. Public safety broadband high power user equipment(UE) for Band 14: TR36.837[S]. 2013.

[28] 3GPP. Proximity-based Services (ProSe): TS23.303[S]. 2014.

[29] 3GPP. Study on architecture enhancements to support proximity-based services (ProSe):TR 23.703[S]. 2014.

[30] 3GPP. Study on LTE device to device proximity services: radio aspects: TR36.843[S]. 2014.

[31] 3GPP. Study on LTE device to device proximity services:RP-122009[S]. 2012.

[32] LIEN S Y, CHIEN C C, TSENG F M, et al. 3GPP device-to-device communications for beyond 4G cellular networks[J]. IEEE Communications Magazine, 2016, 54(3): 29-35.

[33] 冯大权. D2D 通信无线资源分配研究[D]. 成都: 电子科技大学, 2015: 9-13.

[34] 杨阳. 蜂窝网络下的终端直通无线资源管理技术研究[D]. 北京: 北京邮电大学, 2015: 6-16.

[35] LU Q X, MIAO Q, FODOR G, et al. Clustering schemes for D2D communications under partial/no network coverage[C]//2014 VTC Spring, May 18-21, 2014, Seoul, Korea. Piscataway: IEEE Press, 2014: 1-5.

[36] YU C H, DOPPLER K, RIBEIRO C B, et al. Resource sharing optimization for device-to-device communication underlaying cellular networks[J]. IEEE Transactions on Wireless Communications, 2011, 10(8): 2752-2763.

[37] LIN X, ANDREWS J G, GHOSH A. Spectrum sharing for deviceto-device communication in cellular networks[J]. IEEE Transactions on Wireless Communications, 2014, 13(12): 6727-6740.

[38] ELSAWY H, HOSSAIN E. Analytical modeling of mode selection and power control for underlay D2D communication in cellular networks[J]. IEEE Transactions on Communications, 2014, 62(11): 4147-4161.

[39] YU C H, TIRKKONEN O, DOPPLER K, et al. Power optimization of device-to-device communication underlaying cellular communication[C]// IEEE International Conference on Communications, June 14-18, 2009, Dresden, Germany. Piscataway: IEEE Press, 2009: 1-5.

[40] PARK, JAMES J. Smart device to smart device communications[M]. Berlin: Springer, 2014.

[41] SILVA J M B D, FODOR G, MACIEL T F. Performance analysis of network assisted two-hop D2D communications[C]//IEEE Broadband Wireless Access Workshop, December 8-12, 2014, Austin, TX, USA. Piscataway: IEEE Press, 2014.

[42] FODOR G, PENDA D D, BELLESCHI M, et al. A comparative study of power control approaches for device-to-device communications[C]// IEEE International Conference on Communications (ICC'13), June 9-13, 2013, Budapest, Hungary. Piscataway: IEEE Press, 2013.

[43] YU C H, TIRKKONEN O, DOPPLER K, et al. On the performance of device-to-device underlay communication with simple power control[C]//IEEE VTC 2009, April 26-29, 2009, Barcelona, Spain. Piscataway: IEEE Press, 2009: 1-5.

[44] XING H, HAKOLA S. The investigation of power control schemes for a device-to-device communication integrated into OFDMA cellular system[C]// IEEE 21th International Symposilim on Personal, Indoor and Mobile Radio Communications (PIMRC'10), Sept 26-30, 2010, Instanbul, Turkey. Piscataway: IEEE Press, 2010: 1775-1780.

[45] METIS. Scenarios, requirements and KPIs for 5G mobile and wireless system: ICT-317669-METIS/D1.1 [S]. 2013.

[46] METIS. Final report on network-level solutions: ICT-317669-METIS/D4.3 [S]. 2015

[47] 鲍鹏程. D2D 通信系统的干扰协调与资源优化[D]. 杭州: 浙江大学, 2014: 8-10.

[48] BOTSOV M, KLÜGEL M, KELLERER W, et al. Location dependent resource allocation for

mobile device-to-device communications[C]//IEEE Wireless Communications and Networking Conference (WCNC), April 15-18, 2014, Instanbul, Turkey. Piscataway: IEEE Press, 2014: 1679-1684.

[49] FENG D, LU L, WU Y Y, et al. User selection based on limited feedback in device-to-device communications[C]//IEEE 24th Annual International Symposium on Personal, Indoor, and Mobile Radio Communications (PIMRC), Sept 8-11, 2013, London, UK. Piscataway: IEEE Press, 2013: 2851-2855.

[50] WANG H, XIA K, CHU X L. On the position-based resource-sharing for device-to-device communications underlaying cellular networks[C]// 2013 IEEE/CIC International Conference on Communications in China (ICCC), Aug 12-14, 2013, Xi'an, China. Piscataway: IEEE Press, 2013: 135-140.

[51] METIS. Initial report on horizontal topics, first results and 5G system concept: ICT-317669-METIS/D6.2[S]. 2014.

[52] METIS. Proposed solutions for new radio access: ICT-317669-METIS/D2.4[S]. 2015.

[53] PRATAS N, POPOVSKI P. Underlay of low-rate machine-type D2D links on downlink cellular links[C]// ICC 2014 Workshop on the Internet of Things, December 8, 2014, Austin, TX, USA. Piscataway: IEEE Press, 2014.

[54] 许斌. LTE_Advanced 关键技术对车联网通信的支持与改进[D]. 北京: 北京邮电大学, 2013: 11-14.

[55] 3GPP. Study on LTE-based V2X services: TR36.885[S]. 2016.

[56] AMADEO M, CAMPOLO C, MOLINARO A. Information-centric networking for connected vehicles a survey and future perspectives[J]. IEEE Communications Magazine, 2016, 54(2): 98-104.

[57] 3GPP. Study on LTE support for V2X services: TR22.885[S]. 2015.

[58] MUMTAZ S, MOHAMMED K, HUQ S, et al. Direct mobile-to-mobile communication paradigm for 5G[J]. IEEE Communications Magazine, 2014, 12(5): 14-23.

[59] SUN W, STRÖM E G, BRÄNNSTRÖM F, et al. D2D-based V2V communications with latency and reliability constraints[C]// IEEE GLOBECOM Workshops, Dec 8-12, 2014, Austin, TX, USA. Piscataway: IEEE Press, 2014: 1414-1419.

[60] SUN W, YUAN D, STRÖM E G, et al. Resource sharing and power allocation for D2D-based safety critical V2X communications[C]//2015 IEEE International Conference on Communication Workshop, June 8-12, 2015, London, UK. Piscataway: IEEE Press, 2015: 2399-2405.

[61] RAMANATHAN R, REDI J. A brief overview of ad hoc networks challenges and directions [J]. IEEE Communications Magazine, 2002, 40(5): 20-22.

[62] GROSSGLAUSER M, TSE D N C. Mobility increases the capacity of Ad Hoc wireless networks [J]. IEEE/ACM Transactions on Networking, 2002(1014): 477-486.

[63] BASAGNI S. Mobile a hoc networking—cutting edge directions [M]. Piscataway: Wiley-IEEE Press, 2013: 645-700.

[64] HARTENSTEIN H, LABERTEAUX L P. A tutorial survey on vehicular ad hoc networks [J]. IEEE Communications Magazine, 2008, 46(6): 164-171.

[65] AMADEO M, CAMPOLO C, MOLINARO A. Information-centric networking for connected vehicles a survey and future perspectives [J]. IEEE Communications Magazine, 2016, 54(2): 98-104.

第 7 章

5G 移动边缘计算技术

MEC 技术通过为无线接入网提供 IT 和云计算能力，可一定程度解决未来 5G 网络的业务需求，被认为是未来 5G 网络的关键技术之一。本章首先介绍了 MEC 的标准进展，并基于其技术特征详细分析讨论了 MEC 对于 5G 网络 eMBB、uRLLC 以及 mMTC 等场景的应用价值。除此之外，对 MEC 最基础的本地分流的能力进行了详细分析讨论，并进行了初步的概念验证。

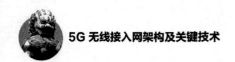

移动边缘计算（mobile edge computing，MEC）技术通过为无线接入网提供 IT 和云计算能力，使业务本地化、近距离部署成为可能，从而促使无线网络具备低时延、高带宽的传输能力，并且回传带宽需求的降低极大程度地减少了运营成本。同时，MEC 技术通过对无线网络上下文信息（位置、网络负荷、无线资源利用率等）感知并开放给业务应用，可有效提升用户的业务体验，并且为创新型业务的研发部署提供平台[1]。因此，MEC 技术被认为是未来 5G 网络关键技术之一，可以在一定程度上满足未来 5G 网络增强宽带、低时延高可靠以及大规模机器类通信（machine type communication，MTC）[2]等技术场景的业务需求。

因此，本章将首先针对 MEC 技术进行概括性描述，并针对 MEC 技术的标准研究进展进行介绍。其次，针对 MEC 平台、技术基础以及挑战等进行了详细描述。紧接着，针对 ITU 定义的未来 5G 网络主要应用场景，详细分析 MEC 技术带来的潜在增益。同时，针对 MEC 最基础的功能（本地分流），给出了基于 MEC 技术平台的本地分流功能的技术方案，并与 3GPP 本地分流方案 LIPA/SIPTO 进行对比分析。更进一步，考虑到 5G 系统还在研发中，基于 LTE 系统搭建了 MEC 技术验证环境，初步对 MEC 技术进行了概念验证。

| 7.1 MEC 应用场景与标准进展 |

如前所述，随着移动互联网和物联网的快速发展，智能终端（智能手机、平板电脑等）已逐渐取代个人电脑成为人们日常生活、工作、学习、社交、娱乐的主要工具[3]，同时海量的物联网终端设备（智能电表、无线监控等）则广泛应用在工业、农业、医疗、教育、交通、金融、能源、智能家居、环境监测等行业领域[4]。然而，通过在云计算数据中心部署业务应用（在线游戏、在线教育、在线影院等），智能终端直接访问的移动云计算方式在给人们生活带来便利、改变生活方式的同时极大增加了网络负荷，对网络带宽提出了更高的需求[5-6]。除此之外，为了解决移动终端（尤其是低成本物联网终端）有限的计算和存储能力以及功耗问题，需要将高复杂度、高能耗计算任务迁移至云计算数据中心的服务器端完成，从而降低低成本终端的能耗，延长其待机时长[7]。然而计算任务迁移至云端的方式不仅带来了大量的数据传输，增加了网络负荷，而且引入了大量的数据传输时延，对于时延敏感的业务应用（例如工业控制类应用）则带来一定影响[8]。

因此，为了有效解决未来网络高带宽需求、低时延高可靠要求以及大规模 MTC 终端连接等要求，MEC 技术概念得以提出并得到了学术界和产业界的广泛关注，其中欧洲电信标准化协会（European Telecommunication Standard Institute，ETSI）已于 2014 年 9 月成立了 MEC 工作组，针对 MEC 技术的服务场景、技术要求、框架以及参考架构等展开深入研究[9-10]。

根据 ETSI 定义，MEC 技术主要是指通过在无线接入侧部署通用服务器，从而为无线接入网提供 IT 和云计算的能力[1]，如图 7-1 所示。换句话说，MEC 技术使得传统无线接入网具备了业务本地化、近距离部署的条件，无线接入网由此而具备了低时延、高带宽的传输能力，有效缓解了未来移动网络对于传输带宽以及时延的要求。同时，业务面下沉即本地化部署可有效降低网络负荷以及对网络回传带宽的需求，从而实现缩减网络运营成本的目的。除此之外，业务应用的本地化部署使得业务应用更靠近无线网络及用户本身，更易于实现对网络上下文信息（位置、网络负荷、无线资源利用率等）的感知和利用，从而可以有效提升用户的业务体验。更进一步，运营商可以通过 MEC 平台将无线网络能力开放给第三方业务应用以及软件开发商，为创新型业务的研发部署提供平台。

可以看出，基于 MEC 技术的业务本地化、本地分流、缓存以及计算任务卸载等功能可以在一定程度上解决未来网络主要应用场景增强宽带、低时延高可靠以及大规模 MTC 终端连接带来的需求与挑战。

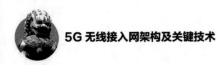
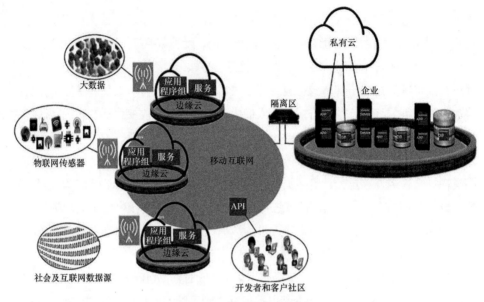

图 7-1　IT 与电信网络的融合

7.1.1　MEC 技术应用场景

基于上述讨论，MEC 技术可广泛应用于具有低时延、高带宽传输、位置感知、网络状态上下文信息感知等需求的移动互联网和物联网业务，如图 7-2 所示，具体介绍如下所述。

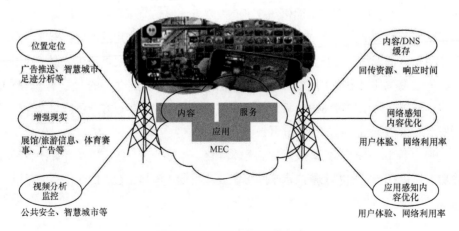

图 7-2　MEC 技术应用场景汇总

（1）位置定位

图 7-3 给出了一个主动式的设备定位追踪的应用案例。可以看出，通过在 MEC 服务器上加载第三方地理位置定位应用并应用最优的定位算法，可以实现基于网络测量对激活态终端设备进行实时追踪的目标。

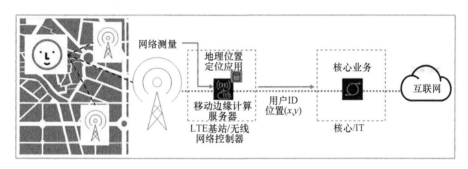

图 7-3　主动式设备定位跟踪

该应用案例通过对本地测量报告的处理和基于事件的触发器提供一个有效的、可规模化应用的解决方案，可以为企业和用户提供各种基于地理位置的业务。例如，可以在那些没有 GPS 信号的场馆、零售店等区域，利用基于 MEC 技术的移动网络定位业务提供服务。这些业务可以广泛应用在移动广告、智能城市、校园管理等方面。

（2）增强现实

智能手机或平板电脑上的增强现实应用程序可以在设备摄像头拍摄的视野上叠加增强现实的内容，如图 7-4 所示。MEC 服务器上的应用程序能够提供本地目标跟踪和本地增强现实内容缓存。该解决方案可以最小化端到端传输时间，同时最大化吞吐量，从而提升用户的业务体验，为消费者或企业提供优质的生动形象的信息，如游客信息、体育赛事直播、广告展示等。

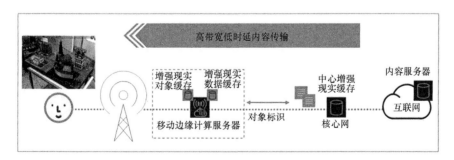

图 7-4　增强现实内容传输

（3）视频分析

图 7-5 给出了 MEC 技术应用于分布式视频分析处理的技术方案。由图 7-5 可以看出，该方案通过在 MEC 服务器上加载视频管理应用，从而可以对从 LTE 上行链路中接收到的由摄像机捕捉到的视频流进行转码和存储。视频分析应用会处理这些视频数据，检测和上报那些配置好的特定事件，如物体移动、失踪儿童、遗失行李等。经过本地视频管理应用的处理和存储，向中心运营和管理服务器发送低带宽的视频元数据，用来进行数据搜索，从而可以实现原始视频数据的本地存储以及传输带宽需求的降低。因此，该方案可以广泛应用于个人安全、公共安全、智慧城市等领域。

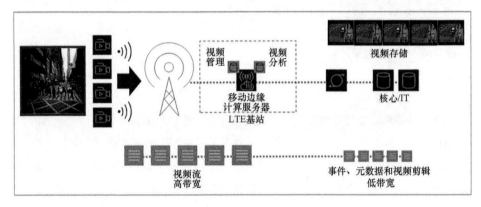

图 7-5　视频分析

（4）基于 RAN 感知的内容优化

基于 RAN 感知的内容优化是指 MEC 服务器通过把精确的小区信息和用户无线链路状态信息（小区负载、链路质量等）发送给内容提供商，内容提供商通过内容优化器实现内容的动态优化，从而提高用户的 QoE 和网络效率，如图 7-6 所示。动态的内容优化通过减少卡顿、启动时间，使得视频业务的体验最优化。除此之外，基于 RAN 感知的内容优化可以用来提升内容传输效率和用户吞吐量。

（5）内容和 DNS 缓存

如图 7-7 所示，核心网侧可以缓存内容的完整数据，同时通过在 MEC 服务器部署本地缓存应用，根据内容的受欢迎程度，实现受欢迎内容的本地缓存，降低回传带宽的要求，缩短网络响应时间，提升用户 QoE，从而实现了多级的分布式缓存机制。根据文献[11]所述，通过内容本地缓存最高可以将回程带宽的需求降低 35%，同时本地 DNS 缓存可以将下载网页的时间缩短 20%。

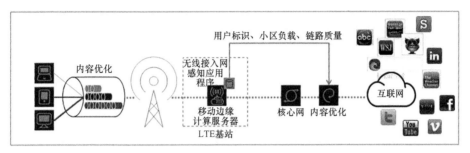

图 7-6　基于 RAN 感知的内容优化

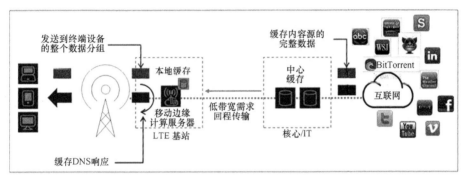

图 7-7　内容缓存

（6）应用感知的性能优化

图 7-8 给出了基于应用感知的性能优化技术方案。由图 7-8 可以看出，该技术方案通过在 MEC 服务器上部署检测和感知具体业务的应用程序，对每个终端设备进行实时的基于应用感知的性能优化。例如上述方案可以通过提高浏览视频时网络的吞吐量减少视频卡顿。

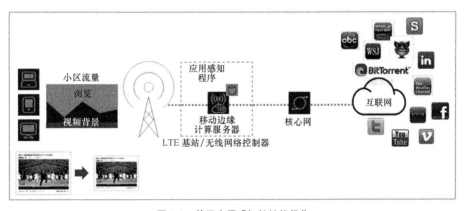

图 7-8　基于应用感知的性能优化

7.1.2　MEC 技术标准研究进展

为了推进 MEC 技术为价值链中的所有参与者提供可持续的商业模式，同时促进全球市场的增长，ETSI 针对 MEC 成立了一个专门的规范工作组，目前是讨论移动边缘计算技术标准的主要组织。

ETSI 的 MEC 工作组的目的是统一电信和 IT 云这两个领域，在 RAN 中提供 IT 和云计算的能力。同时通过创建一个标准的、开放的环境，可以实现生产商、服务提供商和第三方厂商高效的无缝融合。MEC 工作组通过提供具有互操作性的和可部署的规范，使得可以在不同生产商的 MEC 环境中运行相关应用，从而保证 MEC 环境可以为运营商的绝大部分用户服务。除此之外，MEC 标准需要阐明 MEC 中需要的网元设备等。

值得注意的是，ETSI 同时有一个致力于网络功能虚拟化（network function virtualization，NFV）的工作组，NFV 工作组的任务是制定标准的 IT 虚拟化技术，即通过标准的服务器、交换机、存储等替代传统的专有设备。基于 NFV，整个网络功能可以虚拟化为多个功能模块，将这些功能模块组合起来可以实现所需的通信服务。MEC 是对 NFV 的进一步补充，但是 MEC 的范围将更加聚焦。MEC 使传统部署在远端云服务器的业务应用可以实现本地化、近距离、分布式部署。

|7.2　MEC 部署策略与系统架构|

基于上述分析讨论可以看出，MEC 技术的关键就是 MEC 服务器。MEC 服务器平台部署以及 MEC 服务器平台需要具备哪些功能（如数据分流、无线网络状态信息管理、终端用户位置定位等）成为需要重点关注的问题。

7.2.1　MEC 平台部署策略

MEC 技术通过对传统无线网络增加 MEC 平台功能/网元，使其具备了提供业务本地化以及近距离部署的能力。然而 MEC 功能/平台的部署方式与具体应用场景相关，主要包括室外宏基站场景以及室内微基站场景，如图 7-9 所示。

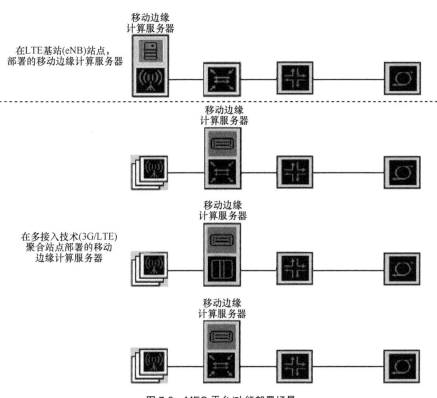

图 7-9 MEC 平台/功能部署场景

- 室外宏基站：由于室外宏基站具备一定的计算和存储能力，此时可以考虑将
  MEC 平台功能直接嵌在宏基站中，从而更有利于降低网络时延、提高网络设
  施利用率、获取无线网络上下文信息以及支持各类垂直行业业务应用（如低时
  延要求的车联网等）。
- 室内微基站：考虑到微基站的覆盖范围以及服务用户数，此时 MEC 平台
  应该是以本地汇聚网关的形式出现。通过在 MEC 平台上多个业务应用的
  部署，从而实现本区域内多种业务的运营支持，如物联网应用场景网关汇
  聚功能、企业/学校本地网络的本地网关功能以及用户/网络大数据分析功
  能等。

因此，为了 MEC 更加有效地支持各种各样的移动互联网和物联网业务，需要
MEC 平台的功能根据业务应用需求逐步补充完善并开放给第三方业务应用，从而在
增强网络能力的同时改善用户的业务体验并促进创新型业务的研发部署。

7.2.2　MEC 平台架构

可以看出，MEC 技术的应用场景适用范围取决于 MEC 平台具有的能力。图 7-10 给出了 MEC 平台的功能框架，主要包括 MEC 平台物理设施层、MEC 应用平台层以及 MEC 应用层。

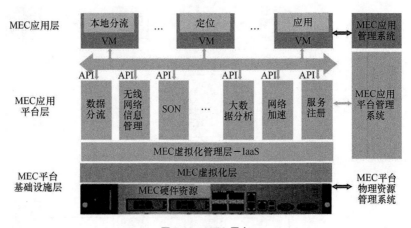

图 7-10　MEC 平台

- MEC 平台基础设施层：基于通用服务器，采用网络功能虚拟化的方式，为 MEC 应用平台层提供底层硬件的计算、存储等物理资源。
- MEC 应用平台层：由 MEC 的虚拟化管理和应用平台功能组件组成。其中 MEC 虚拟化管理采用以基础设施作为服务（infrastructure as a service，IaaS）的思想，为应用层提供一个灵活高效、多个应用独立运行的平台环境。MEC 应用平台功能组件主要包括数据分流、无线网络信息管理、网络自组织管理（self-organizing network，SON）、用户/网络大数据分析、网络加速以及业务注册等功能，并通过开放的 API 向上层应用开放。
- MEC 应用层：基于网络功能虚拟化 VM 应用架构，将 MEC 应用平台功能组件进一步组合封装虚拟的应用（本地分流、无线缓存、增强现实、业务优化、定位等应用）、并通过标准的接口开放给第三方业务应用或软件开发商，实现无线网络能力的开放与调用。

除此之外，MEC 平台物理资源管理系统、MEC 应用平台管理系统以及 MEC 应用管理系统则分别实现 IT 物理资源、MEC 应用平台功能组件/API 以及 MEC 应用的管理和向上开放。

| 7.3　MEC 技术基础与挑战 |

综上所述，无线网络基于 MEC 平台可以提供诸如本地分流、无线缓存、增强现实、业务优化、定位等能力，并通过向第三方业务应用/软件开发商开放无线网络能力，促进创新型业务的研发部署。可以看出，MEC 技术发展和成功的关键因素是无线接入网 IT 和云计算的能力，此时需要将无线接入网与 IT 先进技术相结合。因此，本节将针对推动移动边缘计算发展和成功的关键技术进行简要的介绍。

7.3.1　MEC 技术基础

1. 云计算与虚拟化

软件和硬件的分离以及基于云的解决方案在 IT 领域过去的 10 年发展中彻底改变了传统的 IT 行业。其中，通过使用虚拟化技术实现虚拟机中的应用以及软件环境与底层硬件资源解耦，是 IT 行业转变的主要原因。

基于虚拟化技术，可以实现在同一个平台上部署多个虚拟机，这些虚拟机通过可控的、有效的、灵活的方式对硬件资源进行共享。虚拟交换机可以实现虚拟机之间强大、有效和安全的通信。业务流量可以从一个物理接口路由到一个虚拟机，随后再从虚拟机路由回到物理接口。

云解决方案利用虚拟化等技术按需提供计算和存储资源，实现了更高的自动化水平，同时也使网络和业务部署更灵活、更弹性，大大缩短了网络功能和业务的创新周期。

将云计算和虚拟化技术引入电信云和网络功能虚拟化中，同样也改变着传统电信行业。云计算和虚拟化技术是移动边缘计算的关键，它们支持在独立于 3GPP 网元生命周期的通用平台上，以更加灵活、有效和可扩展的方式运行和部署应用程序。

2. 高性能标准服务器

通过采用主流的标准化 IT 组件构建硬件平台，按需改变标准化的组件，以实现

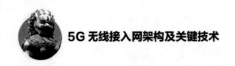

快速、高效、低成本的维护和升级，从而为 MEC 技术的规模化部署提供技术基础。

目前，通用的 IT 平台越来越适合处理硬件资源大量消耗的业务应用，如数据分组处理。同时，驱动程序的优化使得目前以太网控制器，甚至基于通用 CPU 的虚拟以太网控制器都可以支持 10~40 Gbit/s 的高吞吐量处理能力。

也就是说，高性能 IT 硬件设备的使用更易促进 MEC 技术在商业上的成功。

3. 应用程序和业务生态系统的实现

如前所述，基于 MEC 技术的无线网络能力开放需要将网络边缘开放给第三方内容提供商/软件开发商。也就是说，为了 MEC 业务蓬勃发展，软件和应用开发商为市场带来创新的软件和应用程序至关重要。此时需要 MEC 平台向第三方内容提供商/软件开发商提供开放的、标准的 API，实现对 MEC 网络功能的调用。

除了开放标准的 API，熟悉的编程模型和相应的工具链软件开发工具包（software development kit，SDK），同样也是鼓励和加快发展创新业务应用或已有的业务和应用使用 MEC 网络功能的关键。

也就是说，通过开放标准的 API、软件开发工具包等，可以培养一个健康的软件供应商生态环境，简化应用和业务开发的支撑程序，为 MEC 技术的发展提供良好的软件开发环境。

7.3.2   MEC 技术挑战

为了促进和加快发展 MEC 技术，必须克服各种技术挑战。本节将简要介绍 MEC 技术发展面临的一些主要挑战。

1. 网络集成

为了能够加快 MEC 技术在现网中的应用，在 3GPP 网络引入 MEC 服务器时，不能对现有 3GPP 网络架构和已有的接口产生影响。除此之外，现有 3GPP 规范的用户设备和核心网元同样也不应该受到 MEC 服务器的影响。如果 MEC 服务器的引入需要终端新功能的支持以及网络侧修改，则会极大限度增加 MEC 技术在现网推广部署的难度。也就是说，为了 MEC 技术能够在现网中顺利地推广部署，需要 MEC 技术对终端及网络透明，当然，对于未来 5G 网络，尤其是无线网络上下文信息的感知以及开放，现有网络设备（基站等）以及终端应该会涉及新的协议接口设计，此时需要与 MEC 技术同时考虑。

2. 应用程序的可移植性

为了促进 MEC 技术的发展，一个基本需求就是相同的应用程序可以无缝地加载和执行在不同厂商提供的 MEC 平台上，即 MEC 技术需要支持应用的可移植性。从而避免针对每一个平台的专门开发或集成工作，减轻了软件应用程序开发人员的难度和工作量。可移植性使应用程序可以在不同的 MEC 服务器之间快速移植，提供优化的自由，不受虚拟设备的位置和所需资源的约束。

因此，为了确保应用程序可移植性，MEC 平台需要为业务应用提供精确并且可扩展的接口定义。平台管理框架针对不同的解决方案需要保持一致性，以确保多样化的管理环境不会给应用程序开发人员在 MEC 上的工作增加复杂性。用于封装、部署和管理应用程序的工具和机制在跨平台和跨供应商时需要保持一致，这有利于软件应用程序开发人员确保应用软件与应用程序的管理框架实现无缝集成。

3. 安全

MEC 平台及其应用程序引入传统封闭的移动网络中，给电信领域的安全带来了挑战。此时，MEC 平台需要同时满足 3GPP 的安全需求，同时为应用程序提供一个安全沙盒，具体实现机制如下。

- 确保虚拟机以及运行在虚拟机上的应用程序之间的隔离；
- 确保虚拟机只能访问其被授权的平台资源和业务；
- 确保平台软件和硬件以及应用程序软件不被恶意修改；
- 确保应用程序之间的通信以及应用程序与平台之间的通信是安全的；
- 确保数据流隔离，只有目标接收者才能访问和接收数据。

同时，MEC 平台安全还包括由于部署环境引起的物理安全。例如，在 LTE 宏基站上部署 MEC 平台比在大型数据中心部署物理安全要差很多。也就是说，MEC 平台的设计需要同时防范逻辑入侵以及物理入侵。

因此，MEC 平台需要建立在可信任的计算平台上，用以防备大量的逻辑攻击和物理攻击，保证 MEC 平台的安全。

除了 MEC 平台的安全，运营商还担心第三方应用程序带来的安全威胁。MEC 平台需要确保虚拟机以及虚拟机安装的应用程序的来源可靠，并且经过身份验证和授权，才可以安全加载到 MEC 平台上。

因此，通过虚拟化技术，可以使虚拟机与其他虚拟机相互隔离，从而为 MEC 平台创建一个安全的环境。

4. 性能

如前所述，运营商希望 MEC 平台可以实现对终端用户和网络的透明部署，即 MEC 平台的引入对终端与网络是不可知的。同时，运营商不希望 MEC 平台对网络性能的 KPI（吞吐量、时延和数据分组丢失等）带来影响。因此，MEC 平台以及对应的应用程序的处理能力必须满足 3GPP 网元的所有用户数据量处理的要求，即运营商希望 MEC 平台在对终端以及网络透明的前提下，既不影响无线网络固有 KPI 参数，同时能够最大限度提升终端用户的 QoE。

考虑到 MEC 平台是基于通用的服务器采用虚拟化技术实现，此时需要降低虚拟化可能带来的影响。

5. 容错能力

前面已经提到 MEC 平台的引入不能影响网络可用性，因此 MEC 解决方案需要提供从故障恢复的标准，并解决网络运营商的高可靠性的需求。也就是说，在 MEC 平台发生故障时，针对故障的安全机制必须保证网络不受其影响，正常工作。

除此之外，MEC 平台上运行的应用程序同样需要一定的顽健性和恢复能力。为了防止软件应用程序异常，MEC 应用平台要有必要的容错机制，来确保在既定的操作框架内，可以正常运行。如果检测到故障，或发现应用程序在被配置的边界之外运行，MEC 平台将采用特定的纠正措施，防止由于故障干扰到用户数据或其他应用程序。

6. 可操作性

MEC 技术引入了 3 个新的管理层次：MEC 平台物理资源管理系统、MEC 应用平台管理系统以及 MEC 应用管理系统分别实现 IT 物理资源、MEC 应用平台功能组件/API 以及 MEC 应用的管理和向上开放。通过使用虚拟化和云计算技术，使 MEC 技术可以实现灵活的分层部署，各个组织可以负责管理一层，如移动运营商管理基础设施和应用平台层，而第三方负责管理应用程序。因此，管理框架的实现应该考虑潜在的多样化的部署场景。

此外，管理框架还需要考虑现有的无线接入网络的管理框架并进行互补。同时保证运营和维护的操作不要过于复杂。

| 7.4　MEC 在 5G 网络中的应用 |

　　基于 MEC 技术的业务本地化、本地分流、缓存以及计算任务卸载等功能可以在一定程度上解决未来 5G 网络主要应用场景增强宽带、低时延高可靠以及大规模 MTC 终端连接带来的需求与挑战。因此，本节将基于第 2 章给出的未来"三朵云"的 5G 网络架构，针对 ITU 发布的 5G 网络 3 个主要的应用场景，详细分析 MEC 技术在 5G 网络中的应用。

　　简单起见，图 7-11 中仅给出了网络架构中与 MEC 技术相关的功能模块，其他的网元或网络功能模块请参考第 2 章 5G 网络架构中相关内容。

7.4.1　增强无线宽带场景

　　如第 1 章所述，为了满足未来 5G 网络 1 000 倍的流量增长以及 100 倍的用户体验速率，现有物理层和网络层技术的后续演进以及全新的技术需要同时考虑，如大规模天线（massive MIMO）、毫米波（mmWave）、超密集组网（ultra dense network，UDN）等。此类技术的主要目标是通过拓宽频谱带宽以及提高频谱利用率等方式提升无线接入网系统容量。然而，未来 5G 网络数据流量密度和用户体验速率的急剧增长，除了对无线接入网带来极大挑战，核心网同样也经受着更大数据流量的冲击。传统 LTE 网络中，数据面功能主要集中在 LTE 网络与互联网边界的 PGW 上，并且要求所有数据流必须经过 PGW。即使是同一小区用户间的数据流也必须经过 PGW，从而给网络内部新内容应用服务的部署带来困难。同时数据面功能的过度集中也对 PGW 的性能提出更高要求，且易导致 PGW 成为网络吞吐量的瓶颈。

　　因此，MEC 技术通过为无线接入网提供 IT 和云计算的能力，使在无线接入网实现业务本地化、本地分流、缓存、计算任务卸载、无线网络能力开放等功能成为可能。其中，通过业务本地化、本地分流以及缓存等技术可以有效降低网络回传带宽需求，缓解核心网的数据传输压力，从而进一步避免了核心网传输资源的进一步投资。换句话说，业务本地化和本地分流是实现未来 5G 网络分布式数据面的最有效手段，控制面的主要功能依然采用集中控制的方式部署在控制云。

5G 无线接入网架构及关键技术

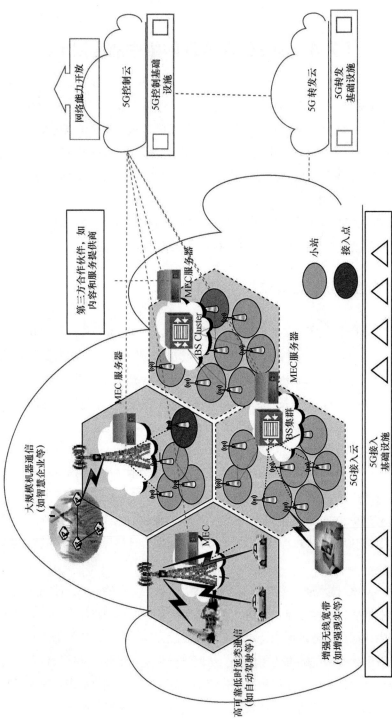

图 7-11 MEC 技术在 5G 网络架构中的应用

以企业/学校为例，通过业务本地化以及本地分流技术可以实现企业/学校内部高效办公、本地资源访问、内部通信等，从而为用户提供免费/低资费、高体验的本地连接以及本地业务访问能力。也就是说，通过 MEC 技术可以为企业/校园等热点高容量场景提供一个虚拟的 LTE 本地局域网，实现了 MEC 本地业务本地解决的主要思想。

7.4.2　低时延高可靠场景

低时延高可靠场景主要是指对时延极其敏感并且对可靠性要求严格的场景，如远程医疗、车联网、工业控制等应用场景。其中，低时延高可靠场景中对空口时延的要求甚至为 1 ms 量级[12]。对于 5G 网络低时延要求，需要从物理层技术（广义频分复用技术等）以及网络层技术（业务本地化、缓存等）两个角度出发，进行网络架构的设计及系统开发。

如上所述，基于无线接入网的 IT 和云计算能力，传统的部署在 Internet 或者远端云计算中的业务应用，可以迁移至无线网络边缘部署。此时，特定业务或者非常受欢迎的内容可以部署或者缓存在靠近无线接入网以及终端用户的位置，从而可以有效降低网络端到端时延，提升用户的 QoE。

因此，基于 MEC 技术的业务本地化以及缓存功能可以有效降低网络端到端时延，一定程度上满足 5G 网络对于网络时延的要求。

7.4.3　大规模 MTC 终端连接场景

根据预测，到 2020 年 500 亿部的 MTC 终端连接将取代以人为中心的通信场景，给 5G 网络带来了极大挑战。大规模 MTC 终端连接除了要求未来网络必须支持数量巨大的在线终端连接数，同时也对低成本资源受限类 MTC 终端的电池待机时间提出了很高要求。

为了解决移动终端（尤其是低成本 MTC 终端）有限的计算和存储能力以及功耗问题，需要将高复杂度、高能耗计算任务迁移至云计算数据中心的服务器端完成，从而降低低成本终端的能耗，延长其待机时长。然而传统的通过将高耗能任务卸载到远程云端的方法，在降低终端能耗延长待机时间的同时，却带来了传输时延的增加。

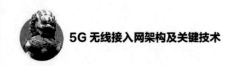

因此，通过将高能耗计算任务迁移至无线接入网边缘（MEC 服务器/本地业务服务器），可有效解决计算任务迁移到远端云计算中心带来的时延问题。换句话说，基于 MEC 技术为无线接入网提供的 IT 和云计算能力，通过高能耗计算任务的卸载可以有效解决低成本资源受限类 MTC 终端的能耗问题，延长其待机时间。同时，MEC 服务器可以作为 MTC 终端的汇聚节点将收到的 MTC 终端数据实现本地存储和判断执行，降低 MTC 终端存储资源的需求，提升网络快速响应的能力。更进一步，通过将 MTC 终端数据本地存储，仅将汇聚处理后的结果上传至远程数据中心可以降低网络负荷。

7.4.4 MEC 技术在 5G 网络中的其他应用

显而易见，业务本地化使得业务应用更加靠近无线接入网以及终端用户本身，此时实时的无线网络上下文信息（小区 ID、网络负载、无线资源利用率等）可以被业务应用有效利用。业务应用通过对无线网络上下文信息的感知和利用，从而为终端用户提供更加差异化的服务和业务体验，提升用户 QoE。

更进一步，网络运营商也可以部分/全部将无线网络的能力向第三方内容提供商/软件开发商等开放，从而加速创新型业务的开发和部署。

| 7.5 基于 MEC 技术的本地分流 |

MEC 技术能够提供低时延、高带宽传输能力的前提条件是业务应用的本地化、近距离部署，此时 MEC 平台首先需要提供数据本地分流的能力。换句话说，本地分流能力是 MEC 平台最基础的能力之一。因此，本节将重点介绍基于 MEC 技术的本地分流方案，并与 3GPP 本地分流方案 LIPA/SIPTO 进行对比分析。

7.5.1 基于 MEC 技术的本地分流方案

如前所述，为了业务应用在无线网络中的本地化、近距离部署，实现低时延、高带宽的传输能力，无线网络具备本地分流的能力。图 7-12 给出了基于 MEC 应用平台数据分流功能组件实现的本地分流方案，其主要设计目标如下。

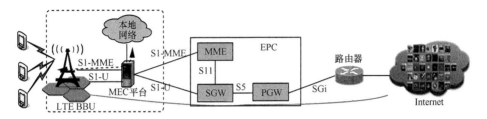

图 7-12　基于 MEC 的本地分流方案

- 本地业务：用户可以通过 MEC 平台直接访问本地网络，本地业务数据流无需经过核心网，直接由 MEC 平台分流至本地网络。因此，本地业务分流不仅降低回传带宽消耗，同时本地业务的近距离部署也可降低业务访问时延，提升用户的业务体验。换句话说，基于 MEC 技术的本地分流目标是实现虚拟的 LTE 本地局域网。

- 公网业务：用户可以正常访问公网业务。包括两种方式：第一种方式是 MEC 平台对所有公网业务数据流采用透传的方式直接发送至核心网；第二种方式是 MEC 平台对于特定 IP 业务/用户通过本地分流的方式从本地代理服务器接入 Internet（由于此类业务是经过本地分流的方式进行，后面描述的本地业务包含这部分本地分流的公网业务）。

- 终端/网络：本地分流方案需要在 MEC 平台对终端以及网络透明部署的前提下，完成本地数据分流。也就是说，基于 MEC 技术的本地分流方案无需终端用户与网络进行改造，降低 MEC 本地分流方案现网应用部署的难度。

可以看出，基于 MEC 技术的本地分流方案可广泛应用在企业、学校、商场以及景区等应用场景。对于企业/学校，基于 MEC 技术的本地分流可以实现企业/学校内部高效办公、资源访问、内部通信等，实现免费/低资费、高体验的本地业务访问。对于商场/景区等，可以通过部署在商场/景区的本地内容，实现用户免费访问，促进用户最新资讯（商家促销信息等）的获取以及高质量音视频介绍等。同时企业/校园/商场/景区等视频监控也可以通过本地分流技术直接上传给部署在本地的视频监控中心，在提升视频监控部署便利性的同时降低了无线网络回传带宽的消耗。除此之外，基于 MEC 技术的本地分流也可以与 MEC 定位等功能结合，实现基于位置感知的本地业务应用和访问，改善用户业务体验。

从图 7-12 可以看出，为了实现本地分流目标，基于 MEC 技术的本地分流方案如下。

- 本地分流规则：MEC 平台需要具备 DNS 查询以及根据指定 IP 地址进行数据分流的功能。例如，终端通过 URL 访问本地网络时，会触发 MEC 平台进行 DNS（domain name system，域名系统）查询，查询对应的服务器 IP 地址，并将相应 IP 地址反馈给终端用户。因此，需要 MEC 平台配置 DNS 查询规则，将需要配置的本地 IP 地址与其本地域名对应起来。其次，MEC 平台收到终端的上行报文，如果是指定本地子网的报文，则转发给本地网络，否则直接透传给核心网。同时，MEC 平台对于收到的本地网络报文则返回给终端用户。可以看出，本地分流规则中，DNS 查询功能不是必需的，当没有 DNS 查询功能时，终端用户可以直接采用本地 IP 地址访问的形式进行，MEC 平台根据相应的 IP 分流规则处理相应的报文即可。除此之外，也可以配置相应的公网 IP 分流规则，实现对于特定 IP 业务/用户通过本地分流的方式从本地代理服务器接入分组域网络，实现对于公网业务选择性 IP 数据分流。
- 控制面数据：MEC 平台对于终端用户的控制面数据，即 S1-C，采用直接透传的方式发给核心网，完成终端正常的鉴权、注册、业务发起、切换等流程，与传统的 LTE 网络无区别。即无论是本地业务还是公网业务，终端用户的控制依然由核心网进行，保证了基于 MEC 技术的本地分流方案对现有网络是透明的。
- 上行用户面数据处理：公网上行业务数据经过 MEC 平台透传给运营商核心网 SGW 设备，而对于符合本地分流规则上行的数据分组，通过 MEC 平台路由转发至本地网络。
- 下行用户面数据处理：公网下行业务数据经过 MEC 平台透传给基站，而对于来自本地网络的下行数据分组，MEC 平台需要将其重新封装成 GTP-U 的数据分组发送给基站，完成本地网络下行用户面数据分组的处理。

综上所述，基于 MEC 的本地分流方案可以在对终端及网络透明的前提下，实现终端用户的本地业务访问，为业务应用的本地化、近距离部署提供可能，实现了低时延、高带宽的 LTE 的本地局域网。同时，由于 MEC 对终端公网业务采用了透传的方式，因此不影响终端公网业务的正常访问，使基于 MEC 的本地分流方案更易部署。

7.5.2 LIPA/SIPTO 本地分流方案

第 7.5.1 节给出了基于 MEC 技术的本地分流技术方案, 但关于无线网络本地分流的需求已经由来已久, 早在 2009 年 3GPP 的 SA#44 会议上沃达丰等运营商联合提出 LIPA/SIPTO, 其应用场景与第 7.5.1 节描述的本地分流目标类似。同时经过 R10、R11 等持续研究推进[13], LIPA/SIPTO 目前存在多种实现方案, 下面仅就确定采用的且适用于 LTE 网络的方案进行介绍, 以便与基于 MEC 技术的本地分流方案进行对比分析。

1. 家庭/企业 LIPA/SIPTO 方案

3GPP 经过 R10 讨论确定采用 L-S5 的本地方案实现 LIPA 本地分流[14], 它适用于 HeNB LIPA 的业务分流, 如图 7-13 所示。可以看出, 该方案在 HeNB 处增设了本地网关（LGW）网元, LGW 与 HeNB 可以合设也可以分设, LGW 与 SGW 间通过新增 L-S5 接口连接, HeNB 与 MME、SGW 之间通过原有 S1 接口连接。此时, 对于终端用户访问本地业务的数据流在 LGW 处分流至本地网络中, 并采用专用的 APN 来标识需要进行业务分流的 PDN。同时, 终端用户原有公网业务则采用与该 PDN 不同的原有 PDN 连接进行数据传输, 即终端用户需采用原有 APN 标识其原有公网业务的 PDN。

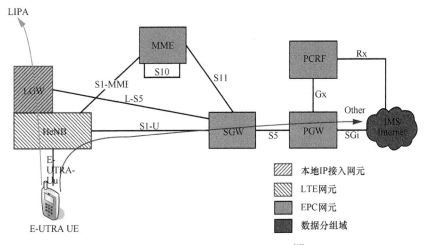

图 7-13　家庭/企业 LIPA/SIPTO 方案[13]

除此之外，需要注意的是当 LGW 与 HeNB 分设时，需要在 LGW 与 HeNB 间增加新的接口 Sxx。如果 Sxx 接口同时支持用户面和控制面协议，则与 LGW 与 HeNB 合设时类似，对现有核心网网元以及接口改动较小。如果 Sxx 仅支持用户面协议，则 LIPA 的实现类似于直接隧道的建立方式，对现有核心网网元影响较大。

除此之外，当 LGW 支持 SIPTO 时，LIPA 和 SIPTO 可以采用同样的 APN，而且 HeNB SIPTO 不占用运营商网络设备和传输资源，但 LGW 需要对 LIPA 以及 SIPTO 进行路由控制[14]。

可以看出，终端用户的本地访问需要得到网络侧授权，同时还需要提供专用的 APN 来请求 LIPA/SIPTO 连接。

2. 宏网 SIPTO 方案

对于 LTE 宏网络 SIPTO 方案，3GPP 最终确定采用 PDN 连接的方案（本地网关）进行，如图 7-14 所示。可以看出，该方案通过将 SGW 以及 L-PGW 部署在无线网络附近，SGW 与 L-PGW 间通过 S5 接口连接（L-PGW 与 SGW 也可以合设），SIPTO 数据与核心网数据流先经过同一个 SGW，然后采用不同的 PDN 连接进行传输，实现宏网络的 SIPTO。

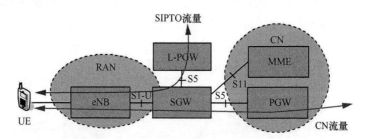

图 7-14　3GPP 基于 PDN 连接的宏网 SIPTO 方案[14]

其中，用户是否建立 SIPTO 连接由 MME 进行控制，通过用户的签约信息（基于 APN 的签约）判断是否允许数据本地分流。如果 HSS 签约信息不允许，则 MME 不会执行 SIPTO，否则 SIPTO 网关选择功能为终端用户选择地理/逻辑上近距离的网关，包括 SGW 以及 L-PGW。其中 SGW 的选择在终端初始附着和移动性管理过程中建立的第一个 PDN 连接时进行，L-PGW 的选择则是在建立 PDN 连接时进行。为了能够选择靠近终端用户的 L-PGW，其 L-PGW 的选择通过使用 TAI、eNB ID 或者 TAI+eNB ID 来进行 DNS 查询。

可以看出，宏网络的 SIPTO 依然是由网络侧进行控制，并且基于专用 APN 进行。

7.5.3　本地分流方案对比

经过上述讨论可以得出，基于 MEC 的本地分流方案以及 3GPP 中 LIPA/SIPTO 方案，均可以满足无线网络本地分流的应用场景需求，即本地业务访问、本地网络 SIPTO 以及宏网络的 SIPTO。需要注意的是，3GPP LIPA/SIPTO 方案的需要终端支持多个 APN 的连接，同时需要增加新的接口以实现基于 APN 的 PDN 传输建立，见表 7-1。

表 7-1　本地分流方案对比

方案	终端	网络	本地业务访问	本地网络 SIPTO	宏网络 SIPTO
基于MEC的本地分流方案	无影响	无影响	支持	支持	支持
3GPP LIPA/SIPTO	支持多个 APN 连接	APN 签约；PDN 选择；增加新接口	支持	支持	支持

而在基于 MEC 技术的本地分流方案中，MEC 平台对于终端与网络是透明的，可以通过 IP 分流规则的配置实现终端用户数据流按照指定 IP 分流规则执行，而且无须区分基站类型。更进一步，由于 MEC 的本地分流方案对终端与网络透明，因此更适合现网本地分流业务的部署。

7.5.4　基于 MEC 技术本地分流方案的挑战

可以看出，相比于 3GPP 现有 LIPA/SIPTO 本地分流方案，基于 MEC 技术的本地分流方案可以实现对于终端以及网络的透明部署，从而更适应现网本地分流业务的部署。然而，还有一些技术细节问题需要进一步研究确认，主要包括以下方面。

（1）MEC 平台旁路功能

如图 7-12 所示，MEC 平台串接在基站与核心网之间，此时 MEC 平台需要支持旁路功能。也就是说，当 MEC 平台意外失效，如电源故障、硬件故障、软件故障等，MEC 平台需要自动启用旁路功能，使基站与核心网实现快速物理连通，不经过 MEC 平台，从而避免 MEC 平台成为单点故障。如果 MEC 平台恢复正常，MEC 平台就需要自动关闭旁路功能。除此之外，MEC 平台升级维护以及调试时，也需要 MEC 平台支持手动启用旁路功能，从而降低网络运维管理的难度。

（2）MEC 本地分流方案的计费问题

由于业务应用的本地化、近距离部署以及 MEC 本地分流方案，因此，本地业务数据流无须经过核心网，这种透明部署的方式使 MEC 本地分流方案无法像传统 LTE 网络那样由 PGW 提供计费话单并与计费网关连接。因此，对于 MEC 本地业务如何计费成为 MEC 本地分流方案应用是需要解决的问题。是否采用简单的按时长、按流量计费或是采用传统的 LTE 计费方式则需要进一步深入研究。

（3）公网业务与本地业务的隔离与保护

如前所述，基于 MEC 技术的本地分流方案可以实现本地业务和公网业务同时进行，考虑到用户在承载建立过程中核心网无法区分用户访问的是公网业务还是本地业务，此时本地高速率业务访问对无线空口资源的大量消耗可能会影响公网正常业务的访问（尤其是宏覆盖场景），此时 MEC 平台如何通过相应的策略实现本地业务与公网正常业务之间的隔离与保护成为 MEC 本地分流方案现网应用需要重点考虑的问题。

（4）安全问题

基于 MEC 技术的本地分流方案可以实现本地网络资源的直接访问，无须经过核心网，导致传统无线网络的封闭架构被打开，需要重点关注由此带来的本地网络安全、用户信息安全等问题，这些都是 MEC 本地分流方案的现网部署需要进一步研究的问题。

| 参考文献 |

[1] PATEL M, et al. Mobile-edge computing introductory technical white paper[R]. 2014.

[2] IMT-2020(5G)推进组. 5G 网络技术架构白皮书[R]. 2016.

[3] AHMED E, GANI A, SOOKHAK M, et al. Application optimization in mobile cloud computing: motivation, taxonomies, and open challenges[J]. Journal of Network and Computer Applications, 2015, 52(C): 52-68.

[4] Ericsson. More than 50 billion connected devices[R]. 2011.

[5] DINH H T, LEE C, NIYATO D, et al. A survey of mobile cloud computing: architecture,

applications, and approaches[J]. Wireless Communications and Mobile Computing, 2013, 13(18): 1587-1611.

[6] Ericsson. Ericsson mobility report[R]. 2016.

[7] LIU J, AHMED E, SHIRAZ M, et al. Application partitioning algorithms in mobile cloud computing: taxonomy, review and future directions[J]. Journal of Network and Computer Applications, 2015, 48(C): 99-117.

[8] AHMED E, AKHUNZADA A, WHAIDUZZAMAN M, et al. Network-centric performance analysis of runtime application migration in mobile cloud computing[J]. Simulation Modelling Practice and Theory, 2015, 50(Special Issue): 42-56.

[9] BECK M, WERNER M, FELD S, et al Mobile edge computing: taxonomy[C]// The Sixth International Conference on Advances in Future Internet, November 16-20, 2014, Lisbon, Portugal. Piscataway: IEEE Press, 2014: 48-54.

[10] NUNNA S, KOUSARIDAS A, IBRAHIM M, et al. Enabling real-time context-aware collaboration through 5G and mobile edge computing[C]//2015 12th International Conference on Information Technology-New Generations (ITNG), April 13-15, 2015, Las Vegas, NV, USA. Piscataway: IEEE Press, 2015: 601-605.

[11] Intel Corp. Smart cells revolutionize service delivery[R]. 2016.

[12] FETTWEIS G P. the tactile internet: applications challenges[J]. IEEE Vehicular Technology Magazine, 2014, 9(1): 64-70.

[13] 3GPP. General packet radio service (GPRS) enhancements for evolved universal terrestrial radio access network (E-UTRAN) access (release 10): TS23.401[S]. 2011.

[14] 3GPP. Local IP access and selected IP traffic offload (LIPA-SIPTO)(release 10): TR23.829[S]. 2011.

第 8 章

5G 无线接入网虚拟化

网 络虚拟化已经从传统有线网络逐步延伸到无线移动通信领域，并成为
5G 的研究热点之一。本章首先从网络虚拟化概念出发，引申到无线网
络虚拟化以及无线网络平台虚拟化，并重点分析讨论了无线网络资源的虚拟
化以及无线网络虚拟化面临的技术挑战。

网络虚拟化已经从传统有线网络逐步延伸到无线移动通信领域，并成为 5G 的研究热点。类似于计算机以及有线网络资源，无线网络资源也可以实现多用户虚拟化共享。然而，不同于有线网络资源比较稳定，无线资源会随着时间空间的变化而动态变化，因此针对无线网络资源的特殊性，有线网络的虚拟化技术需要进一步调整增强以适应无线网络资源虚拟化。

本章首先从网络虚拟化入手，重点介绍了计算机网络及移动通信核心网的虚拟化。然后介绍了无线接入网的虚拟化基本情况，包括动机与触发点、分类等。随后，从平台虚拟化和资源虚拟化两个维度分别展开，介绍了相关技术、现状与问题。最后，介绍了实现无线网络虚拟化的技术挑战与问题。

| 8.1　网络虚拟化 |

8.1.1　网络虚拟化概念

虚拟化[1]是将同一物理资源虚拟出多个资源版本的过程，这些虚拟资源具备相同的物理资源特性。虚拟化的主要特征是：物理资源的"抽象"和多个用户间的"共享"。网络虚拟化（network virtualization）是指通过将多个虚拟资源聚合形成虚拟化网络，使得多个虚拟网络可以独立运行在同一物理设施基础上，其中每个虚拟网络与非虚拟化网络类似，下层物理资源的虚拟化对虚拟网络是透明的。通过网络虚拟化会给用户/应用一种单独拥有物理资源的感觉，本质上是通过抽象以及网络功能与物理硬件的隔离实现多用户间网络资源的共享。

8.1.2　NFV

8.1.2.1　NFV 技术概述

NFV（virtual network function，网络功能虚拟化）[2]是网络功能的软件实现，旨在利用虚拟化技术，通过软件实现各种网络功能并运行在通用的 x86 架构服务器上，降低网络昂贵的设备成本，实现软硬件解耦及功能抽象，使网络设备功能不再依赖于专用硬件，资源可以充分灵活共享，并基于实际业务需求进行自动部署、弹性伸缩、故障隔离和自愈等。2012 年 11 月，ETSI 发起成立了一个新的网络功能虚拟化标准工作组（Network Functions Virtualization Industry Specification Group，NFV ISG），着重从电信运营商角度提出对网络功能虚拟化的需求，以推进电信网络的网络虚拟化技术发展与标准化工作，目前已有超过 220 多家网络运营商、电信设备供应商、IT 设备供应商以及技术供应商参与。

虚拟化技术的关键是引入虚拟化层，通常称为虚拟化监控器，也叫作 Hypervisor。它对下管理真实的物理资源，对上提供虚拟的系统资源，从而在扩大硬件容量的同时，简化软件的重新配置过程。

虚拟化技术有多种实现方式，如软件虚拟化和硬件虚拟化。软件虚拟化是通过纯软件的方法在现有的物理平台上实现对物理平台访问的截获和模拟。由于所有的指令都是软件模拟的，因此性能往往比较差，且会增加软件的复杂度，但是可以在同一平台上模拟不同架构平台的虚拟机。常见的软件虚拟机如 QEMU。硬件虚拟化是物理平台本身提供了对特殊指令的截获和重定向的硬件支持，硬件虚拟化是一套解决方案，需要 CPU、主板芯片组、BIOS 和软件的支持，如 Intel VT 系列的虚拟机。

8.1.2.2　网络功能虚拟化用例

NFV 利用虚拟化技术，使得网络功能和硬件解耦合。这就使得在一个标准化的

基础网络环境上，可以通过虚拟机的方式实现多种不同的虚拟网络功能。类似于云计算中的 IaaS（infrastructure as a service，基础设施即服务），网络功能/业务的提供者不一定是硬件基础设施的所有者，这将大大提高基础硬件的利用效率和网络功能部署的敏捷性。NFV 用例示意如图 8-1 所示。

NFV 拥有广阔的应用场景，例如，在移动网络中，EPC（evolved packet core，分组核心网）、IMS（IP multimedia subsystem，IP 多媒体子系统）、MME（mobility management entity，移动管理节点）、SGW/PGW、CSCF 以及基站使用的不同的无线标准均可以采用 NFV 技术实现。在基站中，利用基于负载的自动化共享策略，不同协议的物理层、MAC 层、网络协议栈处理（如 2G、3G、LTE、WiMAX 等），可以公用基础硬件资源和集中的运行环境，实现动态资源分配减少能源消耗。

内容分发网络（content delivery network，CDN）也是 NFV 一个潜在的应用目标。CDN 服务商一般在网络的边缘部署内容缓存节点来提供用户体验，目前用于缓存的硬件是按照数据高峰负荷来设计部署的，但大部分时间数据流量均未达到峰值，这些硬件资源未得到充分利用。通过利用虚拟化技术，可以在底层硬件的层面使服务商可以共享 CDN 缓存，采用动态分配的方式提高硬件利用率。

8.1.2.3　NFV 框架

NFV 的技术基础是现有的云计算和虚拟化技术，通用的 COTS 计算/存储/网络硬件设备，通过虚拟化技术可以分解为多种虚拟资源，供上层各种应用使用，同时通过虚拟化技术，可以使应用与硬件解耦，使资源的供给速度大大提高，从物理硬件的数天缩短到数分钟；通过云计算技术，可以实现应用的弹性伸缩，从而实现了资源和业务负荷的匹配，既提高了资源利用效率，又保证了系统响应速度。如图 8-2 所示，与现有业务网络加 OSS 系统的网络架构相比，NFV 从纵向和横向上进行了解构，从纵向看来，与计算资源虚拟化类似，NFV 架构主要包含 3 个层次的内容：基础设施层（NFV infrastructure，NFVI）、虚拟网络层（virtualization layer）、虚拟网络功能实现层（virtual network function）。

（1）基础设施层（NFV infrastructure，NFVI）

NFVI 指最下面的物理资源，包括交换机/路由器/计算服务器/存储设备。其中网络资源可以分为两部分，一部分用于连接计算服务器/存储设备的网络，形成 PoP 点，类似于数据中心网络，另一部分用于连接各个 PoP 点的网络，类似于目前的 WAN。

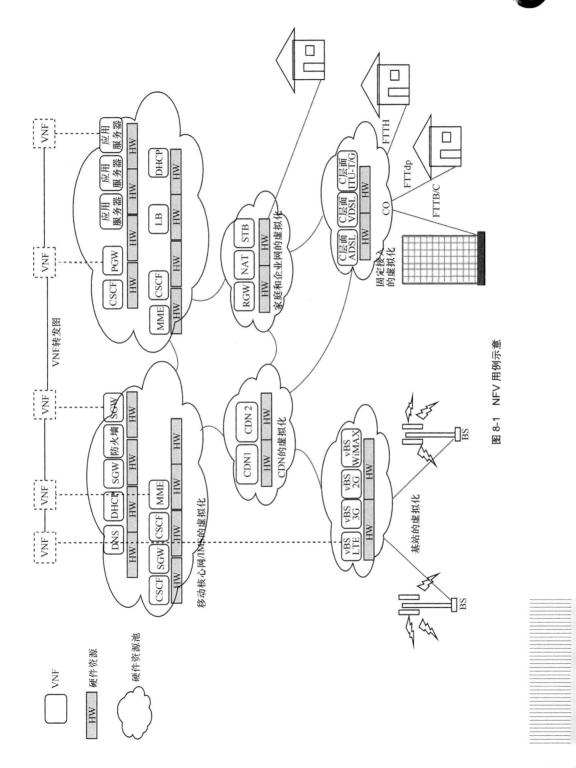

图 8-1　NFV 用例示意

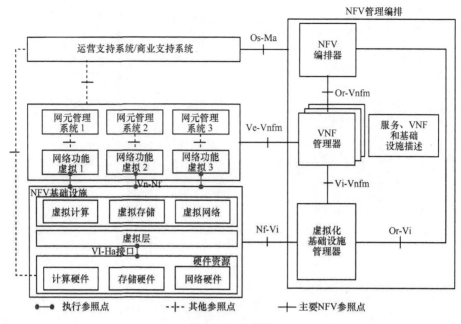

图 8-2　NFV 架构

（2）资源抽象层（virtualization layer）

虚拟网络层对应的就是目前各个电信业务网络，主要完成对硬件资源的抽象，形成虚拟资源，如虚拟计算（virtual computing）资源、虚拟存储（virtual storage）资源、虚拟网络（virtual network）资源。对于虚拟计算资源、虚拟存储资源来说，资源抽象层就是主流虚拟化技术架构中的 Hypervisor，其实现机制和技术仍旧是现有计算机虚拟化方案。对于虚拟网络资源，NFV 提出的资源抽象机制，类似于 VMware NSC 解决方案中提供的网络虚拟化层。

（3）虚拟网元（virtual network function，VNF）实现层

VNF 是网络功能的软件实现。通过从资源抽象层向上提供的 API，获取如虚拟计算资源、虚拟存储资源、虚拟网络资源。在 NFV 的范畴内，网络功能可以是 EPC 的 SGW/PGW/MME，或者防火墙/负载均衡器，甚至可以说家庭网关。从广泛意义上讲，凡是计算机处理量比较大的功能节点，均可以采用 VNF 来完成。

从横向看，主要分为两个域：业务网络域，就是目前的各电信业务网络；管理编排域。同传统网络最大区别就是，NFV 增加了一个管理编排域，简称 MANO，MANO 负责对整个 NFVI 资源的管理和编排，负责业务网络和 NFVI 资源的映射

和关联，负责 OSS 业务资源流程的实施等，MANO 内部包括 VIM、VNFM 和编排器 3 个实体，分别完成对 NFVI、VNF 和 NS（即业务网络提供的网络服务）3 个层次的管理。

按照 NFV 的技术原理，一个业务网络可以分解为一组 VNF 和 VNFL（VNF link，虚拟网元链路），表示为 VNF-FG（VNF forwarding graph，虚拟网元转发图），然后每个 VNF 可以分解为一组 VNFC（VNF component，虚拟网元组件）和内部连接图，每个 VNFC 映射为一个 VM；对于每个 VNFL，对应着一个 IP 地址连接，需要分配一定的链路资源（流量、QoS、路由等参数）。

8.2　无线接入网虚拟化

随着移动互联网及物联网的发展和智能终端的大范围普及，数据业务爆炸式增长，多种新型业务不断涌现，在容量、时延、QoS、新业务快速部署等方面都对网络架构提出更高要求。传统网络中，通信设备通常采用专用架构，一种网络功能对应一个设备形态。设备能力不开放，在部署各种新的业务时，需要部署新的硬件和软件，研发周期长，定制成本高，业务创新受到局限，且无法保护前期投资。与此同时，大量不同形态的网元设备复杂组网给运维带来了巨大的难度，运维成本不断攀升。此外，受到 OTT 应用的冲击，运营商 ARPU 值呈逐年下降趋势。

此外，虚拟运营商牌照的发放和国家对于电信共建共享的大力推动，均要求电信基础设施提供商在同一物理网络上灵活支持多运营商多业务运营。根据运营商、用户、业务的定制化需求，提供定制化、差异化服务，降低网络建设、维护成本以及资源消耗的同时，降低新业务服务商的准入门槛，促进移动通信产业快速发展。

为了支持业务快速部署、降低网络建设运维成本和复杂度、满足未来业务差异化、定制化需求，提升运营商竞争力，虚拟化已成为移动网络演进的必然趋势。采用通用硬件平台，通过虚拟化技术实现软硬件解耦，使网络具有灵活的可扩展性、开放性和演进能力。虚拟核心网（V-EPC）通过将网络功能虚拟化，实现软硬件解耦，硬件平台共用，网络容量按需弹性伸缩，同时应用 SDN 理念，将核心网的控制网关和转发分离，有效提升转发效率。业界主流设备商如阿朗、中兴等已经有相应的原型产品。

在研究机构方面，中国科学院计算技术研究所和上海无线通信研究中心等研发机构也开始研究基于通用处理器平台的虚拟化基站样机。

无线网络虚拟化是一个比较宽泛的概念，可以被理解为无线接入网络虚拟化、无线设施虚拟化以及移动蜂窝网络虚拟化。通过抽象无线网络接入设备实现不同用户或者不同组用户间共享无线网络资源，且保证相互间一定的独立性。

在无线网络虚拟化中，无线网络资源包括无线设备（基站等）以及无线资源（时、频、空、码域和频率等资源）。无线网络虚拟化本质上是通过底层物理资源的抽象给一种高层资源（基站等）可以共享的错觉，然而底层物理资源根本上还是通过分割实现高层资源共享。

类似于计算机以及有线网络资源，无线网络资源也可以实现多用户虚拟化共享。然而，不同于有线网络资源比较稳定，无线资源会随着时间空间的变化动态变化，因此针对无线网络资源的特殊性，有线网络的虚拟化技术需要进一步调整增强以适应无线网络资源虚拟化。

8.2.1 动机与触发点

虚拟化技术已经成为未来移动通信技术的一个重要技术之一，引入虚拟化的动机和触发点主要可以概括成以下 6 个方面。

（1）"空白"的技术方案与标准

对于以前的网络，都是先有技术方案和标准，再有网络的商用。与前几代移动通信技术不同的是，至今 5G 的网络架构、技术方案、空中接口和标准仍在讨论中，然而各国都计划在 2020 年，甚至 2018 年就将实现 5G 的商用或试商用。在这短短的 2~4 年的时间里完成从"无"到有的挑战将是十分巨大的，这在以往是无法想象的。这就需要各种技术的配合，网络虚拟化（NFV）和软件定义网络（software defined networking，SDN）正为这个看似"不可能完成"的任务提供了可能。

网络虚拟化通过网络设施与网络功能的解耦，将固化在硬件中的网络功能和协议栈等释放出来，通过软件的形式重新呈现；同时，被解放的硬件又可以根据功能分为计算、存储、传输等模块，实现功能化划分。这样，网络功能和协议栈将不再受硬件的约束。对于无线接入网来说，虚拟化技术也尤为重要，为尚未确定的空口技术和协议栈留下了无限的可能。

（2）软硬件解耦

由于传统网络架构中，应用和协议通常与固定的网络硬件对应，灵活性较差，很难实现完全差异化的服务。在未来网络基于空白状态的设计思想中，无线虚拟化充当的角色需要进一步确定。但无论如何，网络设施与网络功能的解耦，即网络功能虚拟化，将成为未来网络技术的重点之一。无线接入网相关的节点的虚拟化也包括在其中。

软硬件解耦，也就是说网络设施与网络功能的解耦，可以加速和简化系统或硬件设备的升级与更新换代。传统的基站通常采用专用平台，也就是说基础设施（硬件）和网络功能（软件）是紧耦合的。这样的话，如果运营商由于新业务的引入或性能方面的考虑，需要对基站（BBU 或 RRU）进行升级，如果不能通过版本升级实现的话，就可能需要将整个基站设备进行置换。简单举例来说，目前采用的基站只有一个光接口和一个电接口，如果新的业务引入后对传输和时延都有独立的要求，那么就可能需要两个光接口，就需要置换基站设备或者主控板。而虚拟化技术可以实现网络设施与网络功能的解耦，硬件设备进一步地可以根据功能的划分，分为计算、存储、传输等模块。对于上述的情况来说，或许只需要更换某个传输模块即可。

另外，频谱资源对所有运营商都是最为宝贵的资源，随着 5G、6G 等通信技术的到来，2G、3G、4G 的网络都将会面临着退网的问题。由于接入技术与协议的不同，传统基站的设备将完全无法使用，必须重新购买一套完整的基站设备，然而实际上，原有的设备的硬件或许是可以重复利用的。如果基站采用了虚拟化技术，可能就需要更新一下软件（网络功能模块与协议栈等）或部分硬件即可实现基站的更新换代，这不仅从成本上有所节约，而且在施工和建设速度上也将大大加快。

（3）CAPEX 与 OPEX

通过上面第二点软硬件解耦带来的好处不难看出，通过引入虚拟化技术，可以有效地降低 CAPEX（capital expenditure，资本性支出）。此外，由于软件化和云化，很多运维、升级的工作可以通过网络即可处理，从而减少运维的成本（operating expense，OPEX）。

（4）多 RAT 融合

随着无线业务的井喷式发展，形成了多种无线接入技术标准竞争共存的场景。在此异构网络中，不同网络间互操作以及相互间资源如何分配变得异常重要。未来

无线通信是基于业务的网络架构，且多种接入技术标准共存融合。通过抽象虚拟化可以实现异构网络的融合，进一步使得用户在多种无线接入技术之间无缝切换。

（5）商业角度

从商业角度看，通过对同一基础设施的灵活共享和复用，虚拟化可以降低成本支出以及新业务服务商的准入门槛，并可以针对其业务特征以及要求进行深度定制（M2M 等），并且虚拟化的架构可以根据需求进行灵活扩展，从而使服务提供商可以更有效地运营，提供更好的 QoS 服务。总之，无线网络虚拟化是实现多业务融合架构的一个有效手段。

（6）新业务开发验证与网络演进

虚拟化的设计方案实现了网络一定程度的灵活性和共享，为未来网络实验大规模提供验证的平台。对于新业务的开发与验证来说，由于虚拟化可以将资源虚拟化为不同的切片，每个切片实现了资源的共享与隔离，因此，新业务可以在现网进行开发和实验，这又不会对现有网络业务造成影响。此外，作为未来网络架构不可或缺的无线接入技术，通过虚拟化技术的引入，也可以实现新的无线接入技术在现有的虚拟化网络中进行大规模验证实验，缩短开发验证周期，加快网络的演进步伐，同时又不影响现网运营。

8.2.2　虚拟化的维度与分类

对于无线接入网侧来说，根据无线网络共享的资源和深度，可以将无线网络虚拟化分为平台虚拟化和资源虚拟化。

8.2.2.1　平台虚拟化

这里的平台主要是指基站或基站池，特别的是指基站的基带虚拟化。在传统网络中，基站设备通常采用专用架构与硬件，一种网络功能对应一个设备形态。这样造成网络的升级与更新换代需要更换整套的基站硬件设备。虚拟化可以实现软硬件的解耦，更进一步地，硬件资源可以通过通用的处理器平台来代替专用平台，实现平台的完全虚拟化；或者通过通用处理器和部分加速模块，实现平台的部分虚拟化。

对于无线接入网来说，最重要的是实现基带的虚拟化。基带虚拟化可以实现不同小区、不同无线接入技术共享通用的基带处理硬件资源，同时采用通用平台后更容易开放接口给业务层，更加有利于业务创新。射频虚拟化实现不同的无线接入技术共享通用的射频前端，在同一射频前端上发送多频多制式信号，由于硬件技术等方面的限制，所以射频虚拟化还比较遥远。

此外，基站平台虚拟化从不同维度来看，又可以分为设备级虚拟化和网络级虚拟化。设备级虚拟化主要是指单个接入节点（如基站）的虚拟化，通过单个基站的虚拟化，可以实现不同接入技术共享通用的基带处理硬件资源。网络级虚拟化在这里主要是针对集中式的网络架构，通过将一定区域内的所有BBU进行集中，形成基站池或基站簇，如中国移动提出的 C-RAN，如图 8-3 所示[3]；或将基站的控制与承载分离，再将控制集中化，形成一个集中化的控制节点，如中国电信提出的 S-RAN，如图 8-4 所示。对于以上两种集中式的网络架构，实现网络级虚拟化，从而可以实现不同小区、不同无线接入技术之间的资源共享与隔离。

8.2.2.2　资源虚拟化

资源虚拟化包括以下两个层面。

（1）基站资源虚拟化

与核心网虚拟化类似，接入网（基站）通过虚拟化技术实现软硬件解耦后，可以将物理上的计算（computing）、存储（storage）、网络（network）资源虚拟化变为虚拟计算资源、虚拟存储资源、虚拟网络资源。此外，对于基站来说，还包括功率资源等。通过这些资源的虚拟化，可以实现在不同小区、不同无线接入技术共享基站（或基站池）的资源。

（2）无线资源虚拟化

无线资源主要是指时域、频域、空域、码域等资源。通过对这些资源进行虚拟化，可以实现无线资源的灵活划分（切片）、共享与隔离。将同一无线网络虚拟成多个虚拟无线网络，提供给多种业务，实现不同运营商、不同用户、不同业务之间的无线资源的共享和隔离。

5G 网络是以用户为中心的全业务移动网络。其中用户和业务不仅指的是人与人之间的移动互联网，也包含物与物之间的物联网、人与物之间的智能家居网络。未来网络的业务种类丰富多样，不同的业务具有不同的特征，如时延、功率、带宽、实时性等。通过无线网络虚拟化，可以在同一物理设施、同一频段内构建多个虚拟无线网络，无线网络的协议栈可能不同，如移动互联网和互联网，满足不同业务的差异化、定制化、隔离化需求。无线资源虚拟化示意如图 8-5 所示。

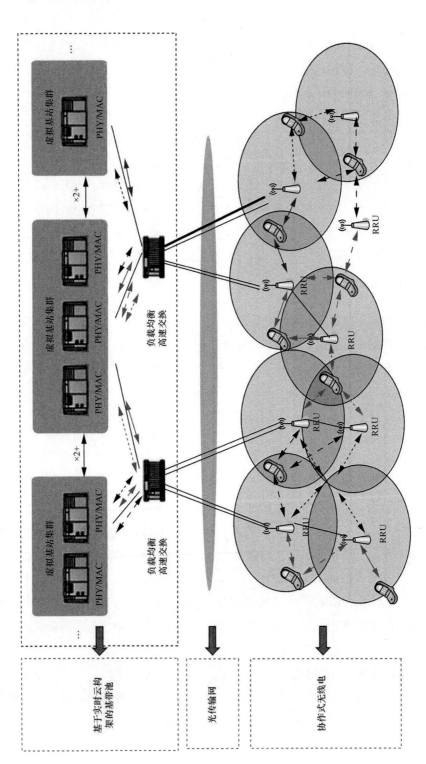

图 8-3 C-RAN 网络架构

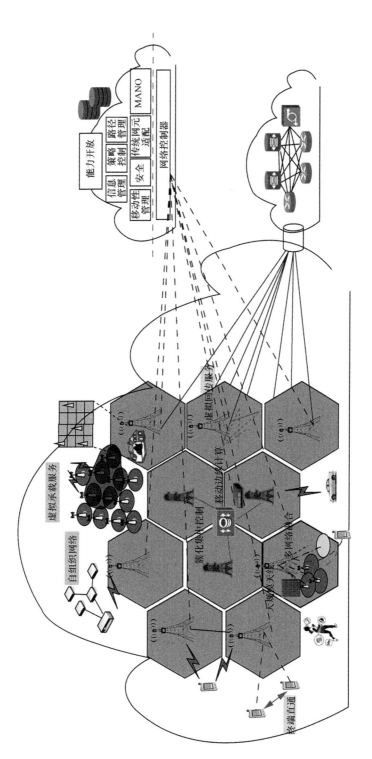

图 8-4　S-RAN 网络架构

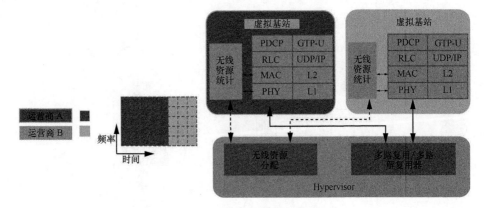

图 8-5　无线资源虚拟化示意

这里值得注意的是，资源虚拟化并不一定需要平台虚拟化，也就是说，没有平台虚拟化，同样可以做到资源虚拟化或者网络切片。但是不可否认的是，平台虚拟化会更好地实现资源虚拟化，尤其是针对基站资源，如计算资源、存储资源等。

8.2.3　无线网络虚拟化的若干层面

由于无线网络虚拟化是一个较新的课题，所以目前属于广泛研究中。总的来说，无线网络虚拟化是一个多维度概念，有以下很多方面需要考虑。

（1）虚拟化的视角和深度

高层虚拟化（网络层虚拟化）主要考虑的是无线网络管理、通用的无线资源虚拟化设计以及与网络虚拟化的整合接口的抽象设计。底层虚拟化（局部虚拟化）主要关注单个无线节点资源的虚拟化。

虚拟化的深度指的是无线资源切片或者划分的深度，也代表了资源虚拟化颗粒度的大小以及超级管理员层所在虚拟化架构的位置。例如 overlay flow-based virtualization（基于覆盖流的虚拟化），网络链路和数据流被虚拟化，此时超级管理员可以认为是一个网络过滤器位于无线网络协议层上面。值得注意的是，虚拟化深度越浅意味着在同一硬件基础上不支持多个协议的运行；虚拟化深度越深意味着整个无线协议栈可以被切片化，此时需要借助 SDR（software defined radio，软件定义无线电）进行，即基于 SDR 的虚拟化技术。

（2）不同 RAT 技术的虚拟化

有线网络虚拟化主要是基于互联网协议（ethernet-based）的，然而无线网络虚拟化需要基于各种不同的无线接入技术和标准。因此对于有线网络虚拟化几乎不需要考虑底层物理层协议，然而由于无线网络资源的稀缺性、无线传输的不确定性以及多用户多接入的特点，因此无线网络虚拟化有必要渗透到 MAC 和 PHY 层协议，优化无线资源分配，从而提升资源利用率。

除此之外，现有无线技术标准的不断演进以及新业务的持续涌现，未来网络最终是一个基于业务的异构网络。此时，如果要实现异构网络的虚拟化，虚拟层必须基于 SDR 技术，只有这样才能保证用户在不同网络间保证用户 QoS、平滑切换以及硬件共享。

需要注意的是，目前无线网络归为 3 类：短距离无线通信（PAN、传感器网络等）、IEEE 802.11 WLAN 以及长距离蜂窝网络通信（WiMAX、LTE 等）。然而只有当网络支持高速率以及更多用户的场景时，虚拟化的增益才能更加明显，因此 IEEE 802.11 WLAN 技术和移动蜂窝网络（LTE 等）是虚拟化的主要目标。

由于蜂窝网络和 WLAN 存在较大差异（QoS 管理等），因此针对无线网络的虚拟化技术都是与相应的无线接入技术相关的。然而随着无线技术的发展，最后两种技术最终还是趋于融合的（都采用 OFDM-MIMO 等），从而可以设计出更加通用的虚拟化架构。

（3）端到端的虚拟化

不得不说的是，虽然本章重点介绍无线接入网的虚拟化，但是只做无线接入网部分或核心网部分的虚拟化是不行的，需要做到"端到端"（end-to-end）的虚拟化，也就是说，做到从终端用户到无线接入网，再到核心网，再到业务服务器，各个部分及其之间的连接与传输都需要做到完全虚拟化或部分虚拟化，如图 8-6 所示。由于本章重点介绍无线接入网的虚拟化，将不对业务服务器、核心网及用户端的虚拟化进行展开。

（4）多址接入技术与无线虚拟化的区别[1]

在无线网络中，底层物理层资源主要指时域、频域、码域、空域等，其资源的分配与复用被称为多址接入技术，主要包括时分多址（time division multiple access，TDMA）、频分多址（frequency division multiple access，FDMA）、码分多址（code division multiple access，CDMA）、空分多址（space division multiple access，SDMA）以及正交频分多址（orthogonal frequency division multiple access，OFDMA）等。

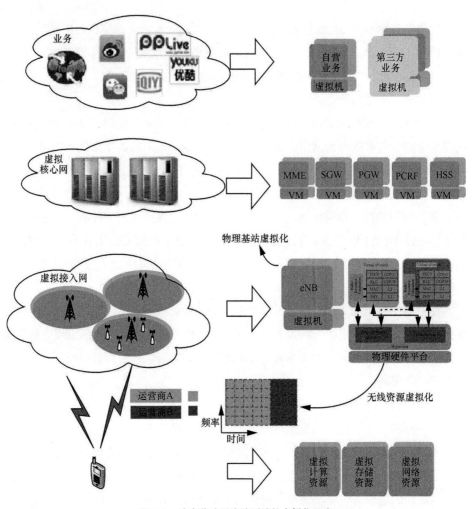

图 8-6　蜂窝移动网络端到端的虚拟化示意

　　与网络虚拟化技术类似,多址接入技术可以实现单独用户(相同 QoS 的数据流)之间资源共享,而无线虚拟化实现的是多个部分之间资源共享,每个部分指的是虚拟网络切片或者一组用户。值得注意的是,这里所讲的切片(slicing)指的是将某特定资源分配给某网络切片的过程,但是并不意味着该资源已经虚拟化和共享。因为可以将特定网络资源切片给某节点本身,此时切片没有虚拟化,相当于资源划分。然而,虚拟化意味着不同用户或者网络切片可以共享相同的一块物理资源。本质上,高层资源的虚拟化最终是通过底层资源的划分来实现的,因为完全相同(时域、频域、空域相同)的资源毕竟是不能同时使用的。

|8.3　无线接入网平台虚拟化|

基站平台虚拟化首先要基于传统的虚拟化技术，例如虚拟机对 CPU、内存、外部设备等的虚拟化技术，但是基带处理有别于传统的 IT 计算，对于时延、时延抖动以及同步非常敏感，传统虚拟机的处理速度和处理机制可能无法满足实时性的要求，因此，需要针对通用处理器的计算性能瓶颈，改进技术方案，满足无线网络的大带宽、低时延的处理要求，例如将 BBU 部分功能分离出来使用硬件加速器进行处理，而将剩余的功能运行在通用处理器平台上。

8.3.1　x86 虚拟化技术

8.3.1.1　虚拟机模式

实现虚拟机[4]需要在客户操作系统和底层硬件之间加入一个管理层，通常称为虚拟机监视器（virtual machine monitor，VMM）。VMM 可以运行于裸机上，也可以运行在主机操作系统上。图 8-7 给出了 3 种不同模式的虚拟机：无需底层操作系统的本地虚拟机系统（native VM system）、需要主机操作系统的用户模式主机虚拟机系统（user-mode hosted VM system）以及部分运行在特权模式的双模式主机虚拟机系统（dual-mode hosted VM system）。

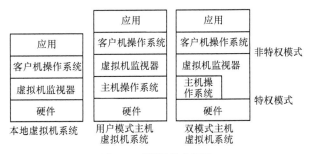

图 8-7　虚拟机模式示意

8.3.1.2　CPU 虚拟化

x86 虚拟化技术中，对 CPU 的虚拟化[5]是最为核心、最为关键的部分，也是对性能要求最高的部分。在没有硬件辅助虚拟化的支持下，x86 的指令中有一些特权操作是可以在非特权模式下执行的，这样运行在特权模式下的虚拟机内核便不会在这些指令运行时被截获，所以需要在此基础上为 x86 CPU 的虚拟化做多一点的工作。在没有硬件辅助虚拟化的支持下，x86 CPU 的虚拟化主要有两种方式，一种是完全的指令解码解释执行，另一种是让尽可能多的指令直接运行，而对特权指令进行特殊处理，以便捕获这些指令的执行。完全的指令解释执行的好处是，虚拟机可以运行在 x86 CPU 的任何一个保护级别上，缺点是效率太低，性能太差，因为通常解释执行一个指令，对应的真实执行的指令可能就是好几十条甚至上百条。尽可能多地让指令直接执行这种方式的好处是性能强、效率高，但缺点是虚拟机内核必须运行在特权级别下，而且被虚拟的系统运行在非特权模式下，这样虚拟机内核才能监控到特权指令的执行，并且还需要在一些无法直接监控到的特权指令的前面插入断点代码，以便执行这些特权之前主动通知虚拟机内核，从而虚拟机内核对特权指令进行虚拟化特殊处理。

最新的 CPU 很多都支持硬件辅助虚拟化技术，如 Intel VT，在这种硬件辅助的支持下，对 CPU 的虚拟便可以不采用以上两种模式，因为对于硬件辅助虚拟化，所有的特权操作都会被虚拟机内核截获到，并且硬件辅助虚拟化提供了对特权指令截获的详细配置以便让虚拟机内核更灵活地控制虚拟化的程度，并且还提供了虚拟中断、虚拟异常等机制来更方便中断异常的虚拟化。

8.3.1.3　内存虚拟化

除了 CPU 的虚拟化之外，内存的虚拟化也是一项很关键很重要的技术，内存是计算机资源里很宝贵的资源，多个被虚拟的系统需要同时存在于内存中，但是又需要让客户系统认为自己独享真实的物理内存，同时还需要将各个客户系统的内存空间隔离开来，以做到客户系统之间完全独立、隔离。

x86 中内存的虚拟化主要是通过对客户系统页级结构的监控和修改来实现的，因为大多数操作系统都是运行在开启分页环境下的，而在这种环境下对物理内存的寻址都是要通过页级结构的转换得到的，所以虚拟机内核通过修改被虚拟的客户系统的页级结构来实现内存虚拟化，而这个又依赖于 CPU 的虚拟化的实现。

8.3.1.4　外设虚拟化

除了 CPU 和内存的虚拟化之外，外设的虚拟化也是很重要的，目前外部设备的虚拟化大部分是接口级的虚拟化，提供虚拟化外设的处理逻辑，然后配合虚拟机内核进行虚拟，有些虚拟机内核还会给客户操作系统提供虚拟设备的驱动，以此来更好地与虚拟机内核协同工作。在半虚拟化的客户系统里，其使用的各种外部设备都是直接通过虚拟机内核提供的虚拟化的外部设备驱动来模拟的。

8.3.2　基于通用处理器平台的虚拟化基站架构

如前所述，由于对实时处理的严格要求，基站虚拟化一般采用一种折中的处理方式，即部分功能采用 DSP（digital signal processor，数字信号处理器）等专用硬件加速器进行处理，另外一部分功能采用 GPP（general purpose processor，通用处理器），实现软硬件解耦，硬件资源共享，从而达到基站平台虚拟化的目的。基于此理念，NGMN 提供了一种 C-RAN 虚拟化的系统参考架构[6]，如图 8-8 所示，基带资源池部署在多个标准的 IT 服务器上，每个物理服务器上额外配置若干专用硬件加速器用来处理 L1 物理层的相关计算，这些专用硬件加速器必须满足无线数字信号处理对实时性的要求，L2/L3 层功能是通过虚拟机来实现的，另外一些用户应用如CDN、Web 缓存等也是通过开放的虚拟化平台实现。超级管理器位于虚拟机和硬件之间，负责对硬件资源的抽象，实现通用处理器平台的虚拟化。

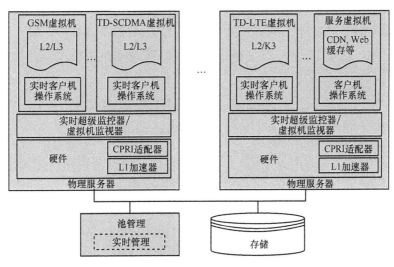

图 8-8　C-RAN 虚拟化的系统参考架构

8.3.3　BBU 功能划分与硬件加速方案

图 8-8 中是将 L1 物理层使用硬件加速器，将 L2/L3 层功能放在通用处理器平台上，这仅是个示例而已，实际实现时可能有不同的划分方法，到底将哪些功能放在加速器上，哪些功能放在通用处理器上，需要综合考虑多种因素，如信号处理速度、时延要求、传输数据量、可支持的协作化算法等。另外一种方案是物理层内部划分方案，主要考虑是将 Turbo 码、iFFT/FFT 和 CPRI 对外接口等固定计算功能且需要高速处理的过程使用硬件加速器实现，其他物理层功能如预编码、调制/解调、信道估计和均衡处理等使用通用处理器实现，通用处理器和硬件加速器之间通过 PCIe 高速数据总线连接，二者之间以事件驱动的方式交互，且可以并行计算，大大提高计算效率，满足物理层的超高速计算性能要求。还有一种方案是 L2 内部划分方案[7]，其出发点包括两个方面：一方面把 MAC 层中时延要求较高的部分功能（如 HARQ）和物理层一起放在硬件加速器上实现，其余功能放在通用处理器平台上，可降低二者之间传输时延的要求；另一方面随着无线网络演进，须考虑对多载波间协作需求的支持。经分析，MAC 功能可以划分为跨载波 MAC 功能和单载波 MAC 功能两部分。其中，跨载波 MAC 功能是多载波共有的"大脑"，通过搜集信息及处理决定是否需要多载波间协作以及多载波间如何进行协作；单载波 MAC 功能指单个载波内 MAC 功能，如逻辑信道到传输块的映射/解映射、数据复用/解复用以及 HARQ 等功能。跨载波 MAC 和单载波 MAC 之间交互的信息主要包括小区和用户的信道信息。

┃8.4　无线接入网网络资源虚拟化┃

如前所述，资源分为基站资源（如计算、存储、传输、功率等）和无线资源（如时域、空域、频域、码域等）。通过对这些资源的虚拟化，将同一无线网络虚拟成多个虚拟无线网络，将这些资源虚拟为一个个网络切片，各个切片可以共享这些无线资源，如基站的计算资源、功率资源、时频资源（PRB）等，实现资源的高效利用。与此同时，各个切片之间还需要保证互不影响，也就是资源的隔离。

由此不难看出，无线资源虚拟化的核心包括 3 点：网络切片、共享、隔离。

这里需要指出的是，这 3 点并不是独立的，而是相辅相成的。在设计网络切片时，也会同时考虑资源的共享与隔离。比如，两个切片可以同时使用基站的计算资源和频谱资源，这就是共享。然而，虽然当切片共用同一个资源时，原理上只要在时域、空域、频域等维度的某一个维度上区分开，就可以实现隔离，但是做到在互相不影响（隔离）的基础上，更加充分和高效地利用所有资源，是十分重要的。

网络切片是资源共享与隔离的基础。合理地设计网络切片方法，可以更容易地实现资源的共享与隔离，从而高效地使用这些无线侧的虚拟资源，提高资源的利用率。因此，在一定程度上可以说，网络切片是无线网络资源虚拟化的核心。

8.4.1　5G 网络切片

4G 网络为人们提供了移动高速的上网体验，主要服务于人与人之间的通信（H2H），而 5G 不止在带宽上提出了更高的要求，在移动性、时延、连接数等方面同样提出了很高的需求，而且 5G 也将服务于机器类通信，包括人与机器（H2M）和机器与机器（M2M）。

ITU 确定的 3 个 5G 主要应用场景包括增强移动宽带、高可靠低延时通信、大规模机器类通信，分别体现在带宽需求、时延需求、连接数需求上。面向不同的应用领域，5G 网络像瑞士军刀一样，具有多功能和灵活多样性。一个解决 5G 网络多样性的方法就是网络切片技术，根据 NGMN 的定义[8]，网络切片也称为"5G 切片"，支持以一种特定方式处理控制面和用户面来实现的特定连接类型的通信业务。5G 切片包括一组为特定用例和商业模型设定的 5G 网络功能和特定 RAT 设置的组合。因此，网络切片同样需要做到端到端，涉及终端用户、无线接入网、核心网、业务服务器和云服务平台等以及各个部分之间的连接与传输。

图 8-9 给出了一个 5G 切片在相同基础设施上共存的例子[8]。古诗云"横看成岭侧成峰"，对于网络切片来说，图 8-9 是从横向看的，每一个网络切片服务于特定的业务或商业模型，它需要由终端用户、无线接入网、核心网、业务服务器和云服务平台等网元的一个个切片共同组成。而从纵向来看，以无线接入网举例来说，每一个基站可能需要支持不同种类的多个网络切片，并需要保证每个切片之间的资源共享与隔离，如前所述，这些资源包括基站资源和频谱资源两大类。

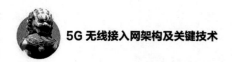

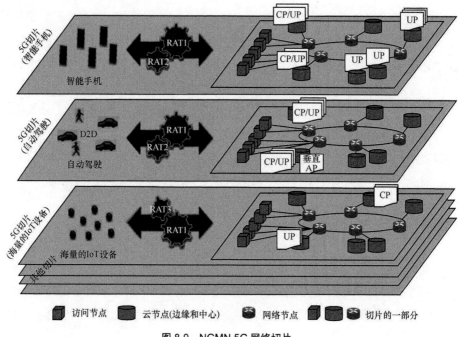

图 8-9　NGMN 5G 网络切片

8.4.2　基站资源切片

基站资源包括计算资源、存储资源、网络资源和功率资源等。这些与核心网类似，但又有不同，主要体现在基站侧要求的实时性更高，核心网侧要求的时间可能是毫秒级，甚至秒级以上，而接入网侧则要求在 1 ms 内，甚至几十到几百微秒内完成特定的计算任务。实时系统不仅是表现在"快"上，更主要的是实时系统必须对外来事件在限定时间内做出反应，当然这个限定时间的范围是根据实际需要来定的。图 8-10 就很好地说明了实时性的问题。如图 8-10 中所示，黑色曲线代表的系统 A 虽然绝大部分响应速度很快，只有几微秒，但是仍然存在大量的响应速度达到了几毫秒；然而灰色曲线代表的系统 B 响应速度为 10~30 ms。对比这两个系统，系统 B 的实时性更好。

采用通用处理器之后，从实时性的角度来说，在现阶段与虚拟化的理念是有些相悖的。由于 CPU 的中断处理机制，当有高优先级的中断触发时，当前的任务就会被搁置，直到高优先级的中断处理完，而在中断的过程中，有可能中断又被中断。

因此，如果将一个 CPU 共享给多个切片使用的话，这就很难保证实时性的需求。当前阶段的处理方法大多为绑定，也就是说，将一个基站切片绑定给若干个 CPU，甚至将基站的不同协议层——绑定给不同的 CPU 的核，这样就保证了实时性。

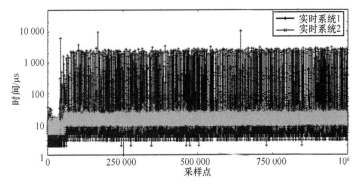

图 8-10　系统实时性示意

从计算资源的角度来说，当前的网络切片方式相当于固定划分，实现了资源的隔离，但是并没有实现资源的共享。目前所说的计算资源共享，大多是指将 CPU 集中在一起，形成一个计算资源池，将一个个物理 CPU（pCPU）虚拟成一个个虚拟 CPU（vCPU），每个网络切片共享这个计算资源池。例如，一个切片需要 3 个 vCPU，通过虚拟层或者切片管理层将这 3 个 vCPU 指定给 3 个 pCPU，当切片较少或负载较低的时候，可以将所需的 vCPU 集中指定给一个服务器或一个机箱内的 pCPU，而关闭其他服务器或机箱，从而实现节能省电的目的。但如果要想实现多个 vCPU 指定给同一个 pCPU，就需要先有的 CPU 技术的革新，或者改变中断的机制。

8.4.3　无线资源切片

无线资源主要是指时域、频域、空域、码域等资源。无线资源切片实际上类似于动态频谱接入或频谱共享，它首先针对的是一个个切片之间的无线资源共享与隔离，然后才是每个切片内部的用户或数据流之间共享与隔离。因此无线资源切片通常是分层的，第一层是切片（slice）管理，第二层是数据流（flow）管理，例如，文献[9-11]中提到的 NVS 方案。

NVS 方案的系统示意如图 8-11 所示。实际上是通过修改基站侧 MAC 调度器，实现了切片管理和数据流管理，即图 8-11 中的 NVS MAC 调度器。为了实现远程的管理，也可以在基站侧增加一个专门的网关（gateway）来管理切片，再与基站配合来调度不同的数据流，如图 8-12 所示[12]。

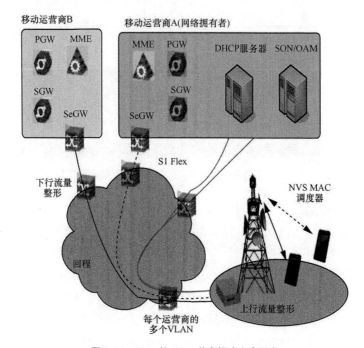

图 8-11　NVS 的 RAN 共享解决方案示意

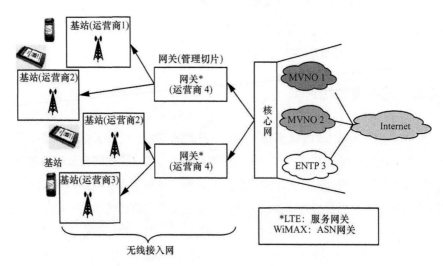

图 8-12　管理切片系统架构

基于 WiMAX 系统的 NVS 解决方案如图 8-13 所示。在这个架构中,移动网络运营商的物理资源被虚拟化后,分割成虚拟资源切片。这些资源切片可以是基于带宽的(bandwidth- based),如数据速率;或基于资源的(resource-based),如时隙、PRB 等。举一个典型的例子,一个专门提供视频通话业务的业务提供商,虽然拥有自己的客户,但是没有物理的基础设施和频谱资源。这个业务提供商根据视频通话的业务需要,从拥有物理网络的移动运营商申请(租赁)一个基于一定速率(带宽)的网络切片。

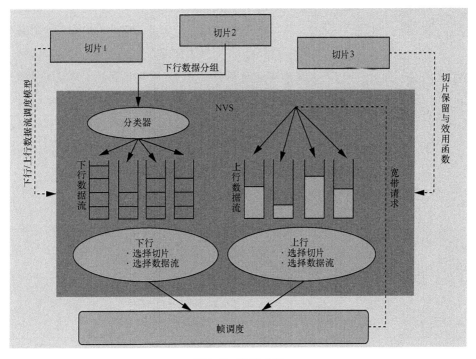

图 8-13　NVS 方案

　　在切片调度上,NVS 定义了每个切片的效用函数,这些效用函数既可以是基于带宽的,也可以是基于资源的。通过求解所有切片的总效用最大的最优化问题,可以得到每个切片的权重因子。每次调度切片时,选择权重因子最大的切片,然后再选择权重因子次大的切片,依次进行下去,直到所有资源都分配完,或者没有切片可选为止。

　　在数据流调度上,NVS 提供了几种基础的调度算法,可供每个切片选择。NVS

还提供了一个接口,每个切片可以定义一个基于平均速率和 MCS 的权重函数,根据权重的大小决定选择哪个数据流。此外,NVS 还通过为每个切片提供基于数据流的反馈信息,从而实现更加灵活的调度。

实验结果表明,通过分层的调度,实现了切片之间资源的共享与隔离[13-15]。

作者所在团队长期与多家厂商进行交流与合作,并与部分厂商合作开发或验证了无线网络虚拟化概念样机。基于 LTE 系统,通过修改 MAC 层调度算法,实现了针对不同运营商、不同业务的无线网络频谱资源的切片算法。

- 固定切片:频谱资源固定划分,每个运营商(或业务)不能超过其约定的门限。不难发现,这种资源切片的方法可以完全保证隔离性,但资源利用率不高。这种切片方法可以用于对资源保障和隔离度要求高的业务或者运营商。
- 增强型切片:设置一个初始的比例划分,但可超过初始比例共享空闲资源。以两个运营商为例,当运营商 A 较为空闲,而运营商 B 拥塞时,运营商 B 可以超过约定的比例,占用运营商 A 空闲的频谱资源;当运营商 A 变得拥塞时,运营商 B 退让出占用的资源,回归到初始比例。不难发现,增强型切片算法在基本保证资源隔离的前提下,最大限度地提高资源利用率。

两种切片算法的示意如图 8-14 所示。

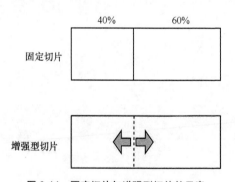

图 8-14　固定切片与增强型切片的示意

对于以上两种切片方法,在实验室单小区环境下进行了验证,与现有的 LTE 动态资源分配方法(比例公平算法)进行了对比。比例公平算法是不进行运营商或业务的区分的,只是根据业务的 QCI 等级、信道质量、平均吞吐量等因素划分资源,因此无法实现针对不同运营商或业务的资源隔离。

实验系统连接示意如图 8-15 所示。在该系统中包括业务服务器、核心网模拟器、基于 TD-LTE 虚拟化样机、运营商 A 的测试终端、运营商 B 的测试终端、管理平台和统计结果显示界面、Vankom 控制器（用于多 UE 测试场景）。

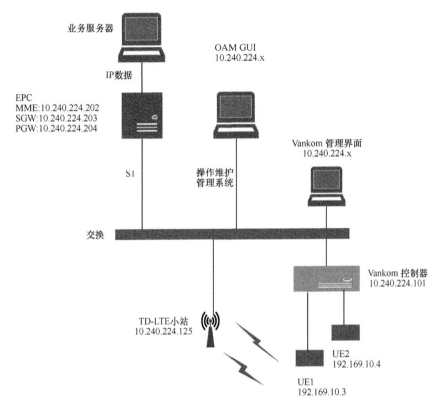

图 8-15 实验室测试系统连接示意

在实验室单小区定点场景下，通过测试验证了 3 种调度算法的性能，包括资源利用率、系统隔离度等。

场景考虑了两个运营商（A 和 B），首先，运营商 A 接入一个用户 UE1，运营商 B 接入一个用户 UE3，两用户均进行速率为 20 Mbit/s 的 Iperf UDP 下行灌分组业务，待速率稳定后，运营商 A 再接入一个用户 UE2，进行 20 Mbit/s 的 Iperf UDP 下行灌分组业务。主要对比在 UE2 接入前后，动态资源调度算法（比例公平）、固定资源切片算法（固定比例 50% vs. 50%）、增强资源切片算法（初始比例为 50% vs. 50%）下资源利用率和系统隔离度的情况。实验中，3 个用户都放置在小区的近点，并且每个用户的 QCI 等级一样，均为 8。

只有 UE1 和 UE3 接入时，3 种策略的资源利用率（PRB 数目）和吞吐量分别如图 8-16 和图 8-17 所示。从图 8-16 和图 8-17 中不难发现，由于系统带宽为 10 MHz，总共有 50 个 PRB，理论峰值速率约为 55 Mbit/s。当每个运营商只有 1 个用户时，每个用户灌分组速率只有 20 Mbit/s，此时负载不高，都没有达到各自运营商的门限。因此，在 3 种策略下，用户的空口速率基本都能满足，约为 20 Mbit/s，PRB 平均占用数均在 19.3~20.3。

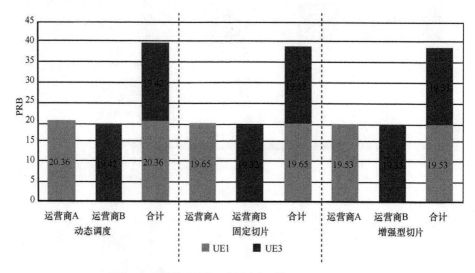

图 8-16 3 种策略的物理资源块占用情况对比（2 用户）

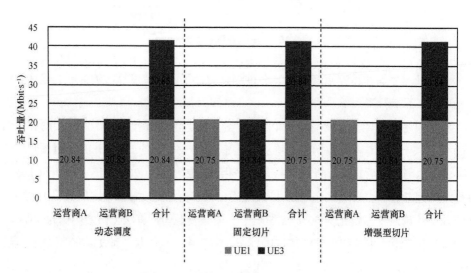

图 8-17 3 种策略的吞吐量对比（2 用户）

当运营商 A 的用户 UE2 接入后，3 种切片算法的资源利用率（PRB 数目）和吞吐量分别如图 8-18 和图 8-19 所示。

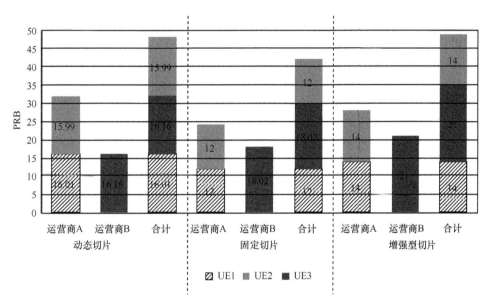

图 8-18　3 种策略的 PRB 占用情况对比（3 用户）

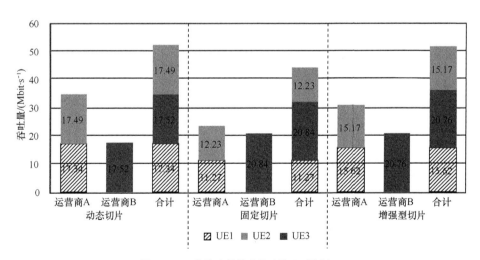

图 8-19　3 种策略的吞吐量对比（3 用户）

对于动态资源调度算法来说，由于不对运营商进行区分，所以 3 个用户均被视为"同一运营商"的用户。由于 3 个用户的 QCI 等级相同，并且处于小区近点，因此，理论上 PRB 占用情况应该基本相同。实验结果表明：UE1、UE2 和 UE3 的 PRB 占用数分别为 16.01、16.16、15.99，与理论预期一致，如图 8-18 所示。此时，运营商 A 的 PRB 占用率为(15.99+16.01)/ 50=64%，运营商 B 的 PRB 占用率为 32.3%，系统总 PRB 占用率为 96.3%。如图 8-19 所示，3 个用户的吞吐量分别为 17.34 Mbit/s、17.52 Mbit/s 和 17.49 Mbit/s，运营商 A 和运营商 B 的吞吐量约为 34.83 Mbit/s 和 17.52 Mbit/s，系统总吞吐量约为 52.35 Mbit/s，基本达到系统的峰值速率。由此可见，每个用户都不能达到其灌分组的速率（20 Mbit/s），动态资源调度算法无法实现资源的隔离。

对于固定切片算法来说，由于每个运营商最多只占用 50%的 PRB 资源，因此不能超过 25 个 PRB。从图 8-18 的 PRB 占用情况可以看出，运营商 A 的 PRB 占用率为(12+12)/50=48%，运营商 B 的 PRB 占用率为 18.02/50=36.04%，均小于 50%，符合预期。此时，虽然运营商 B 的资源有冗余，运营商 A 的用户仍然不能占用运营商 B 的空闲资源。此时系统的资源利用率（PRB）较低，约为 84%。从图 8-19 可以看出，由于隔离的效果，运营商 B 的用户 UE3 的速率约为 20.84 Mbit/s，该运营商用户的需求（利益）得到了保证；与此同时，由于运营商 A 所有用户的灌分组速率（40 Mbit/s）大于其空口的峰值速率（约为 26 Mbit/s），因此运营商的负荷很重，其用户 UE1 和 UE2 的速率都不能得到满足。此时，系统的总吞吐量约为 44.34 Mbit/s，远小于其峰值速率。

对于增强型切片算法来说，由于运营商 B 相对空闲，在保证运营商 B 用户 UE3 的需求条件下，运营商 A 的两个用户可以共享运营商 B 空闲的 PRB 资源。从而，在保证隔离的情况下，提高系统的总吞吐量。从图 8-18 可以看出，运营商 B 的 PRB 占用数约为 21，每个时隙大约空闲 3~4 个 PRB；运营商 A 的两个用户共占用 28 个 PRB，PRB 占用率为 28/50=56%，大于其初始约定的门限值 50%。此时，系统的总资源占用率约为 98%。虽然运营商 A 占用了运营商 B 的资源，但 UE3 的空口速率约为 20.76 Mbit/s，满足其需求，如图 8-19 所示。与此同时，运营商 A 的两个用户 UE1 和 UE2 的空口速率约为 15.62 Mbit/s 和 15.17 Mbit/s，由于运营商 A 负荷高，因此，两个用户的速率都不能满足，但是和固定切片算法相比，由于资源的共享，其空口速率都提高了 3~4 Mbit/s。此时，系统总吞吐量约为 51.55 Mbit/s，基本达到了峰值速率，由此可见，在保证了不同运营商资源隔离的情况下，通过资源共享，提高了系统的资源利用率。

| 8.5　面临的挑战 |

尽管虚拟化具有潜在远景，已有很多研究工作和标准化工作在推进，但是在无线网络虚拟化的广泛部署之前仍有很多技术问题和难点需要解决和攻克。文献[13]归纳总结了以下几点技术挑战。

8.5.1　挑战一：资源隔离

隔离（isolation）是虚拟化的一个核心问题。任何虚拟网络的任何配置、定制、网络拓扑变化都不能够影响和干扰其他共存的虚拟网络。

与有线网络的隔离不同的是，无线网络的资源隔离是十分具有挑战性的。有线网络中带宽资源的抽象和隔离可以在硬件（如端口和链路）的基础上实现，而由于无线通信固有传播特性和无线信道质量的随机性，无线电资源的抽象和隔离无法简单实现。例如，在无线网络中，尤其是蜂窝网络，在一个小区中的任何改变都可能给相邻小区带来高干扰[14]。此外，在具有不同的小区大小的异构无线网络中，小区间干扰有两个来源。第一个干扰源是，当宏基站的覆盖区域与微基站的覆盖区域重叠时引起的跨层干扰（cross-layer interference）[15]；第二个干扰源是，当小基站的覆盖区域之间部分重叠时引入的同层干扰（colayer interference）[15]。此外，隔离应该在不同的层次实现，如在数据流级（flow level）、在子信道或时隙级别、硬件级（天线和信号处理器）等[9]。此外，终端用户的移动也会给隔离带来一定的困难。

8.5.2　挑战二：控制信令与接口的标准化

业务提供商（SP）或虚拟运营商（MVNO）与运营商（MNO）之间需要建立连接，通过该连接，SP 或 MVNO 可以传递其用户的需求，同时 SP 或 MVNO 与终端用户也需要相应的接口。此外，虚拟化（共享）也会发生在运营商之间。因此，由于虚拟化的引入，这些连接都需要标准的接口或语言来准确传递相关的信息。因此，需要精心设计控制信令和接口，并且考虑时延和可靠性，使参与无线网络虚拟化的各个部分之间可以通信。

此外，由于终端可能会同时使用多种无线接入技术（如 IEEE 802.11、蜂窝和 IEEE 802.16），控制信令和接口可能还需要适用于不同的无线接入技术。为了适应未来新业务的引入，现有的信令和接口或许无法满足新的要求，因此还需要具有开放性和可编程性。因此，标准化的控制信令和接口是无线网络虚拟化成功的关键。

8.5.3　挑战三：物理和虚拟资源的分配

为了实现无线网络虚拟化，基础设施提供商（InP）、运营商（MNO）、虚拟运营商（MVNO）或业务提供商（SP）应该能从无线网络中发现和获取可用的资源。此外，因为资源可以在多个 MNO（或 InP）之间共享，需要设计一个有效的资源协调机制和相应的通信协议，这部分可能会和挑战二中提到的控制信令与接口相关。类似地，MNO（或 InP）和 MVNO（或 SP）之间也需要相应的通信协议。

命名（naming）和寻址（addressing）在资源发现中也是一个十分重要的问题，因为它们帮助 MVNO 识别相应的物理节点和链接。此外，由于一个 MVNO 可以从多个 MNO 获取并合并资源，而终端用户也可以同时连接到多个运营商或虚拟运营商[16]，因此，一个全球性的命名和寻址机制是十分必要的。

资源分配问题是无线网络虚拟化的另一个重要挑战。根据文献[17]的定义，在一个网络虚拟化环境中，资源分配是指在物理节点和路径上静态或动态分配虚拟节点或链接。在对资源或要求的约束条件下，嵌入虚拟网络是一个 NP 难（NP-hard）的优化问题[18]。对此感兴趣的读者也可以看虚拟化网络嵌入的综述文章[19]。此外，与有线网络不同，由于信道的随机性、用户移动性、频率重用、功率控制、干扰、覆盖、漫游等因素，在无线虚拟化网络中资源分配问题变得更加复杂。此外，因为在无线环境中上下行链路的性能通常并不完全相同，而且流量也不是对称的，所以资源分配还应考虑上行和下行的情况。

由于业务范围很广，需求和特性也会从尽力而为（best effort）到时延敏感（delay sensitive），这些不同业务的 QoS 必须动态映射到物理无线链路上。运营商和虚拟运营商必须采用适当的调度算法。对于基站资源，如计算资源（如 CPU）和存储资源（如内存、磁盘和高速缓存），包括物理的和虚拟的资源，也需要在无线虚拟化网络高效地调度。

在资源分配中的另一个问题是准入控制（admission control）。准入控制的目的是在保证现有用户的服务质量（QoS）的同时，通过控制新用户的接入，最大限度地提高资源利用率或者收入。在无线网络虚拟化中，可能会有两种准入控制原则：针对终端用户的传统准入控制和针对 SP 的准入控制。对于 SP 准入控制，运营商需要进行精确估计，并确保分配给 SP 的虚拟资源不超过基础物理网络的容量。这在无线环境复杂的，因为终端用户的数目和流量是实时变化的，这会导致 SP 的总吞吐量和用户数不可预测的。

此外，时间粒度，即应该多久对资源进行重新获取和分配，也是需要精心设计的[20]。如果时间间隔过小，过载和信令可能显著增加。然而，间隔时间长会导致退化到传统网络的静态结构。

8.5.4　挑战四：移动性管理

在移动性管理中有两个因素：位置管理和切换管理。

位置管理使网络通过跟踪终端用户的位置来提供通信服务；切换管理通过保持用户从一个接入点（基站）到另一个接入点过程中连接的连续性，实现通信服务的连续性。

随着无线网络虚拟化，终端用户可能会连接到多个运营商或虚拟运营商，每个运营商会分别要求用户更新位置，这对于终端是不必要的，因此集中式的位置管理是必要的。然而，集中式的管理必然会引入额外的时延，因此可以引入分布式机制，而这些都值得进一步研究。

另外，由于终端用户可能会连接到多个运营商或虚拟运营商，并且都处于在线状态，当终端进行切换时，切换管理问题也会变得比传统无线网络更加复杂。为了保持每一个服务的连续性，当用户在切换时，在不同网络之间研究一个合适的同步机制是很必要的。

8.5.5　挑战五：网络管理

网络管理始终是运营商的一大挑战。无线网络虚拟化的管理是至关重要的，需要保证在物理基础设施、无线虚拟网络和由虚拟网络支持的无线服务之间的正确高效的管理和维护。由于无线虚拟网络可以构建在多个底层物理网络的基础上，跨网络管理和维护将面临更高的挑战。此外，由于 SP 可能会因为用户的改变而不断改变资源的请求，因此，网络管理系统需要具有一定的灵活性，以便于适应各个 SP 请求的变化。

此外，由于无线网络虚拟化可以实现多网络或多制式的融合，未来底层的物理网络可以由异构网络组成，如 WLAN、宏基站、微基站、中继甚至 IoT 网络。无线虚拟化网络的网络管理和维护及其相应的网管系统需要重新设计，并充分考虑每个网络特有的或唯一的特性。与此同时，还需要具有一定的灵活性，以便于适应未来新型网络或技术的引入。

8.5.6 挑战六：安全性

在无线网络中最常用的假设是，各个部分总是值得信任的。然而，这种假设可能是无效的，因为有大量智能设备或节点具有自适应和上下文感知能力，尤其是当它们可以利用虚拟化的机制恶意地作弊时。除了传统无线网络中已知的各种缺陷和威胁以外，由于无线网络虚拟化后将更加智能、更加复杂，甚至在不同运营商之间存在共享，因此为网络安全引入了更多全新的挑战。

对于许多安全问题，鉴权都是一个重要的要求。此外，根据传统的有线和无线网络安全的经验表明，不论采用什么样的基于阻止（prevention-based）的措施（如鉴权），多级保护也是十分重要的。对于无线网络虚拟化也是如此。为了解决这个问题，基于检测（detection-based）的方法（如入侵检测系统 IDS），作为第二道防护墙，可以有效地帮助识别恶意行为。

因此，不论基于阻止的方法，还是基于检测的方法，或是其他类型的方法，都需要仔细研究。

| 参考文献 |

[1] WEN H M, TIWARY P K, LE-NGOC T. Wireless virtualization[M]// Springer Briefs in Computer Science, Berlin: Springer, 2013: 41-81.

[2] ETSI. ETSI GS NFV-MAN[S]. 2014.

[3] 中国移动通信研究院. C-RAN 无线接入网绿色演进(版本号 1.5.0)[R]. 2010.

[4] 张伦. x86 虚拟机的实现[J]. 计算机与网络, 2007(10): 53-55.

[5] 高小明. 基于 Intel VT 硬件虚拟机内核研究与实现[D]. 成都: 电子科技大学, 2010.

[6] NGMN C-RAN Work Stream. RAN Evolution Project. Further study on critical C-RAN technologies[R]. 2014.

[7] 中国移动通信研究院. 下一代前传网络接口白皮书(版本号 1.0)[R]. 2015.

[8] NGMN Alliance. NGMN 5G white paper[R]. 2015.

[9] KOKKU R, MAHINDRA R, ZHANG H, et al. NVS: a substrate for virtualizing wireless resources in cellular networks[J] IEEE/ACM Transactions on Networking, 2012, 20(5): 1333-1346.

[10] COSTA-PÉREZ X, SWETINA J, GUO T, et al. Radio access network virtualization for future mobile carrier networks[J]. IEEE Communications Magazine, 2013, 51(7): 27-35.

[11] NEC Corporation. RAN sharing NEC's approach towards active radio access network sharing[S]. 2013.

[12] KOKKU R, MAHINDRA R, ZHANG H H, et al. CellSlice: cellular wireless resource slicing for active RAN sharing[C]//2013 Fifth International Conference on Communication Systems and Networks (COMSNETS), January 7-10, 2013, Bangalore, India. Piscataway: IEEE Press, 2013: 1-10.

[13] LIANG C C, YU F R. Wireless network virtualization: a survey, some research issues and challenges[J]. IEEE Communication Surveys & Tutorials, 2015, 17(1): 358-380.

[14] GESBERT D, HANLY S, HUANG H, et al. Multi-cell MIMO cooperative networks: a new look at interference[J]. IEEE Journal on Selected Areas in Communications, 2010, 28(9): 1380-1408.

[15] LOPEZ-PEREZ D, VALCARCE A, GUILLAUME G D L, et al. OFDMA femtocells: a roadmap on interference avoidance[J]. IEEE Communications Magazine, 2009, 47(9): 41-48.

[16] CHOWDHURY N M K, BOUTABA R. A survey of network virtualization[J]. Computer Networks, 2010, 54(5): 862-876.

[17] CHOWDHURY N, BOUTABA R. Network virtualization: state of the art and research challenges[J]. IEEE Communications Magazine, 2009, 47(7): 20-26.

[18] ANDERSEN D G. Theoretical approaches to node assignment[J]. Computer Science Department, 2002: 1-13.

[19] FISCHER A, BOTERO J, BECK M, et al. Virtual network embedding: a survey[J]. IEEE Communications Surveys & Tutorials, 2013, 15(4): 1888-1906.

[20] WANG X, KRISHNAMURTHY P, TIPPER D. Wireless network virtualization[C]//ICNC, January 28-31, 2013, San Diego, CA, USA. Piscataway: IEEE Press, 2013: 818-822.

第 9 章

5G 频谱共享技术

频谱资源一直是影响通信系统总体性能的关键因素，也直接影响着运营商网络能力和终端用户的体验。作为无线通信技术乃至信息通信产业持续创新发展的核心资源和重要载体，无线电频谱资源既是国际层面，也是国家层面的稀缺性战略资源。如何更有效地利用现有 IMT 频段甚至非 IMT 频段资源是 5G 需要研究的重要方向。

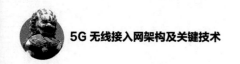

频谱资源一直是影响通信系统总体性能的关键因素，也直接影响着运营商网络能力和终端用户的体验。作为无线通信技术乃至信息通信产业持续创新发展的核心资源和重要载体，无线电频谱资源既是国际层面，也是国家层面的稀缺性战略资源。在满足民航、铁路、气象、电力等传统行业和部门在信息化、智能化建设发展中用频需求的同时，还须应对移动互联网、物联网等新一代信息通信技术对频谱资源提出的巨大挑战。根据思科 2015 年发布的《全球移动数据流量预测 2014-2019》调研报告[1]，到 2019 年，全球移动数据流量将有 2014 年的每月 2.5 艾字节（Exabyte，EB），增长超过 24.3 艾字节/月，其中将有 97%产生自智能设备。海量的移动设备和机器对机器（machine to machine，M2M）应用以及更加快速广泛的蜂窝网络，将推动移动流量显著增长，进而极大增加对频谱资源的需求，无线电频谱资源匮乏问题日益突出。如何更有效利用现有的 IMT 频段甚至非 IMT 频段资源是未来 5G 需要研究的重要方向。本章将根据国内外频谱共享学术和标准的研究进展，阐述未来 5G 网络频谱共享技术的应用场景和需求，并提出相应的技术方案。

| 9.1 独占授权式频谱分配 |

目前，大多数国家主要采用独占授权方式分配和使用大多数商业和非商业频谱，即无线电管理部门通过行政化和市场化的方式将不重叠的频带分配给特定的用户独占使用。独占授权频谱根据所有的无线接入网（radio access network，RAN）的载波和业务量需求的特点。整个无线频谱划分成各种固定带宽的大小不一的频段。同时为了避免各类有害干扰(同频干扰、互调干扰、邻频干扰),保障各个无线接入网能够正常运行,各频段之间必须预留足够的保护带宽。各个频谱仅属于某个已授权的无线接入网,从而能够有效避免系统间干扰并可以长期使用。

然而,这种方式在具备较高的稳定性和可靠性的同时,也存在着因授权用户独占频段造成的频谱闲置、利用不充分等问题,而且大部分无线接入网用于满足繁忙时刻的业务流。如果在高峰时刻无线频谱被充分利用,那么在剩余的时间里频谱并没有得到充分利用。几乎所有的服务(如语音、图像、视频和多点通信等业务)都有明显的时变业务需求。同时为了满足不同的业务时的频谱分配还要依靠无线接入网之间的空间地理位置。因此无线频谱在大部分时间或者空间上没有得到足够充分的利用,导致宝贵的频谱资源浪费,无法满足未来信息化对数字信息高速率、大容量的需求。为解决频谱资源供需矛盾日益突出、部分频段利用率低的问题,全球无线电管理部门根据技术发展和应用需求,纷纷加强频谱资源优化配置,对频谱资源使用权进行适时调整。规划调整是近年来调整频谱使用权的主要措施之一,但存在实施时间长、耗资大协调困难等问题。

| 9.2　动态式频谱分配 |

动态频谱分配从频谱调节的角度解决了固定频谱分配带来的以上问题。动态频谱分配是指根据无线电系统的实际业务量,动态地分配频谱资源给该系统,以避免业务量大时频谱资源不够而导致的业务请求拒绝和业务量小时频谱资源的浪费,是一种类似于按需分配的方法。动态频谱分配主要包括相邻的动态频谱分配以及分片的动态频谱分配两种方式。

9.2.1　相邻动态频谱分配

相邻动态频谱分配方法适用于频谱相邻的两个无线电系统的频谱共享,可以根据系统在不同时刻业务量的变化动态地调整两个系统频段间的边界。为避免干扰,两个系统频段之间需增加一定宽度的保护频带。由于相邻动态频谱分配只适合于频谱相邻的两个无线电系统,局限性大。

9.2.2　分片动态频谱分配

分片动态频谱分配适用于频谱位于任何位置、任何数量的多个无线电系统。它认为所有不同的频谱块都是独立和可共享的，任何无线电系统可以在任何时刻使用任意的未被占用的频谱块，以实现多无线电系统空闲频谱块的动态共享。该方法的缺点是需要搜索满足无线电系统需求的空闲频谱块并分配，同时需要进行空闲频谱块的管理。另外，不同无线电系统频谱块之间需要保护频带。这些都将带来额外的开销。

| 9.3　频谱共享 |

动态频谱分配策略需改变现有频谱分配总体结构，涉及频谱管理者，虽然它是实现多系统频谱共享、提高频谱利用率的根本手段，但目前实现上还存在一定难度。因此，在不改变现有频谱分配总体结构前提下的频谱共享技术，成为目前最有可能得到广泛应用的频谱共享方法。

频谱共享技术考虑到不同无线电系统在时间和空间上对频谱资源利用的不均衡问题，采用共享方式利用未能充分利用的频谱资源。将提供共享频谱资源的系统称为主系统，共享主系统频谱资源的系统称为次系统。

9.3.1　共存式频谱共享

共存式频谱共享最为简单，次系统在接入信道之前进行与主系统之间的协作，并以极低的功率使用主系统的频段，不会对主系统产生干扰，因此通信过程中无须特别的干扰控制。

在所有频谱共享方法中，目前共存式频谱共享法在实际使用最为成功，主要是因为它实现简单，并且无须采用感知无线电进行频谱感知。但是共存式频谱共享法应用范围很窄，由于发射功率较低，因此只适合短距离通信，尤其是无线局域网，如 Wi-Fi 和蓝牙等。

其中 Wi-Fi 是部署在免授权频段的典型技术。免授权频谱是指在满足政府部门

（如国家无线电管理委员会）无线电管制下，不需要政府授权就能直接使用的频谱资源。在国内运营商中，中国移动的 LTE 频谱资源合计 130 MHz，中国联通合计 90 MHz，中国电信合计 100 MHz，而 Wi-Fi 部署在免授权频谱资源，2.4 GHz 频段附近约 90 MHz 可用，5 GHz 频段附近有 900 MHz 可用。相对十分丰富且免费的免授权频谱足以驱使运营商、设备商积极研发相关技术和设备。为了缓解授权移动网络的压力，利用资源相对丰富的免授权频段来应对高数据量的挑战成为一种思路。

目前，大多数智能手机、平板电脑等设备都具备 Wi-Fi 上网功能。由于运营商经营的移动通信网络运行在授权频谱（载波）上，而这些载波需要付费使用（或授权使用）。这些授权频谱数量（带宽）较少，非常珍贵。在 LTE 网络覆盖的室内和公共热点区域，由于授权频谱资源有限，很容易达到网络容量极限，造成网络拥塞。因此运营商的一个很自然的观点是：如何用非授权载波来为用户提供数据服务（例如，用 Wi-Fi 来为用户提供数据服务）以减轻移动通信网络的负担。目前，全球已经开放了大量免授权频谱，许多运营商都部署了 Wi-Fi 网络来减轻移动通信网络的负担[2-3]。在这种情况下，以大量免授权频谱补充有限的 LTE 授权频谱，增加可用频谱，可有效扩充无线容量，从而通过免授权频谱缓解移动网络流量压力。

9.3.2 覆盖式频谱共享

覆盖式频谱共享是指将一个或多个无线电系统频段完全覆盖另一个无线电系统相同的频段。因为如果分配给一个无线电系统的频谱未被充分利用，那么其他无线电系统可以作为次系统使用同一频段中的空闲频谱。这样，允许次系统设备具有较高的发射功率，适合于长距离通信。根据主次系统之间有无合作，覆盖式频谱共享分为机会式和协作式。

机会式频谱共享是指主次系统之间无需合作，次系统见机行事使用主系统的频谱资源。主系统无需知道次系统的存在，不会给主系统带来额外的开销。次系统在接入前，首先侦听本地频谱，搜索空闲信道；如果存在空闲信道，次系统便接入；如果暂时没有，次系统便等待主系统释放信道；在次系统通信过程中，一旦主系统需要占用次系统正在使用的信道，次系统必须在规定时间内快速释放该信道供主系统使用。因此，机会式频谱共享系统中，主系统的优先级高于次系统，在满足主系统正常通信的前提下，提供空闲频谱供次系统共享。

协作式频谱共享是指主次系统之间采取合作方式共享同一段频谱，主系统知道次系统的存在，通过主次系统之间的共同协作更加精确和高效地检测频谱。合作方式可采取对等方式，也可采取中央控制方式。

| 9.4　认知无线电系统 |

无论是机会式还是协作式频谱共享，次系统都需要进行侦听，以确定当前的空闲频谱，因此要求参与共享的次系统能自动感知所处的频谱环境，通过智能学习实时调整传输参数。随着以认知无线电系统（cognitive radio system，CRS）为代表的无线电新技术的出现，动态频谱共享成为可能。用户可以在不同时间、不同地理位置和不同码域等多个维度上共享频谱，实现不再可生频谱资源的再利用，克服系统的"条块分割"式静态频谱使用政策下频谱利用不均衡的缺点，提高频谱使用效率。认知无线电系统能完成无线电场景分析、信道状态识别和预测模式、传输功率控制和动态频谱管理，在不影响主系统的前提下，智能地选择利用这些空闲频谱，从而提高频谱利用率，是实现覆盖式频谱共享的关键。

9.4.1　频谱检测

实现认知无线电系统的第一步就是要感知到无线环境中存在的频谱空洞，只有找到了这些频谱空洞才能研究如何有效地利用它们以提高频谱利用率。因此频谱感知技术是实现认知无线电系统的一个重要基础，也是核心技术之一。

频谱感知的目的是发现在时域、频域、空域上的频谱空穴，以便供认知用户以机会方式利用频谱。认知用户是指只有授权用户才能使用的频谱的用户，主用户则是获得授权使用频谱的用户。为了不对主用户造成干扰，认知用户在利用频谱空穴进行通信的过程中，需要能够快速感知主用户的再次出现，及时进行频谱切换，腾出信道给主用户使用，或者继续使用原来频段，但需要通过调整传输功率或者改变调制方式避免对主用户的干扰。这就需要认知无线电系统具有频谱检测功能，能够实时地连续侦听频谱，以提高检测的可靠性。频谱感知主要是物理层的技术，是频谱管理、频谱共享和频谱移动性管理的基础。

就目前来看，频谱检测方面的研究已经取得了很大的进展，各种感知方法层出不穷。单用户感知是最早提出的一类检测方法，它设计复杂度低，采用技术成熟，易于实现。但其性能会随着无线环境中多径和阴影衰落引起的接收信号强度的减弱而降低，另外，检测能力本身也有一定的限制。这样，就出现了合作式的频谱感知方法，它通过综合多个认知用户的感知信息来提高频谱的感知能力，避免"隐蔽终端"的问题，而且可以减少检测时间，从而提高网络的灵活性。最新研究还表明采用物理层和 MAC 层联合感知的跨层设计方法可极大地提高频谱感知能力。这种方法通过增强无线射频前端灵敏度，同时利用数字信号处理增益及用户间的合作来提高感知能力，正越来越受到人们的关注。另外，美国联邦通信委员会提出了一个新概念——干扰温度。基于这个概念又衍生出了基于干扰温度的感知方法。干扰温度是认知用户在感知频带内已有通信的基础上预测自己的传输将对主用户产生的干扰。只要认知用户造成的干扰温度不超过干扰温度限，感知用户通过调整自己的参数（如发射功率、调制方式等）就可以使用这个频段中的空洞。

　　一般来说，认知无线电频谱检测技术可以分为基于发射机的检测、合作检测和基于接收机的检测这几大类，如图 9-1 所示。当然，在实际的感知算法中，为了提高检测性能，各种方法会有所融合。发射机检测又称为非合作检测，它主要有匹配滤波器检测、能量检测和循环平稳过程特征检测这 3 种方法。

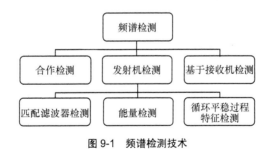

图 9-1　频谱检测技术

9.4.1.1　匹配滤波法

　　信号检测中最常见的方法就是匹配滤波法，它能够使接收信号的信噪比最大化。其在认知无线电中应用，是为了解调授权用户的信号，因此认知无线电就要知道授权用户物理层和媒体控制层的调制方式、时序、脉冲形状、封装格式等信息，通过这些信息来完成与待检测信号的同步，进而解调信号。匹配滤波器的缺点是认知用户要掌握每一类授权用户的各种信息，其优点是可以在短时间内完成同步并提高信号的处理增益。所以在对授权用户信息比较了解的频谱环境中，比较适合应用匹配滤波法。总之，匹配滤波器检测的结构简单，可以达到很高的检测概率，但是需要授权用户信号为确知信号，因此这种检测方式有很大的局限性。

9.4.1.2　能量检测

能量检测法与频谱分析相类似，属于非相干的检测方法，以干扰温度为度量标准寻找合适的频谱空穴。在接收端检测完各个信道的干扰温度后，分别与干扰温度限进行比较，在干扰温度限以下的信道就是适宜的频谱空穴。能量检测法的缺点是干扰温度限比较难确定，而且当信号极弱时，比较难区分信号、噪声和干扰。能量检测实现相对比较简单，只须测量频域或时域上一段观测空间内接收信号的总能量来判决是否有授权用户出现，是目前应用较广的一种频谱检测方法，但不适合低信噪比情况。

9.4.1.3　循环平稳特性检测

由于对信号的调制都是周期性的调制，即对信号的抽样、扫描、多址、编码都是信号的统计特性呈现出周期性，所以说调制信号具有典型的循环平稳性，因此对信号的检测和参数估计可以通过其循环谱密度函数特征来完成。循环平稳特性检测可以提取出调制信号的特有特征，如正弦载波、符号速率以及调制类型等。这些特性均通过分析频谱相关性函数来检测，它可以从调制信号功率中区别噪声能量。这种方法不仅在低信噪比条件下具有很好的检测性能，而且具有信号识别能力，只是运算复杂度较高。

根据目前的仿真和分析，采用合作检测的方法可达到高的检测概率。合作侦听允许多个认知用户之间相互交换侦听信息，提高频谱的侦听和检测能力。合作检测可以采用集中式和分布式两种方式进行。集中式是指各个感知节点将本地感知结果送到基站或接入点统一进行数据融合，做出决策；分布式则是指多个节点间相互交换感知信息，各个节点独自决策。基于发射机检测包括基于干扰温度的检测和本振泄露检测两种。

9.4.2　频谱共享池

由于认知无线电网络中用户对带宽的需求、可用信道的数量和位置都是随时变化的，因此，传统的语音和无线网络的动态频谱接入（dynamic spectrum access，DSA）方法不完全适用。另外要实现完全动态频谱分配（fully DSA）受到很多政策、标准及接入协议的限制[4]。因此目前基于认知无线电的 DSA 的研究主要基于频谱共享池（spectrum pooling）这一策略。频谱共享池的基本思想是将一部分分配给不同业务的频谱合并成一个公共的频谱池，并将整个频谱池划分为若干个子信道，因此信道是频谱分配的基本单位[5]。基于频谱共享池策略的 DSA 实质上是一个受限的信道分配问题，以最大化信道利用率为主要目标的同时考虑干扰的最小化和接入的公平性。为规定用户之间选择频谱的协商机制，Mitola 在文献[5]中提出了标准的无线礼仪协议的初始框架，主要包括主用户与认知用户之间交互的租用频谱协议、当主用户再次出现时服从的补偿协议、频谱使用优先级协议等。由于认知用户本质上是一个自治的智能代理，目前的研究大多集中于动态分布式资源分配方面。

频谱共享池的基本思想是首先将频谱区域分成 3 种类型：黑色区域，常被高能量的局部干扰占用；灰色区域，在部分时间被低能量干扰占用；白色区域，只有环境噪声而几乎没有射频干扰，包括热噪声、瞬时反射、脉冲噪声等。如图 9-2 所示[6]，一般情况下，白色区域和有限度的灰色区域都可以给感知用户使用。在特定地理位置，CR 将一定的频段分为若干个子信道。通过频谱感知和机器学习技术，将这些子信道分别纳入黑色、灰色和白色的"频谱池"，频谱池中的频谱可以是不连续的，感知用户尽可能利用白色频谱池内的子信道建立链路。当白色频谱池中的子信道容量不够时，感知用户可以随时占用灰色频谱池中的空闲信道。但是一旦主用户要再次使用被感知用户占用的子信道时，感知用户必须切换到其他信道上，为授权用户腾出这个信道。

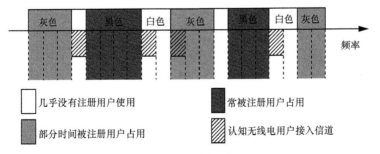

图 9-2　频谱池示意

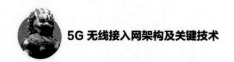

频谱池共享技术的关键问题是如何对特定的频谱或子信道进行准确归类。一般情况下，CR 是通过多抽头奇异值分解（MTM-SVD）算法，对特定时间、具体位置的频谱使用情况进行分析并归类。实际上，频谱池中的频率成分是动态变化的，一旦有授权用户正在使用的子信道被 CR 纳入空闲的灰色区域，甚至白色区域时，感知用户就有可能干扰授权用户的正常通信。因此，不论何时何地，都应保证检测过程的灵敏性和可靠性。根据分配架构的不同，频谱分配技术可以分为集中式和分布式两大类。集中式算法由集中单元控制频谱分配和接入的过程，计算复杂度高；分布式算法中每个认知用户都参与频谱分配决策，多采用启发式分配方法，收敛法是其中一项很重要的性能指标，它主要体现了算法对系统变化的适应能力。

9.4.3　功率控制

在认知无线电通信系统中功率控制的实现以分布式进行，以扩大系统的工作范围，提高接收机性能，而每个用户的发射功率是造成其他用户干扰的主要原因，因此功率控制是认知无线电系统的关键技术之一。在多址接入的 CR 信道环境中，主要采用协作机制方法，包括规则及协议和协作的 Ad Hoc 网络两方面的内容。多用户的 CR 系统中的协作工作以及基于先进的频谱管理功能，可以提高系统的工作性能，并支持更多的用户接入。但是这种系统中除了协作，还存在竞争。在给定的网络资源限制下，允许其他用户同时工作。因此在这样的系统中发送功率控制必须考虑以下两种限制，即给定的干扰温度和可用频谱空穴数量。目前解决功率控制这一难题的主要技术是对策论和信息论。

多用户 CR 系统的功率控制可以看成一个对策论的问题，对策论是研究决策主体行为发生直接相互作用时的决策以及这种决策的均衡问题，它可划分为合作对策和非合作对策。如果不考虑非合作对策，看成完全的合作对策，这样功率控制则简化成一个最优控制问题。当然这种完全的合作在多用户系统中是不可能实现的，因为每个用户都试图最大化自己的功率，使用功率控制被归结为一个非合作对策。目前主流技术是用马尔可夫对策进行分析，马尔可夫对策是将多步对策看作一个随机过程，并将传统的马尔可夫对策扩展到多个参与者的分布式决策过程。多用户 CR 系统的功率控制问题就可以看成马尔可夫对策进行分析解决。

实现功率控制的另一种方法是基于信息论的迭代注水法，其基本思想是把系统的信道看作若干个平行的独立子信道的集合，各个子信道的增益则由其对应的奇异值来决定。使用了该算法后，发送端会在增益较多的子信道上分配更多的能量，而在衰减比较厉害的子信道上分配较少的能量，甚至不分配能量，从而在整体上充分利用现有的资源，实现传输容量的最大化。

目前欧美等地区和国家陆续针对认知无线电系统（CRS）的频谱共享开展了研究工作。美国、英国等国家已经在广播电视频段"白频谱"（TV white space，TVWS）上实施了免执照使用方式。

| 9.5　授权的频谱共享 |

9.5.1　LSA

授权的频谱共享（licensed spectrum access，LSA）是不同于传统的频谱授权和免许可使用之外的一种新型的频谱管理方式。这种方式下，每一个要使用共享频段的用户都必须获得授权，这种许可与一般的频谱使用许可不同，是非排他性的，但该频段授权的共享用户必须保证不能影响此频段原所有者的服务质量。也就是说，这种对原有服务的保证与频谱使用的授权是结合在一起的。

在授权频谱共享中，原频谱所有者的利益会得到充分的保证。除了要求获得共享授权的用户满足授权条件外，还可以在共享协议中规定原所有者可以在某一时段、某一区域或某一频段排他性地使用频率资源。此外，原频谱所有者可以通过这种授权获得一定经济补偿或其他方面的利益，将自身的服务影响扩大到更大的范围。

而对于授权共享的用户而言，这种方式可以使他们在一定情况下获得更多可用的频率资源。例如，全球 LTE 频率分配中面临的频率碎片化问题可以通过使用授权的频谱共享方式，使终端在较大范围内通过同一频率接入网络，解决漫游问题。此外，通过授权的频谱共享，运营商可以获得更多的资源，缓解面临的频谱缺口问题。

对频谱管理机构而言，授权的频谱共享比重新分配频谱使用所需的开销低得多，还更容易快速地实现，在较快地满足了授权的频谱共享用户对频谱资源需求的同时，降低政策变化难度和风险，更好地满足各方利益。

2012 年，欧盟通过了开展无线电频谱政策计划的提案（decision No.243/2012/EU），欧盟委员会在"促进境内市场无线电频谱资源共享"通信报告[7]中表明支持 LSA 作为频谱共享的一种方式，分析了频谱共享的政策背景及挑战等，并提出了境内频谱共享的后续实施建议。作为对欧盟委员会推进 LSA 实施计划的响应，2013 年，RSPG 提供了包括 LSA 定义、法律、监管、牌照以及实施等方面的意见[8]，将 LSA 定义为"一种对有限数量的授权用户在单独授权体质下使用已经分配或将要分配给一个或多个主用户的频带运营无线点通信系统的监管方式。LSA 方式下，依据频谱使用权利等共享规则，新增用户经过授权后使用频谱（或部分频谱），包括主用户在内的所有授权用户均享有一定的 QoS 保证。"LSA 不是新的授权体质，而是一种通过引入其他授权用户促进已分配频谱高效使用的管理方法。LSA 用户可以在空间或时间维度上与主用户共享频段。由于 LSA 的牌照数量有限，用户可以通过协作规划等静态方式，或使用公共数据库、认知无线电等动态方式，解决或避免潜在的干扰问题。如果授权主用户要求其他限制，还需要建立一个能够更新信息、获取数据和提供接入条件的综合管理系统等。

在授权共享的频段选取方面，起初欧洲考虑了 2.3 GHz 频段（移动业务与军用/无线摄像机共享）和 3.8 GHz 频段（移动业务与卫星业务共享）。目前主要实施方案是在 2.3 GHz 频段上以 LSA 方式部署移动宽带网络。国家管理机构和主用户通过建立 LSA 频谱仓库，提供 LSA 频谱的时间、地点可用信息。LSA 控制器通过从 LSA 频谱仓库获取的信息，在可用区域/时间控制移动运营商网络接入 LSA 频谱。若由于主用户保护等限制要求，某些区域 LSA 频谱不可用，则移动网络接入使用原授权频段，如图 9-3 所示[9]。

欧洲的 2.3 GHz 频段共享是针对移动网络和军用系统。由于 2.3 GHz 频段内原有用户对频段的使用特点，使得该频段在地理和时间维度上出现频谱空闲的情况，运营商可以通过协调动态地使用该频段。在具体应用场景当中，根据原有用户使用情况划分不同等级的共享区域，运营商采用宏蜂窝、微蜂窝、皮蜂窝等形式使用 2.3 GHz 频段。通过 2.3 GHz 频段的共享使用，一方面提升运营商的网络容量和室内覆盖，另一方面实现欧洲大陆同一频段的移动漫游。

在国内，自 20 世纪 90 年代以来，中国运营商逐步建设了 2G、3G 和 4G 移动通信网络。随着 4G 网络的规模化部署运营，宽带移动互联网业务逐步取代了传统移动语音业务，成为移动通信业务的主体业务形式，以单一移动语音业务和低速移

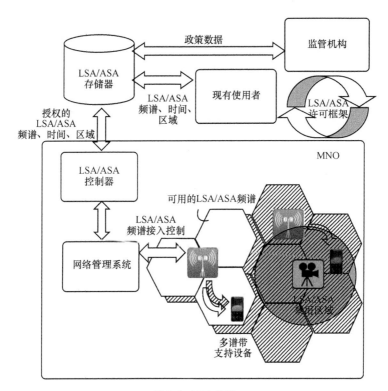

图 9-3 LSA 示意

动数据业务为主体目标的 2G/3G 正在进入快速衰退期。目前，国内 2G/3G 网络大多采用了 1 GHz 以下的优势频谱资源，该频段资源具有良好的衰落性能和绕射性能，有助于实现更广泛的覆盖和深度覆盖。随着 2G/3G 业务的衰退和用户退网，1 GHz 以下的频谱资源将逐步空闲出来，可以加以充分有效利用。

另外，随着 4G 移动通信网络的规模化部署，2 GHz 频段资源在覆盖方面的劣势已经凸显，深度覆盖和室内覆盖是国内三大 LTE 运营商都需要面对的重大难题，充分利用现有低段授权频谱资源将是重要的解决方案。依据传统移动通信网络退服经验，2G/3G 网络退服将是一个相当漫长的过程，受制于用户、业务、政策等多重因素，因此低段频段资源释放将是一个缓慢而漫长的过程，可利用的低段频段资源将呈现时间碎片化和地域碎片化的特征。然而，LTE 系统设计无法实现针对碎片化频谱资源的实时和有效利用。

根据目前研究状态，鉴于 2 GHz 以下频段资源已经划分殆尽，5G 将启用更高段频段资源，其覆盖性能更加恶化。借鉴 LTE 网络设计的经验，建议在 5G 系统设计初期，充分考虑共享传统移动通信系统频段资源的需求，在保障传统移动通信网络服务的同时，实现对碎片化优势频谱资源的实时有效利用，达到良好的网络覆盖性能和更高的网络容量性能。

（1）目标频段

- 共享 RAT 1：5G 系统，候选频段待定，可参考频率组。
- 共享 RAT 2：GSM（900 MHz）；WCDMA（2.1 GHz）；LTE（FDD：1.8 GHz、2.1 GHz。TDD：2.6 GHz）5G 系统与 CDMA 系统之间频谱共享 CDMA（850 MHz）。

（2）系统带宽要求

- 最小粒度：考虑与 GSM、WCDMA 和 LTE 均可频谱共享，最小粒度选取兼容性相对较好的 200 kHz；考虑 5G 系统与 CDMA 系统之间频谱共享场景，建议最小粒度选取 1.25 MHz。
- 最大带宽：5G 系统在 legacy band 上，参考 LTE 的带宽，20 MHz。

9.5.2 LSA 技术实现方式

以运营商内频谱共享举例来说，运营商内频谱共享方案需要综合考虑技术可行性、改造成本、共享效率与性能、运维难度等多种因素。同时，由于运营商内部系统大多采用共站方式建设，网络拓扑具有较大相似性，且无须严格考虑网间隐私屏蔽等问题，因此为运营商内频谱共享方案设计提供了良好的网络基础。

运营商内频谱共享方案主要由频谱资源数据库和频谱共享控制器两个功能模块组成，频谱资源数据库与频谱共享控制器之间进行动态交互，如图 9-4 所示。其中，频谱资源数据库接收原频谱所有者（RAT B）上报的自身频谱使用情况，进行信息收集、过滤、整合、维护管理等操作，并将整合后的频谱资源相关信息发送给频谱共享控制器；依据频谱资源数据库发送的信息，频谱共享控制器将综合网络拓扑、网络负荷、共享策略、共享优先级等因素，进行无线资源授权与管理，具体包括在哪些时间、哪些地点、使用哪些频率以及如何使用等信息。授权的共享用户（RAT A）可以接受或者拒绝使用从频谱共享控制器分配的频谱资源，如果授权的共享用户（RAT A）接受分配的频谱资源，频谱共享控制器将向频谱资源数据库发送 RAT A 的频谱共享使用信息，频谱资源数据库进而做出相应的更新。

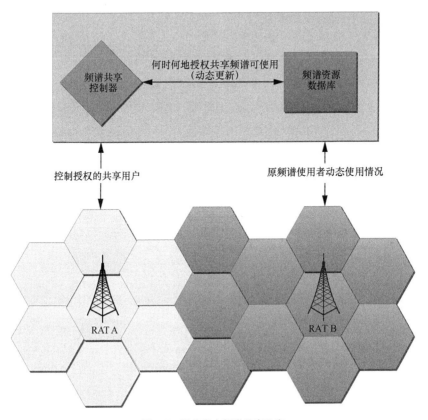

图 9-4　运营商内频谱共享示意

（1）频谱资源数据库

负责收集、维护和管理共享频谱资源使用情况，辅助频谱共享控制器进行无线资源管理操作。共享频谱资源信息可以包括以下方面。

- 时间信息。
- 网络拓扑。
- 频谱资源：系统带宽、占用带宽、载频等。
- 位置信息：区域信息、经纬度等。
- 设备信息：硬件设备信息、最大传输功率、天线高度等。

（2）频谱共享控制器

综合网络拓扑、网络负荷、共享策略、共享优先级等因素，进行无线资源授权、管理与维护。

- 识别可用频谱资源和相关条件；
- 配置并管理相关小区，包括小区激活、小区去激活、功率配置等；
- 优化频谱共享使用，包括干扰管理、QoS 维护等。

考虑到 RAT B 系统通常为传统系统，具有维护难、改造升级成本高的特点以及运营商内部系统建设的不同，原频谱所有者（RAT B）系统与授权的共享用户系统（RAT A）可以分为共站与不共站两种场景。

| 9.6 LTE-U/LAA |

9.6.1 LTE-U

Wi-Fi 通过载波侦听和随机退避机制与其他无线接入技术（RAT）友好共存于免授权频段。由于部署在免授权频段的 Wi-Fi 缺乏 QoS 保证机制，遭受着潜在的不可控的干扰，适合低速接入，无法很好地支持高速移动业务，而 LTE 部署到免授权频段，在免授权频段上采用 LTE 空口协议完成通信，简称 LTE-U（LTE in unlicensed spectrum），可以借助集中调度、干扰协调、自适应重传请求（HARQ）等技术，顽健性好，可获得更高的吞吐量，将提供更大的覆盖范围和更高的频谱效率。

考虑到智能设备的进一步增长以及引入 LTE-U 的好处和可能的优越性能（高吞吐率、相对 Wi-Fi，如图 9-5 所示[9]），在 2013 年 12 月召开的 3GPP RAN#62 次无线电接入网标准会上，高通、爱立信、Verizon、中国移动、华为和其他倡导者以及研究机构向 3GPP 提出在免授权频段部署 LTE 技术，即 LTE-U，将 LTE 扩展至免许可频段，通过使用免许可频段承载移动服务的数据流量，并作为许可频段的补充提升 LTE 网络容量。这个免许可频段聚焦在 5 725~5 850 MHz。目前主要的候选方案有授权辅助接入（LAA）、双连接（DC）、免授权辅助接入（standalone）技术等，LTE-U 作为第五代（5G）移动通信系统增强技术，吸引了全世界范围内移动通信研究工作者的广泛关注。

同 Wi-Fi 相比，LTE 部署在未授权频段具有很大优势：从用户角度看，LTE-U 联合 LTE 将会提供给用户更高的数据速率、更好的覆盖性能、更高的可靠性，这毫无疑问将会是一种优质的用户体验；从移动运营商角度看，核心网同时运行于授权和未授权频段，将十分便于移动网络的运营管理与升级。3GPP 提出的 LTE-U 技术框架，将免许可频段作为许可频段的补充，通过载波聚合框架来分流尽力而为的业务流量如图 9-6 所示[10]，因此 LTE-U 也称为授权辅助接入（licensed assisted access，LAA）。在该框架中，主蜂窝在许可频段承载关键控制信令、移动性和用户数据等高服务质量需求的数据，次蜂窝则在免许可频段承载服务质量需求不高的尽力而为业务。

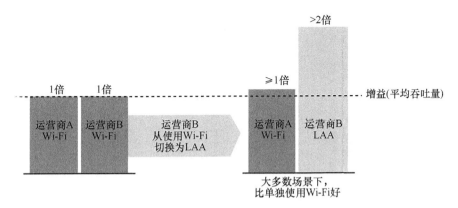

图 9-5　LTE-U 相对 Wi-Fi 的吞吐率提升（该图显示是 Wi-Fi 的 2 倍多的性能）

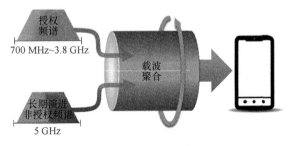

图 9-6　LTE-U 示意

　　将免许可频段聚合至许可载波以提升容量的方式主要有 3 种，其中前两种比较常见。

　　一是补充下行链路（supplemental downlink，SDL）模式，即免许可频段只被用来做下行链路传输，这在当前的网络应用中很典型，如图 9-7 所示[10]，能符合多数电信业者的初步需求。

　　二是载波聚合（carrier aggregation，CA）模式，即允许免许可频段用于下行链路和上行链路，如典型的 LTE TDD 系统，它最关键优势就是灵活调节用于上行和下行链路免许可频段资源的量，如图 9-8 所示[10]。

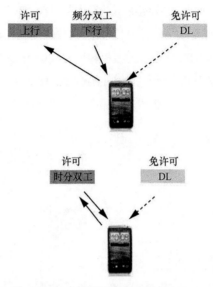

图 9-7　LTE-U 补充下行链路模式（SDL）

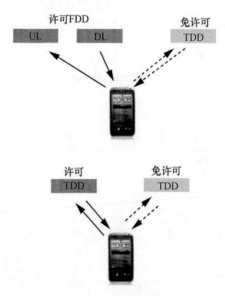

图 9-8　LTE-U 载波聚合模式

　　还有第三种模式称为独立模式（SA），即在免许可频段独立运行 LTE 而不使用许可频段。目前这种模式还没有在 3GPP 内正式提出，但实际上 3GPP 已设想把 LTE-U 给具有授权频段的无线运营商使用，这就将没有频段许可证的运营商排除在外。

在 SDL 和 CA 模式中，免许可频段仅用于数据层，所有的控制层流量都由许可频段处理，运营商对许可和免许可频段资源同时进行控制。目前 3GPP 主要 LTE-U 倡议者对部署场景多聚焦于 SDL 模式，因为它对运营商来说可以实现简单部署和运营，同时降低设备的复杂性。现行 LTE-U 采用 LTE-A 的载波聚合搭配小型基地台（small cell）来进行已授权频段与未授权频段的信号整合，其中补充下行链路技术仅提高加强下载传输速度。

9.6.2　LAA

LAA 是 3GPP LTE Advanced Pro Release 13 规范的一部分[11]。从定义上看，LAA 是一种可以扩展 LTE 兼容频谱至未授权频段上的技术，用于增强 LTE 和 LTE-A，为 LTE 网络运营商提供补充接入。LAA 采用载波聚合技术，聚合授权频谱和免授权频谱，前者作为主载波单元（PCC）传送关键信息和保证 QoS，后者作为副载波单元（SCC），可配置成下行补充链路，提供额外的无线资源，如图 9-9 所示[12]。免授权频谱资源由基站集中调度分配，通过媒体访问控制（MAC）单元的激活/释放操作控制免授权频谱资源的使用和释放，动态使用资源。当 LAA 基站激活免授权频谱资源时，LTE 在此频谱传输蜂窝数据；当 LAA 基站释放免授权频谱资源时，Wi-Fi 系统可基于竞争抢占并使用免授权频谱资源，从而实现灵活使用免授权频谱的目的。

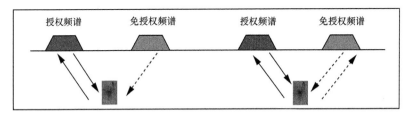

图 9-9　授权辅助接入示意

同时为了保证和其他在非授权频段工作的技术共存，LTE-U 将先听后送（listen before talk，LBT）机制纳入新技术发展的主轴功能之一，可减少频段使用的干扰与浪费。由于各国通信法规对于 LTE-U 在未授权频段的使用要求不同，DIGITIMES 研究发现，部分国家因没有 LBT 的技术要求，因此符合该国标准的 LTE-U 产品可望在 2015 年下半年进入市场,而有 LBT 技术要求的国家最快也要等到 2016 年上半年 3GPP(3rd Generation Partnership Project,第三代合作伙伴计划)发布新的通信标准 R13 后即有进一步的发展,而在此版尚在研拟的标准中,LTE-U 已被更名为 LAA。从频谱上看,目前 LAA 主要针对的是 5~6 GHz 免许可频谱。

从性能上看,LAA 技术不仅能够大幅提升 LTE 小区的峰值速率,同时能够明显提升免许可频谱资源的利用率,而尤为重要的是,LAA 还能够保证 LTE 系统和 Wi-Fi 系统在免许可频段友好共存。目前,在产业界各方的积极努力下,LAA 技术从小小区基站侧到商用终端芯片上都已经满足了商用的要求。根据计划,2016 年 3GPP 将完成 LAA 技术标准的制定和发布,业界预计 LAA 技术标准一经落地,将迅速被全球运营商采用,直接步入正式商用部署阶段。

作为 LAA 商用的前提,LAA 与 Wi-Fi 的共存问题得到了业界的关注。两者的并存意味着 LAA 对 Wi-Fi 的影响不超过同站点下 Wi-Fi 对该 Wi-Fi 系统的影响。事实上,早已有厂商在 LAA 与 Wi-Fi 的友好共存上展开了试验。2015 年,华为公布了与日本运营商 NTT DoCoMo 就 LAA 和 Wi-Fi 共存的技术试验结果,试验显示在 5 GHz 免授权频段,借助会话前检测(LBT)这一关键技术,LAA 可以与邻近的 Wi-Fi 系统实现友好共存,同时保持 LTE 技术的良好性能优势。

9.6.3 LTE-U/LAA 关键技术

作为 LTE 系统在免授权频谱上的演进结果,LTE-U 将会继承 LTE 系统的许多先进技术。同时,为了与现有运行于免授权频谱上的其他通信系统实现信道共享,LTE-U 将会引入自己独特的信道共享策略。

9.6.3.1 集中调度技术

LTE-U/LAA 使用了集中调度的技术,即时间、空间、频谱等无线资源由基站集中控制集中分配,终端之间无需竞争资源。与 LTE-U/LAA 采用的集中调度相反,Wi-Fi 采用了抢占式调度技术,在服务用户数较少的情况下,该调度技术可以体现出其优越性,但当用户数超过基站可以服务的能力之后,由于无法同时响应这些用户的请求,所以可能会出现服务器崩溃的后果;同时,随着服务用户的增多还会导致碰撞现象的频繁发生,资源利用效率的大大降低。

针对 Wi-Fi 技术这一系列的调度问题,LTE-U/LAA 由于采用了集中调度,所以不存在数据碰撞的现象，这有效地避免了资源的浪费；对于用户密集的地区，为了提升 LTE-U 基站的服务能力，可以通过增加基站来分担单个基站的负荷。与 Wi-Fi相比，在调度技术方面，LTE-U/LAA 便有了明显的优势。

9.6.3.2　双连接技术

双连接是指用户终端同时在授权频谱和免授权频谱上建立连接。其中授权频谱发送系统广播信息用于实现控制平面的功能，包括连接管理和移动性管理，从而保证蜂窝通信的连续性。在数据面，小基站数据业务可以授权频谱发送、免授权频谱发送，或者两者都发送。双连接的原理如图 9-10 所示[12]，从图 9-10 可以看出，双连接要求授权频谱和非授权频谱网络同步。通过双连接，核心网可以将数据直接卸载到免授权频段，实现数据无缝连接。通过双连接技术，LTE-U/LAA 小基站确保链路可靠性和移动顽健性，用户终端灵活在授权频谱和免授权频谱上接收和发送数据，从而无缝组合两个频段的数据流，灵活使用免授权频谱资源。

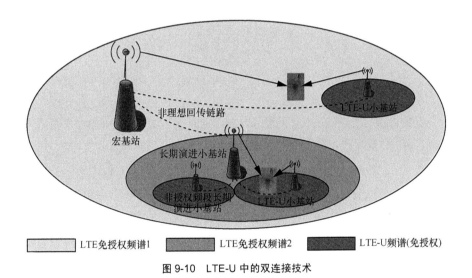

图 9-10　LTE-U 中的双连接技术

9.6.3.3　ICIC 技术

LTE-U 系统中的 ICIC（干扰协调）技术主要是通过对系统资源（时频资源、功率等）进行限制和协调，根据不同用户的具体情况，合理地进行资源块和功率的分配，以达到相邻小区间干扰协调的目的[13]。

具体而言，ICIC 技术为了增大小区边缘的容量，采用了频率复用的方法，LTE-U 系统中频率复用因子选为 3。如图 9-11 所示，相邻小区间采用了不同的频段，从而可以很好地避免相邻小区频率间干扰。为了进一步限制小区间干扰，基站通过发射功率指示（RNTP）来通知其相邻小区的下行干扰情况，相邻小区基站在收到指示信号后会根据干扰情况来进一步调整自身发射功率。

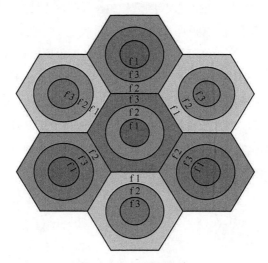

图 9-11　ICIC 原理示意

如图 9-12 所示，在 LTE 宏小区中，为了提升小区边缘服务质量，LTE-U/LAA 系统采用 eICIC 策略[14]。该方案的原理是把一个或多个子帧配置为空子帧（ABS），这类 ABS 专门为微小区、微微小区、家庭基站小区边缘的 UE 提供服务，从而有效地避免来自宏小区的主要干扰，能够有效提升小区边缘 UE 的服务速率。

而在 Wi-Fi 系统中，AP 抢占到资源后占用全部频谱资源，从而没有办法在频率上进行协调。尽管 AP 能够在时间上进行资源协调，但由于存在竞争与回退的问题，会导致系统资源的浪费。

9.6.3.4　自适应重传请求技术

采用自适应重传请求（HARQ）技术，当物理层数据块传错时，LTE-U/LAA 接收端不会丢弃传错的数据块，而会等待重传的数据块的到来。接收端在接收到重传的数据块之后会进行合并操作。

HARQ 技术可以有效地利用之前的传输能量，从而提高能量效率和传输成功率。与 Wi-Fi 系统中直接丢弃错误数据块的策略相比，LTE-U/LAA 在能量效率与传输成功率上要更胜一筹。

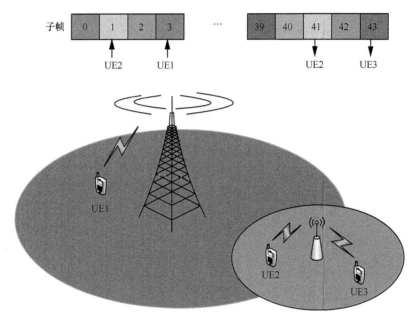

图 9-12　小区间干扰协调原理示意

9.6.3.5　CA 技术

商用 LTE 网络起始于 Cat3 和 Cat4[15]，起初 LTE 并未使用 CA 技术，图 9-13 显示的是 CA 技术的商用历程。从图 9-13 中可以明显看出，随着 CA 技术的应用，LTE 系统的容量得到了成倍的提升，这无疑将会给用户带来很好的上网体验。

在起初的 Cat4 中，LTE 使用的是 20 MHz 连续频谱，到了 2013 年 CA 技术第一次出现在 LTE 系统中，首次实现了两个 10 MHz 频谱的聚合，之后通过不断发展演进，使用 CA 技术聚合的频带越来越宽，使系统的容量逐年成倍地增长。

在频谱资源稀缺的今天，为实现频谱资源的高效利用，运行于免授权频谱上的 LTE-U/LAA 系统同样将会采用 CA 技术。具体而言，LTE-U/LAA 可以将授权频带作为主载波，终端跟基站可以在授权频带上建立无线资源控制连接，通过载波感知获取当前空闲的免授权频带资源，可以将其作为辅助载波用于数据的传输。

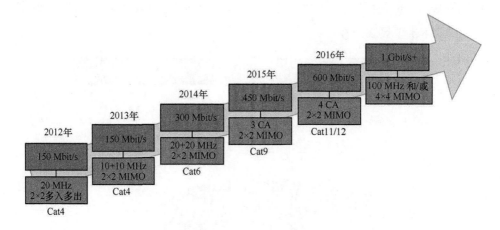

图 9-13　CA 技术商用历程

9.6.3.6　信道共享技术

LTE-U 运行于免授权频谱上必将与 Wi-Fi 系统出现信道冲突的局面，为解决这一问题，LTE-U 将会采用多种信道共享的策略。目前，已经被提出的解决方案有 LBT、CSAT、DFS、TPC[15]。

Wi-Fi 使用免许可频段，同时与其他多个无线电技术竞争频谱资源，因此被设计为异步的、分散的。Wi-Fi 使用载波感知多址接入和冲突避免信道接入方式（CSMA/CA），在这种基于竞争的信道接入协议中，Wi-Fi 节点（AP 或者设备）在某个信道进行传输前先"监听"，只有当一个信道被认为是"空着"（也就是探测到的干扰水平低于某一门槛值）的时候，节点才会被允许进行信号传输；如果信道被监测到"被占用"状态，则节点将推迟一段时间（随机）进行信号传输以免冲突。基于此，Wi-Fi 在有许多设备竞争使用公共免许可频谱资源的高密度环境中效率不高。

与 Wi-Fi 不同，网络分配给 LTE 的资源要有效率得多。LTE 使用授权频段，可以保证频谱的绝对使用权，因此被设计为同步的、集中式的。LTE 使用 OFDMA 信道接入技术，允许同时传输，伴随优化的频率和时间分配，一般不进行载波感知探测（因为该技术认为许可频段的独家使用权），根据控制和管理信令安排最佳信道。因此，整体而言，LTE 系统是连续传输的、排他性的使用授权频谱，且不与其他运营商和无线接入技术共享频谱资源在分配频谱资源方面更加"侵略性"，然而免授权频谱是开放性的资源，允许任何无线接入技术（如 Wi-Fi）使用，如果 LTE 不做任何处理直接占用免授权频谱资源，会违背免授权频段使用的法规要求，对部署在免授权频段的其他无线接入系统（如 Wi-Fi）是不公平的。因此，LTE-U/LAA 在 5 GHz 免授权频段部署时面临的首要问题就是同其他接入技术（如 Wi-Fi 系统）的共存问题。

全球各地区对免许可频段政策并不是一致的，大体分为两类：一类政策在免许可频段设定了具体的共存协议，即"先听后讲"，一般都复制了 Wi-Fi 的 CSMA/CA 操作，代表地区和国家是欧洲、日本和印度；另一类政策没有涉及免许可频段用户间共存要求和规定，在免许可频段的监管主要是限制发射功率，以避免干扰相邻频段和共频段的首要用户，主要采用 CSAT（carrier sensing adaptive transmission，载波感应自适应传输）技术同 Wi-Fi 等接入技术共享可用信道，代表国家有美国、中国、韩国等。

1. 先听后发

Wi-Fi 采用的是先听后发的机制，即希望使用该频段的任何设备必须先听，看此频段是否被占用。如果此频段不繁忙，设备就可以占用并开始传输。此频段最长只能保持 10 μs，之后将被释放并重复进行 LBT 。这可确保对介质的公平访问，同时也是一个非常有效的共享未授权频谱的方法。

LTE-U/LAA 的设计方向之一就是采用与 Wi-Fi 相同的 LBT 模式，如图 9-14 所示[10]。LTE-U/LAA 在传输信号前首先监听信道以确保信道是空的。LTE 在传输过程中也应该保证不长时间占据频谱，以确保和 Wi-Fi 传输时间的公平，这种情况下，LTE 的效率优势将显著降低。如果只将 LTE-U/LAA 设计成简单的更新频段的 LTE 技术，则 LTE-U 的数据吞吐量将达到 Wi-Fi 的 5 倍，但 LTE-U 的效率是依赖其集中化和空中接口连续使用的优势，如果将 Wi-Fi 一样的共存程序应用于 LTE-U/LAA，那么相较 Wi-Fi，LTE-U 将失去原本的效率优势。

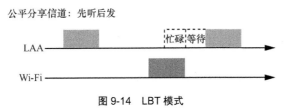

图 9-14　LBT 模式

如果不能很好地实施 LBT 机制，LTE-U/LAA 技术的可行性就可能受到限制，因为公共场所的所有者和其他企业不愿意部署任何可能对未授权频段产生负面影响的设施。酒店、会议中心、体育场和交通枢纽这类这些公共场所都是极需海量数据的理想场所。现在，高质量的 Wi-Fi 服务发挥着至关重要的作用，它们可以吸引顾客进入并停留在上述公共场所中。这还会有效地使公共场所重视保护未授权频段。许多场所现在甚至聘用员工追踪这些频段的使用情况。这样就必须确保 3GPP LTE Advanced Pro Release 13 出台的 LAA-LTE 标准都根据 IEEE 规范支持 LBT 机制。在某些市场比如欧洲和日本，为了支持毫秒时间尺度的 LBT 以避免碰撞，要求网络提供一种特定的电磁波形，因此 LTE 必须修改其空中接口。

2. 载波侦听自适应传输

在 Wi-Fi AP 和 LTE-U 小基站密集部署的区域，LTE-U 系统很可能找不到干净的信道。在这种场景，LTE-U/LAA 可以通过 CSAT 算法与 Wi-Fi 和其他 LTE-U/LAA 系统共享信道。传统的信道共享策略，比如 LBT 和 CSMA（carrier sense multiple access，载波侦听多址访问），其实是一种基于竞争的接入策略。在这类技术中，数据发送方必须先侦测通信媒介，确定通信媒介是干净的才发送数据，这实际上是以时分复用的方式让不同的接入技术共享信道。

部署在非授权频段的 LTE-A 使用的是 CSAT 技术，CSAT 也是一种基于通信媒介侦测的时分复用技术。运用 CSAT 技术时，小基站侦测通信媒介的时间比 LBT 和 CSMA 的时间还要长，大致是十几毫秒到 200 ms，同时根据观察到的媒介忙闲程度，CSAT 算法会成比例地关闭 LTE 射频输出。确切地说，CSAT 算法定义了一个时间周期，在这个时间周期的一小部分允许小基站发射数据，其余时间则关闭发射器如图 9-15 所示。工作周期和关闭周期的比例取决于侦测到的其他接入技术在通信媒介上的活动。本质上 CSAT 很像 CSMA，但时延比 CSMA 更大。不过如果避免使用 Wi-Fi 用作传送 discovery signal 和 QoS traffic 的信道，比如 primary channels，可以在一定程度上缓和 CSAT 时延大的缺点。

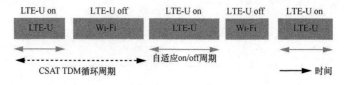

图 9-15　CSAT 可以使 LTE-U 和 Wi-Fi 共享同一信道[10]

　　LTE-U/LAA 在辅服务小区（secondary cell）中会周期性地被 LTE MAC 控制单元激活和关闭。该过程和时间轴经过仔细地选取可以保证与 R10/R11 的兼容性。当 LTE-U/LAA 处于 off 状态时，信道对于邻近的 Wi-Fi 是干净的，从而使 Wi-Fi 可以重新启动正常的 Wi-Fi 传输。与此同时，小基站将会监测 Wi-Fi 在该信道上的活动状况，从而动态地调整传输执行与传输停止的占空比。对于 CSAT 机制，其定义了一个发送循环周期，在这个循环周期里，LTE-U/LAA 只用一部分时间间隔进行数据的传输，其中传输执行与传输停止的占空比是由小区内其他传输系统的活动程度决定的，这种占空比的方式不仅可以保持 LTE-U/LAA 的效率，还可以让其他技术在 LTE-U/LAA 数据传输占空比期间进行传输，以提高频谱利用率。

　　如图 9-16 所示，在下行链路传输过程中，由基站端进行载波侦听，在确保免授权频段空闲的情况下，基站才会使用其进行数据的传输；与此类似，上行链路中免授权频段的侦听工作由用户端来完成。

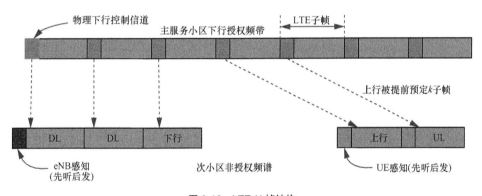

图 9-16　LTE-U 帧结构

　　为了更加有效地实现信道共享，CSAT 与 LBT 传输机制还可以进行有效的结合，如图 9-17 所示。

　　首先，小基站根据对信道中 Wi-Fi 与 LTE 信号测量的结果选取空闲的信道，从而可以避免来自邻近 Wi-Fi 设备与其他 LTE-U 小区的干扰。信道选取机制会一直检测信道的运行状态，动态选取最合适的信道。如果没有空闲的信道可用，LTE-U/LAA 小基站可以用 CSAT 机制进行长期监测 Wi-Fi 在该信道上的活动状况，从而动态地调整传输。CSAT 机制可以保证在密集部署的区域，LTE-U/LAA 系统可以与邻近的 Wi-Fi AP 公平地共享信道。

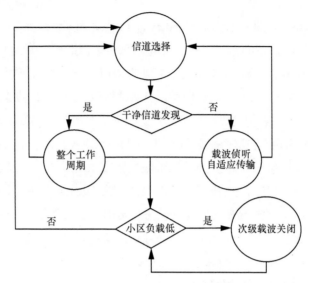

图 9-17　LBT 与 CSAT 结合原理

　　在不要求支持毫秒级 LBT 的市场部署 LTE-U，比如美国、韩国和中国，LTE-U/LAA 可以利用 CSAT 技术同 Wi-Fi 等接入技术共享可用信道。因为不要求改变空中接口，LTE R10/R11 就能够支持与 Wi-Fi 的共存。在要求支持 LBT 的市场，则只能等待 LTE R13 的问世。总之，无论什么市场，无论什么运营模式，LTE-U/LAA 都能够在非授权频段和现有的 Wi-Fi 等接入技术愉快共存。

9.6.4　LTE-U/LAA 部署场景

　　LTE-U/LAA 采用载波聚合技术，聚合授权频谱和免授权频谱，由授权频段载波作为主载波单元（PCC），非授权频段载波作为辅载波单元（SCC）。前者传送关键信息和保证 QoS，后者可配置成下行补充链路，提供额外的无线资源。LTE-U/LAA 可以通过在室外设置小型基站，由运营商来完成接入，这与 Wi-Fi 等接入技术由用户自主完成接入不同。此外，LTE-U 可以采用共建架构，同 LTE 共用同一基站，该方式能大大降低 LTE-U 的架构成本和运营成本；也可以采用非共建架构，在 LTE 宏小区中搭建足够数目的 LTE-U 微小区基站。

　　免授权频谱资源由基站集中调度分配，通过媒体访问控制（MAC）单元的激活/释放操作控制免授权频谱资源的使用和释放，动态使用资源。当 LAA 基站激活免授权频谱资源时，LTE 在此频谱传输蜂窝数据；当 LAA 基站释放免授权频谱资源时，Wi-Fi 系统可基于竞争抢占并使用免授权频谱资源，从而实现灵活使用免授权频谱的目的。图 9-18 显示 4 种不同的 LAA 部署场景[16]。

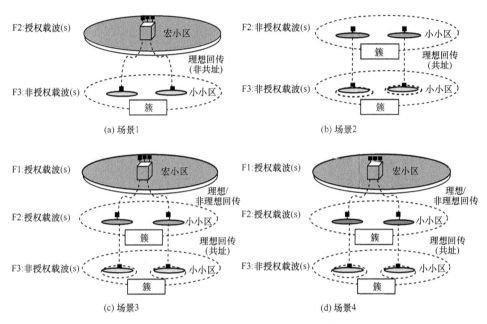

图 9-18 非授权频段 LTE /辅助授权频谱授取部署场景

- 场景 1：在授权载波的宏基站（F1）与非授权载波的小基站（F3）之间进行载波聚合。
- 场景 2：在授权载波的小基站（F2）与非授权载波的小基站（F3）之间进行载波聚合。
- 场景 3：授权载波的宏基站、小基站（F1），在授权载波的小基站（F1）与非授权载波的小基站（F3）之间进行载波聚合。
- 场景 4：授权载波的宏基站（F1）、授权载波的小基站（F2）、非授权载波的小基站 （F3），如果宏基站与小基站之间是理想回传，F1、F2、F3 之间可以做载波聚合；如果具备双连接的条件，宏基站与小基站之间可以进行双连接。

从 LTE-U/LAA 的技术优势来看，似乎 LTE-U 大有迅速取代 Wi-Fi 等接入技术的趋势，但是 Wi-Fi 等接入技术也不会停滞不前；另外，企业网市场也存在"独立

运营 LTE-U/LAA"的需求，未来在免授权载波的使用上竞争将更加激烈。

在部署与发展 LTE-U 的道路上，应该充分考虑并利用 LTE 的技术优势，如调度技术、CA、HARQ 等，其次增加一些必要技术，如 LBT、DFS、TPC 等，也要考虑一些抗干扰技术，如扩频技术等。另外，许多非技术上的因素也要加以考虑，如不同国家对免授权频段的开放、LTE-U/LAA 的成本优势、运营商对于引进 LTE-U/LAA 的顾虑等。

┃ 参考文献 ┃

[1] Cisco. Cisco visual networking index: global mobile data traffic forecast update 2014-2019 [R]. 2015.

[2] Samsung. Considerations on Korean spectrum/regulation Situation[R]. 2014.

[3] CMCC. Thinking about LTE-U[R]. 2014.

[4] LEAVES P, GHAHERI-NIRI S, TAFAZOLLI R, et al. Dynamic spectrum allocation in a multi-radio environment: concept and algorithm[C]//Second International Conference, 3G Mobile Communication Technologies, March 26-28, 2001, London, UK. London: IET Press, 2001: 53-57.

[5] MITOLA J. Cognitive radio for flexible mobile multimedia communications[C]//Mobile Multimedia Communications, November 15-17, 1999, San Diego, CA, USA. Piscataway: IEEE Press, 1999: 3-10.

[6] 祁超. 认知无线电技术及其典型应用[J]. 电信快报: 网络与通信, 2009(7): 13-16.

[7] European Commission. Promoting the shared use of radio spectrum resources in the internal market: COM(2012)478 [R]. 2012.

[8] RSPG of European Commission. RSPG opinion on licensed shared access: RSPG13-538 [S]. 2013.

[9] MUECK M D, FRASCOLLA V, BADIC B. Licensed shared access—state-of-the-art and current challenges[C]// 2014 1st International Workshop on, Cognitive Cellular Systems (CCS), September 2-4, Duisburg, Germany. Piscataway: IEEE Press, 2014: 1-5.

[10] Qualcomm Technologies. LTE in unlicensed spectrum: harmonious coexistence with Wi-Fi[R]. 2014.

[11] FLORED. Initial priorities for the evolution of LTE in release-13[R]. 2014.

[12] 徐景, 杜金玲, 杨旸. LTE 和 Wi-Fi 系统间灵活频谱使用关键技术[J]. 中兴通讯技术, 2015(1): 43-46.

[13] 李丽, 宋燕辉, 朱江军. 基于功率控制的 LTE 系统下行 ICIC 算法研究[J]. 电视技术, 2013, 37(23): 167-170.

[14] 孙波, 钟征斌. 授权载波上的黑马——LTE-U[J]. 硅谷, 2014(16): 20-21.

[15] Nokia. Nokia carrier aggregate white paper [R]. 2016.

[16] 3GPP. Study on licensed-assisted access to unlicensed spectrum: TR36.889[S]. 2015.